FÍSICA GENERAL
PARA ESTUDIANTES DEL GRADO EN MATEMÁTICAS

Serie: Ciencias
Manuales y Textos Universitarios, nº 52

Física General para estudiantes del Grado en Matemáticas / Iván Cabria Álvaro. – Valladolid: Ediciones Universidad de Valladolid, 2024

256 p. ; 30 cm. - (Manuales y textos universitarios. Ciencias; 52)
ISBN 978-84-1320-284-6

1. Física 2. Física matemática 3. Matemáticas – Estudio y enseñanza I. Cabria Álvaro, Iván, aut. II. Universidad de Valladolid, ed. III. Serie

51-057.875:530.1(035)
530.1(035):51-057.875

Iván Cabria Álvaro

FÍSICA GENERAL
PARA ESTUDIANTES DEL GRADO EN MATEMÁTICAS

EDICIONES
Universidad
de Valladolid

© Iván Cabria Álvaro, Valladolid, 2024
Ediciones Universidad de Valladolid

Diseño de cubierta: Ediciones Universidad de Valladolid

ISBN: 978-84-1320-284-6
Depósito Legal: VA-170-2024

Maquetación: El autor
Preimpresión: Ediciones Universidad de Valladolid
Imprime: Podiprint - España

Índice general

Capítulo 0

Algunos conceptos y operaciones básicas de Matemáticas

Este capítulo no pretende ser un repaso exhaustivo de conceptos y operaciones de Matemáticas. El propósito de este capítulo es repasar y explicar algunos conceptos y operaciones que se usarán en la asignatura de Física General del Grado en Matemáticas.

En este capítulo repasaremos y explicaremos algunos conceptos, razonamientos y operaciones básicas de Matemáticas que se explican en los estudios de Bachillerato. También explicaremos algunos conceptos, razonamientos y operaciones que, quizás, son nuevos para algunos estudiantes del primer Curso del Grado en Matemáticas y que se usarán para explicar algunos conceptos de Física y para resolver algunos problemas de Física: La derivada parcial, el gradiente de una función, el rotacional de un vector, la integral doble, la integral de superficie, la integral de línea, las coordenadas polares, las coordenadas cilíndricas y las coordenadas esféricas, entre otros.

Algunas secciones de este capítulo no siguen un orden y se pueden estudiar de manera independiente. Este capítulo está pensado y diseñado como un capítulo de consulta de ideas o/y operaciones concretas y, por tanto, no sigue un orden específico y además, algunas ideas u operaciones están repetidas en algunas secciones para conseguir que las secciones se puedan estudiar de manera independiente.

El 90-95 % del contenido de este capítulo se basa en errores o desconocimientos observados en los exámenes realizados por los estudiantes de la asignatura de Física General del Grado en Matemáticas.

0.1. Las notaciones de los números reales.

Algunas notaciones de los números reales usan la coma para separar los decimales y otras usan el punto. Algunas notaciones usan el punto para separar los grupos de tres cifras, otras usan la coma, otras usan un espacio en blanco y otras no separan los grupos de tres cifras.

En este libro usaremos **el punto para separar la parte decimal** y, en general, no separaremos los grupos de tres cifras. Si la parte entera o la parte decimal de un número es extensa, entonces separaremos los grupos de tres cifras de las partes entera y/o decimal para leer con más claridad el número.

Debido a las distintas notaciones de los números reales y si no se presta atención, es frecuente confundirse al leer un número real con tres decimales. Por ejemplo, el número 3.000 puede ser leído como tres mil o como el número tres con tres decimales que son ceros. Otro ejemplo: 2.015 puede ser leído como dos mil quince o como dos punto cero quince. En este libro, **3.000 significa el número tres con tres decimales que son ceros y 2.015 significa el número dos con tres decimales que son 015**. En este libro, 3.000 tiene el mismo valor numérico que 3.

En este libro **no escribiremos con tres decimales** los números cuyo valor absoluto sea mayor o igual que uno, para evitar las confusiones, excepto si hay que escribir ese número con tres decimales debido a las normas de expresión correcta de una medida y de su error. Por ejemplo, escribiremos 1.00 y no 1.000, 3.02 y no 3.020, escribiremos -1.05 y no -1.050, escribiremos 1.0130 y no 1.013. Sí escribiremos 0.101 (su valor absoluto es menor que uno), porque no es confuso.

0.2. Los tipos de cantidades matemáticas según su estructura.

Existen tres tipos principales de cantidades matemáticas, según su estructura: escalares, vectores y matrices.

Un escalar es un número, una cantidad x, o una expresión matemática. Por ejemplo: el número 5.31, la cantidad x y la expresión matemática $x^2 + x + 1$ son escalares.

Un vector es un conjunto de n números, cantidades o expresiones matemáticas ordenadas de forma horizontal o de forma vertical. El orden de los n números, cantidades o expresiones es importante. Por ejemplo: (-1, 2, -3) es un vector, (3.2, -0.5) es otro vector.

Una matriz es un conjunto de m x n números ordenados en m filas y n columnas. Según algunos autores, un vector es una matriz 1 x n (vector escrito de manera horizontal) o una matriz n x 1 (vector escrito de manera vertical).

0.3. Las relaciones de equivalencia: La igualdad, la identidad y la ecuación.

a) Una igualdad.

Una igualdad es una relación de equivalencia entre dos expresiones que contienen números y letras. Por ejemplo, $1 + 5 = 3 + 3$ y $x^2 - 1 = 0$. Las letras representan variables o incógnitas o cantidades cuyo valor numérico se desconoce. Para representar una igualdad entre las dos expresiones se usa el símbolo =.

0.3. LAS RELACIONES DE EQUIVALENCIA: LA IGUALDAD, LA IDENTIDAD Y LA ECUACIÓN.

Cada expresión o lado de una igualdad puede estar formado por uno o más términos, separados por los signos + o −. Por ejemplo: El lado izquierdo de la igualdad $x^2 - 1 = 0$ tiene dos términos, x^2 y -1, y el lado derecho tiene un solo término.

b) Una identidad numérica.

Una identidad numérica es una igualdad que se cumple entre números. Por ejemplo: $1 + 3 = 2 + 2$, $1 + 3 = 4$ y $3.21 + 6.10 = 9.31$.

c) Una identidad.

Una identidad es una igualdad que se cumple entre números e incógnitas, para cualquier valor de las incógnitas. Por ejemplo: $(x + y)^2 = x^2 + y^2 + 2xy$ se cumple para cualquier valor de las incógnitas x e y. Por tanto, se trata de una identidad. Otro ejemplo: $(x - 1)(x + 1) = x^2 - 1$ es una identidad, porque se cumple para cualquier valor de x. La igualdad $x^2 + x - 2 = (x - 1)(x + 2)$ también es una identidad.

Una igualdad también es una identidad cuando se trata de una definición. Por ejemplo, $sen(\theta) = o/h$ es la definición de seno, donde o es el cateto opuesto y h es la hipotenusa.

En algunos libros y páginas web se simboliza la identidad mediante un símbolo que consiste en tres barras horizontales, $\equiv$. Algunos autores usan ese símbolo en algunas definiciones.

d) Una ecuación.

Una ecuación es una igualdad que se cumple solo para ciertos valores de las incógnitas. Por ejemplo, $x^2 - 1 = 0$ solo se cumple para $x = \pm 1$. Por tanto, se trata de una ecuación. Otro ejemplo, la igualdad $2x - 1 = 3x$ solo se cumple para $x = -1$ y por tanto, es una ecuación. La igualdad $x^2 - x - 1 = 0$ también es una ecuación. Se cumple solo para $(1 \pm \sqrt{5})/2$.

La incógnita de una ecuación puede ser una función. Por ejemplo, $f(x)^2 - x + 1 = 0$ solo se cumple para dos funciones $f(x)$: $+\sqrt{x - 1}$ y $-\sqrt{x - 1}$.

e) Una ecuación diferencial.

Una ecuación diferencial es una igualdad que incluye alguna derivada de una función y que se cumple solo para ciertas funciones. La incógnita de una ecuación diferencial es una función f(x). Por ejemplo, $f''(x) + f(x) = 0$ es una ecuación diferencial que se cumple solo para las funciones $f(x) = cos(x)$, $sen(x)$ y combinaciones lineales de $cos(x)$ y $sen(x)$.

f) Una aproximación.

Una aproximación es una igualdad que se cumple aproximadamente. Se usa el símbolo $\approx$ en lugar del símbolo $=$. Por ejemplo: El número π tiene infinitos decimales. Para representar que π es aproximadamente igual a 3.1416, se escribe: $\pi \approx 3.1416$.

g) Algunas condiciones que debe cumplir una igualdad.

Los dos lados de una igualdad deben ser del mismo tipo. Por ejemplo, los dos lados deben ser cantidades escalares, o deben ser vectores, o deben ser matrices. No tiene sentido matemático o lógico igualar un vector a un escalar. Tampoco tiene sentido matemático igualar una matriz a un escalar. Un ejemplo. La siguiente igualdad contiene un vector a la izquierda y un escalar a la derecha:

$$\vec{E} \neq \frac{\sigma}{\epsilon_0} \ . \tag{0.1}$$

La igualdad 0.1 no tiene sentido matemático, porque no tiene sentido igualar un vector, $\vec{E}$, a un escalar, $\frac{\sigma}{\epsilon_0}$. En cambio, la siguiente igualdad sí tiene sentido matemático, porque iguala dos vectores:

$$\vec{E} = \frac{\sigma}{\epsilon_0} \vec{u}_z \ . \tag{0.2}$$

Todos los términos de los dos lados también deben ser del mismo tipo. Por ejemplo: La igualdad $\cancel{a + \vec{r} = 25}$ no tiene sentido porque los términos del lado izquierdo no son del mismo tipo: a es un escalar y $\vec{r}$ es un vector.

Los dos lados de una igualdad pueden tener signos iguales o signos diferentes, pero siempre y cuando la igualdad tenga sentido. Por ejemplo: Si a, b y c tienen el mismo signo, entonces la igualdad $\cancel{a = -b/c}$ no tiene sentido matemático, porque nunca se cumple. Otro ejemplo: Si a y b tienen el mismo signo, entonces la igualdad $a = -b/c$ tiene sentido matemático e implica que c debe ser menor que cero.

h) La implicación o inferencia lógica.

A partir de una ecuación o de varias ecuaciones se puede deducir, derivar o inferir una nueva ecuación o un resultado. Ese razonamiento, implicación, inferencia o paso lógico se simboliza mediante el símbolo $\Rightarrow$. Por ejemplo: tenemos la ecuación $x^2 - 1 = 0$. De esta ecuación se deduce o infiere que $x = \pm 1$. Estos razonamientos se escriben de la siguiente manera:

$$x^2 - 1 = 0 \Rightarrow x = \pm 1 \ . \tag{0.3}$$

0.4. El valor absoluto de una cantidad o de un número.

El valor absoluto de la cantidad x se representa o denota como $|x|$ y se define como:

$$|x| = \begin{cases} x \text{ si x} \geq 0 \\ -x \text{ si x} < 0 \end{cases} \tag{0.4}$$

El valor absoluto de una cantidad x siempre es positivo o cero, como se deduce de la definición de valor absoluto, ecuación 0.4. El valor absoluto de un número, por ejemplo, 5.03, se denota como $|5.03|$ y es igual a $+5.03$. El valor absoluto de -3.04 se denota como $|-3.04|$ y es igual a $+3.04$. El valor absoluto de $|-3x^2|$ es $+3x^2$.

0.5. La función.

a) El argumento de una función.

Sea una función $f(x)$. Se dice que x es el argumento de la función. También se dice que x es la variable. El argumento puede ser un número, una cantidad genérica x, o una expresión matemática. Por ejemplo: $f(x)$ tiene como argumento x, $f(5.31)$ tiene como argumento el número 5.31, $f(x^2 + x + 1)$ tiene como argumento la expresión matemática $x^2 + x + 1$ y la función $cos(x)$

tiene como argumento x. La notación $f(x)$ para una función proviene de Euler y es del año 1734.

b) La representación gráfica de una función.

Es habitual representar o dibujar una función en una gráfica en dos dimensiones (una pantalla, el plano de un papel, etc.). Habitualmente el eje vertical es el eje de los valores numéricos de la función y el eje horizontal es el eje de los valores numéricos de la variable. Se suele usar la letra y para designar la función y la letra x para designar la variable: $y = f(x)$.

Los ejes vertical y horizontal reciben distintos nombres: El eje vertical también se llama eje Y o eje de ordenadas y el eje horizontal también se llama eje X o eje de abscisas.

c) El cambio o variación de una cantidad o de una función.

Se llama cambio o variación de una cantidad o de una función a la diferencia entre dos valores de una misma cantidad o de una misma función. Un cambio o variación finita de una cantidad o de una función se suele representar mediante la letra griega d mayúscula, Δ, seguida por el símbolo que representa a la cantidad o a la función. Por ejemplo: tenemos dos instantes de tiempo, t_i y t_f (i=inicial y f=final). La diferencia entre esos dos tiempos se suele representar como $\Delta t = t_f - t_i$. Otros ejemplo. El cambio o variación de una función entre los puntos x_2 y x_1 es $\Delta f = f(x_2) - f(x_1)$.

0.6. Algunos cálculos de álgebra sin sentido.

Explicaremos en esta sección varios ejemplos de cálculos de álgebra que no tienen sentido, explicando por qué no tienen sentido.

a) El primer ejemplo.

No se puede igualar un vector a un escalar. Por ejemplo, no tiene sentido matemático escribir $\vec{E} = \sigma/\epsilon$. En el lado izquierdo de esa igualdad hay varias cantidades ordenadas de alguna manera, las componentes del vector $\vec{E}$, y en el lado derecho hay un escalar, una sola cantidad, σ/ϵ.

Si todas las componentes de un vector $\vec{a}$ son cero, entonces se usa la notación $\vec{a} = \vec{0}$.

b) El segundo ejemplo.

No tiene sentido matemático escribir varias líneas de ecuaciones y operaciones matemáticas y, de repente, en la línea siguiente o pocas líneas después escribir una ecuación anterior cambiando de signo uno de los términos, y luego continuar las operaciones con la ecuación cambiada de signo. Por ejemplo: No tiene sentido escribir la siguiente secuencia de ecuaciones:

$$\Delta t + 5s/v = 0 \tag{0.5}$$

$$-\Delta t + 5s/v = 0 \tag{0.6}$$

$$\Delta t = 5s/v \,, \tag{0.7}$$

donde s=100 metros y v=5 metros/segundo y el intervalo de tiempo Δt es igual a 500/5 segundos = 100 segundos, según la ecuación 0.7.

Si se despeja Δt de la ecuación 0.5, se obtiene $\Delta t = -5s/v$. Debido a que s y v son positivas, esto significa que se obtiene un intervalo de tiempo negativo, lo cual no tiene sentido físico. El hecho de que Δt sea menor que cero significa que la ecuación 0.5 es incorrecta y que todas las ecuaciones y pasos anteriores, antes de llegar a la ecuación 0.5, deben ser revisados, porque hay algo incorrecto en esas ecuaciones o pasos, y llegar a la ecuación correcta, la ecuación 0.6.

Escribir, después de la ecuación 0.5, una ecuación como la ecuación 0.6, no resuelve el problema. Hay que corregir los pasos anteriores. De las ecuaciones 0.5 y 0.6 se deduce que $5s/v = 0$ y, por tanto, se deduce que la distancia recorrida es cero. Esto no tiene sentido físico, ya que la distancia recorrida, s, es 100 metros, mayor que cero.

c) El tercer ejemplo.

Si a, b y c son cantidades mayores que cero, entonces la igualdad $\overline{a = -b/c}$ no tiene sentido matemático. Esa igualdad iguala una cantidad positiva, a, a una cantidad negativa, $-b/c$.

Un ejemplo. La constante de desintegración, λ, y la semivida, $T_{1/2}$, de un núcleo son cantidades mayores que cero. La igualdad $\overline{T_{1/2} = -ln(2)/\lambda}$ no tiene sentido matemático. El logaritmo neperiano de 2, $ln(2)$, es mayor que cero. Su valor es aproximadamente $+ 0.6931$. Por tanto, el término de la izquierda de la igualdad anterior es positivo y el término de la derecha es negativo. Esto no tiene sentido matemático. Tampoco sentido físico, porque implica que la semivida es negativa y debe ser positiva.

Si a, b y c pueden ser mayores, menores o iguales que cero, entonces la igualdad $a = -b/c$ sí tiene sentido matemático. Se trata de una ecuación que se cumple para ciertos valores de a, b y c.

d) El cuarto ejemplo.

La siguiente igualdad no tiene sentido:

$$-\sqrt{a^2 - v^2} = \sqrt{-(a^2 - v^2)} \,. \tag{0.8}$$

Si el término de la izquierda fuera correcto, entonces $a^2 - v^2 > 0$ y, por tanto, $- (a^2 - v^2)$ sería negativo y tendríamos una cantidad real a la izquierda de la ecuación 0.8 y una cantidad imaginaria a la derecha. El signo menos del término de la izquierda no se puede incluir dentro de la raíz cuadrada del término de la derecha.

Si, por el contrario, el término de la derecha de la ecuación 0.8 fuera el correcto, entonces $a^2 - v^2 < 0$ y, por tanto, tendríamos a la izquierda de la ecuación una cantidad imaginaria y a la derecha una cantidad real.

0.7. El determinante

El determinante $2x2$ se calcula de la siguiente manera:

$$\begin{vmatrix} a & b \\ c & d \end{vmatrix} = ad - bc \,. \tag{0.9}$$

Tenemos el siguiente determinante 3x3:

$$\begin{vmatrix} a & b & c \\ d & e & f \\ g & h & i \end{vmatrix} \tag{0.10}$$

El determinante 3x3 se puede calcular utilizando la regla de Sarrus o la regla de Laplace.

a) La regla de Sarrus.

Esta regla consiste en el siguiente proceso. Primero se repiten las dos primeras filas del determinante debajo de la última fila del determinante, de manera que quedan cinco filas:

$$\begin{matrix} a & b & c \\ d & e & f \\ g & h & i \\ a & b & c \\ d & e & f \end{matrix} \tag{0.11}$$

En el conjunto formado por las cinco filas, hay tres diagonales con tres elementos que descienden de izquierda a derecha, y otras tres diagonales con tres elementos que ascienden de izquierda a derecha. En segundo y último lugar, se suman los productos de las tres diagonales descendientes, $aei + dhc + gbf$, y se restan los productos de las tres diagonales ascendientes, $gec + ahf + dbi$:

$$\begin{vmatrix} a & b & c \\ d & e & f \\ g & h & i \end{vmatrix} = aei + dhc + gbf - (gec + ahf + dbi). \tag{0.12}$$

b) La regla de Laplace.

El determinante, usando la regla de Laplace, desarrollada por la primera fila, es:

$$\begin{vmatrix} a & b & c \\ d & e & f \\ g & h & i \end{vmatrix} = a \begin{vmatrix} e & f \\ h & i \end{vmatrix} - b \begin{vmatrix} d & f \\ g & i \end{vmatrix} + c \begin{vmatrix} d & e \\ g & h \end{vmatrix} = \tag{0.13}$$

$$(ei - fh)a - (di - fg)b + (dh - eg)c = eia + fgb + dhc - (fha + dib + egc).$$

Las ecuaciones 0.12 y 0.13 dan, evidentemente, el mismo resultado.

0.8. El logaritmo natural.

Para indicar la función logaritmo natural o logaritmo neperiano de x se utiliza la notación "$ln(x)$" (ele ene). El logaritmo natural de x es el número al que hay que elevar el número e

para que el resultado sea x: $e^{ln(x)} = x$.

Pensemos el valor numérico del logaritmo natural de 1, $ln(1)$. ¿A qué número hay que elevar e para que el resultado sea 1? Sabemos que e^0 es igual a uno. Por tanto, $ln(1) = 0$.

Calculemos el valor numérico del logaritmo natural de e, $ln(e)$. ¿A qué número hay que elevar e para que el resultado sea e? Hay que elevarlo a la unidad, a uno. Por lo tanto, $ln(e) = 1$.

No existe el logaritmo natural de un número negativo, de una cantidad negativa o de una expresión matemática negativa. Tampoco existe el logaritmo natural de cero. Por tanto, el argumento de la función logaritmo natural debe ser positivo y mayor que cero. Por ejemplo, no tiene sentido escribir $\ln(0)$, $\ln(-1)$, $\ln(-2)$, $\ln(-x)$, ni $\ln(-a^2)$. Tampoco tiene sentido escribir $ln(a)$ si $a \leq 0$, ni $ln(f(x))$ si $f(x) \leq 0$ para cualquier valor de x.

Algunas propiedades de los logaritmos:

1) $ln(1) = 0$.

2) $ln(e) = 1$.

3) $ln(ab) = ln(a) + ln(b)$.

4) $ln(a/b) = ln(ab^{-1}) = ln(a) + ln(b^{-1}) = ln(a) - ln(b)$.

5) $ln(abc) = ln(a) + ln(bc) = ln(a) + ln(b) + ln(c)$.

6) $ln(a^m) = m\,ln(a)$.

7) $ln(a^m b^n c^o) = ln(a^m) + ln(b^n) = m\,ln(a) + n\,ln(b) + o\,ln(c)$.

Las propiedades 3)-6) son casos particulares de la propiedad 7). Los números a, b y c son números reales mayores que cero o expresiones matemáticas que son mayores que cero. Los números m, n y o son números reales y pueden ser números positivos, negativos o cero.

Las propiedades 3)-7) solo tienen sentido matemático y solo se pueden aplicar si a, b y c son mayores que cero.

Explicaremos algunos ejemplos. La diferencia entre $ln(1)$ y $ln(2)$ es, según la propiedad 4), igual a $ln(1/2)$, 1 y 2 son mayores que cero y, por tanto, $ln(1)$ y $ln(2)$ sí existen.

Podemos preguntarnos si se puede aplicar la propiedad 4) a la diferencia entre $\ln(-1)$ y $\ln(-2)$. La respuesta es que no es posible aplicar esa propiedad, porque -1 y -2 no son mayores que cero y, por lo tanto, no existe $\ln(-1)$, ni $\ln(-2)$.

La igualdad $ln(-1) - \ln(-2) = ln(-1/-2)$ no existe y no tiene sentido.

Tampoco $\ln(-1/-2)$ es igual a $ln(1/2)$, porque $\ln(-1)$ y $\ln(-2)$ no existen y no se puede cancelar los signos que provienen de cantidades que no existen.

La igualdad ~~$ln(-1/=2) = ln(1/2)$~~ **no existe y no tiene sentido.**

La igualdad ~~$ln(-1) - ln(=2) = ln(1)$~~ $- ln(2)$ **tampoco existe, ni tiene sentido.**

Tampoco se puede aplicar la propiedad 4) a la diferencia entre ~~$ln(-1)$~~ y $ln(2)$. El número -1 no es mayor que cero y, por lo tanto, ~~$ln(-1)$~~ no existe.

La igualdad ~~$ln(-1) - ln(2) = ln(-1/2)$~~ **no existe y no tiene sentido.**

0.9.   Algunas fórmulas de Geometría.

La longitud de un arco geométrico de radio r y ángulo ϕ radianes es $l = r\phi$.

La longitud de una circunferencia de radio r es igual a la longitud de un arco de radio r y de ángulo 2π radianes: $l = 2\pi r$.

El área de un círculo de radio r es $S = \pi r^2$.

El área lateral de un cilindro de radio r y altura h es $S = 2\pi rh$.

El volumen de un cilindro de radio r y altura h es $V = \pi r^2 h$.

El área de la superficie de una esfera de radio r es $S = 4\pi r^2$.

El volumen de una esfera de radio r es $V = 4\pi r^3/3$.

La ecuación 0.14 describe una circunferencia de radio r y centrada en el punto (x_c, y_c):
$$(x - x_c)^2 + (y - y_c)^2 = r^2 \ . \tag{0.14}$$

La ecuación 0.15 describe la superficie de una esfera de radio r y centrada en el punto (x_c, y_c, z_c):
$$(x - x_c)^2 + (y - y_c)^2 + (z - z_c)^2 = r^2 \ . \tag{0.15}$$

Todos los puntos de un plano XY cumplen la ecuación $z =$constante. Por lo tanto, existen muchos planos XY. El plano $z =0$ es un plano XY en el que la coordenada z de todos los puntos del plano es igual a 0. El plano $z =4$ es un plano XY en el que la coordenada z de todos los puntos del plano es igual a 4. Si no se especifica el plano XY, se sobreentiende que se trata del plano $z =0$.

0.10.   La elipse.

La elipse es una curva plana o un conjunto de puntos en el plano. Existen varias definiciones matemáticas de la elipse. Explicaremos tres definiciones. La primera definición es la siguiente.

La elipse es el conjunto de puntos del plano que cumplen que la suma de las distancias d y d' a los respectivos focos F y F' es constante, es decir, $d + d'$ es constante (Ver la figura 0.1. Observando la figura citada se deduce que esa constante es $2a$, es decir, $d + d' = 2a$, donde $2a$ es la longitud del eje mayor de la elipse. La longitud del eje menor es $2b$.

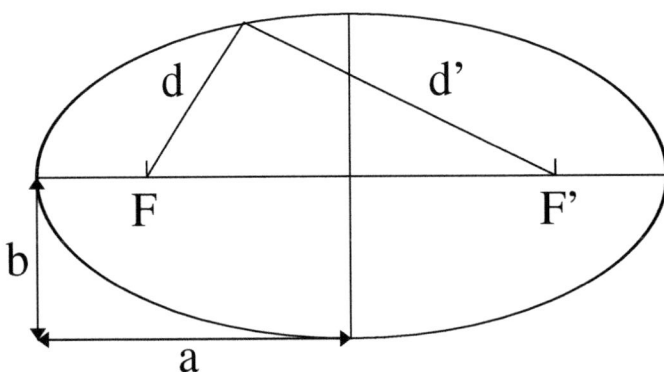

Figura 0.1: La elipse en función de las distancias d y d' y de las longitudes a y b de los semiejes mayor y menor, respectivamente.

La segunda definición. La elipse es el conjunto de puntos en el plano XY que cumplen la siguiente ecuación en coordenadas cartesianas:

$$\left(\frac{x - x_c}{a}\right)^2 + \left(\frac{y - y_c}{b}\right)^2 = 1 \,, \tag{0.16}$$

donde a y b son las longitudes de los semiejes mayor y menor de la elipse, respectivamente, y x_c e y_c son las coordenadas del centro de la elipse, es decir, la elipse está centrada en (x_c, y_c). La elipse de la figura 0.2 está centrada en (0,0).

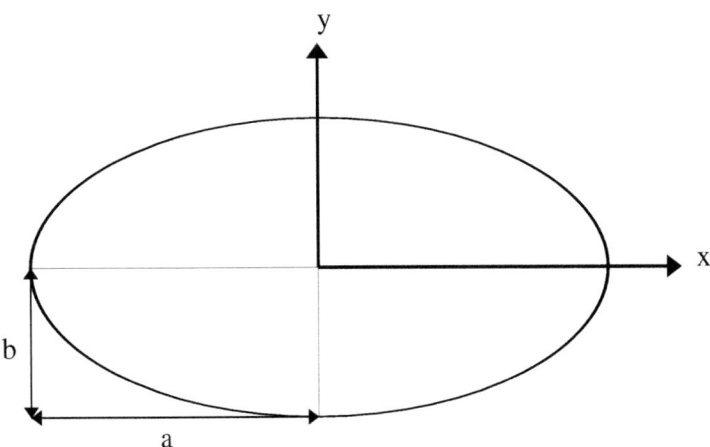

Figura 0.2: La elipse en coordenadas cartesianas, en el plano XY y centrada en (0,0).

La tercera definición de la elipse está relacionada con las coordenadas polares r y θ:

$$r = \frac{a(1 - e^2)}{1 + e\cos\theta} \,, \tag{0.17}$$

donde a es la longitud del semieje mayor de la elipse y e es la excentricidad de la elipse (Ver la figura 0.3). La excentricidad e es igual al cociente c/a, es adimensional y su valor está entre 0 y 1: $0 \leq e \leq 1$. La distancia de uno de los focos al centro de la elipse es c.

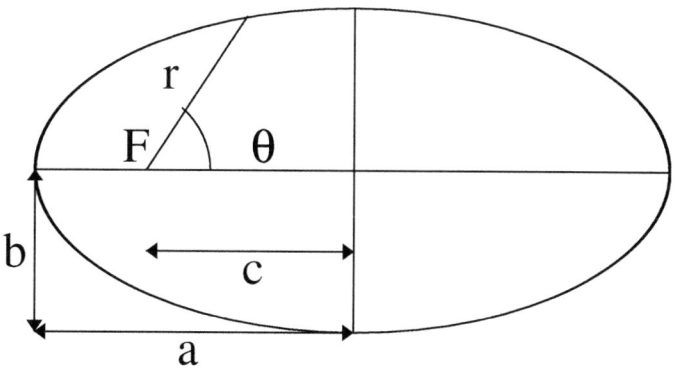

Figura 0.3: La elipse en coordenadas polares.

0.11. La trigonometría.

a) El signo del ángulo plano.

El ángulo plano θ puede tomar valores positivos y negativos, y también puede ser cero. El ángulo θ se mide con respecto al eje X. El signo del ángulo se mide o determina de la siguiente manera. Partimos del eje X y nos movemos hacia el vector $\vec{a}$ de la figura 0.4. Ese movimiento es en el sentido contrario a las agujas del reloj) y, por lo tanto, el ángulo α de la figura 0.4 es positivo. El ángulo β de la citada figura es negativo, porque partiendo del eje X, al movernos hacia el vector $\vec{b}$, el movimiento es en el sentido de las agujas del reloj.

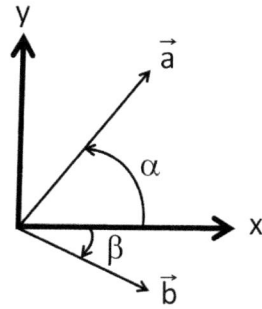

Figura 0.4: Un ángulo positivo y otro negativo.

b) Las definiciones de seno, coseno y tangente.

Las definiciones de seno, coseno y tangente del ángulo θ en función de la longitud o del cateto opuesto al ángulo, de la longitud c del cateto contiguo al ángulo y de la longitud h de la hipotenusa de la figura 0.5 son las siguientes:

$$sen(\theta) = o/h$$
$$cos(\theta) = c/h \qquad\qquad (0.18)$$
$$tan(\theta) = sen(\theta)/cos(\theta) = o/c$$

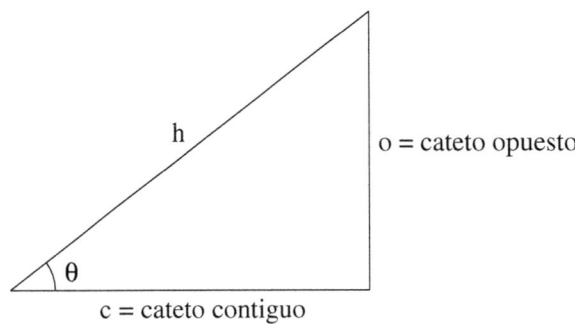

Figura 0.5: La hipotenusa y los catetos.

c) El teorema de Pitágoras.

Calculemos $(sen\theta)^2 + (cos\theta)^2$, partiendo del teorema de Pitágoras. Según el teorema de Pitágoras, $c^2 + o^2 = h^2$. De la definición de seno, $sen(\theta) = o/h$, se deduce $o = hsen(\theta)$. A partir de la definición de coseno se deduce $c = hcos(\theta)$. Tenemos tres ecuaciones para calcular $(sen\theta)^2 + (cos\theta)^2$:

$$\left.\begin{array}{l} c^2 + o^2 = h^2 \\ o = hsen(\theta) \\ c = hcos(\theta) \end{array}\right\} \Rightarrow \quad h^2(sen(\theta))^2 + h^2(cos(\theta))^2 = h^2 \Rightarrow \boxed{(sen(\theta))^2 + (cos(\theta))^2 = 1}. \quad (0.19)$$

El cuadrado del seno de un ángulo también se suele escribir como $sen^2(\theta)$. Esta forma de escribir el cuadrado del seno es correcta, pero puede llevar a confusión: La expresión $sen^2(\theta)$ puede entenderse incorrectamente como $sen(2\theta)$. Por ese motivo, es preferible escribir $(sen(\theta))^2$.

d) Algunas propiedades del seno y coseno.

1) $sen(\theta) = -sen(\theta)$

2) $sen(2\pi + \theta) = sen(\theta)$

3) $cos(\theta) = cos(-\theta)$

4) $cos(2\pi + \theta) = cos(\theta)$

0.12. La descomposición de una fracción en dos fracciones.

La fracción $\dfrac{1}{x^2 - a^2}$, donde x es una variable que puede tomar cualquier valor y a representa una cantidad numérica concreta, se puede descomponer en dos fracciones que dependen de $x - a$ y de $x + a$. La diferencia de cuadrados es igual a la suma por la diferencia: $x^2 - a^2 = (x - a)(x + a)$. Utilizando ese resultado, escribimos:

$$\frac{1}{x^2 - a^2} = \frac{A}{x - a} + \frac{B}{x + a} , \qquad (0.20)$$

donde A y B son constantes que tenemos que calcular. La ecuación 0.20 se puede transformar en otra ecuación, con unos pocos cálculos de álgebra y utilizando la igualdad $x^2 - a^2 = (x - a)(x + a)$:

$$\frac{1}{x^2 - a^2} = \frac{A(x + a)}{x^2 - a^2} + \frac{B(x - a)}{x^2 - a^2} . \qquad (0.21)$$

De la ecuación 0.21 deducimos:

$$1 = A(x + a) + B(x - a) \Rightarrow 1 = (A + B)x + (A - B)a . \qquad (0.22)$$

En la ecuación 0.22 tenemos términos que dependen de x y términos que no dependen de x. El término $(A + B)x$ depende de x y el término $(A - B)a$ no depende de x.

Se puede razonar de diferentes maneras para determinar qué términos a la izquierda de la ecuación 0.22 dependen de x y cuáles no. Una forma de razonamiento es la siguiente. Las ecuaciones 0.20-0.22 deben ser válidas para cualquier valor de x, fijado el valor de a. Esto significa que $(A + B)x$ debe ser nulo y que el otro término, $(A - B)a$, debe ser igual a 1.

Otra forma de razonamiento: Si suponemos que $(A - B)a = 0$, entonces $A = B$. Introduciendo $A = B$ en la ecuación 0.22, obtenemos $1 = 2x$ para cualquier valor de x, lo cual no es cierto. Por tanto, $(A - B)a = 1$ y $(A + B)x = 0$.

Según los razonamientos anteriores, tenemos:

$$\left.\begin{array}{l} 0 = (A + B)x \Rightarrow B = -A \\[2mm] 1 = (A - B)a \Rightarrow A - B = \dfrac{1}{a} \end{array}\right\} \Rightarrow \quad 2A = \frac{1}{a} \Rightarrow A = \frac{1}{2a} \Rightarrow B = -\frac{1}{2a} . \qquad (0.23)$$

Finalmente, de las ecuaciones 0.20 y 0.23 deducimos:

$$\frac{1}{x^2 - a^2} = \frac{1}{2a}\left(\frac{1}{x - a} - \frac{1}{x + a}\right) \qquad (0.24)$$

0.13. Los vectores.

a) La definición de vector.

Se llama vector a un conjunto de n números, cantidades o expresiones matemáticas ordenadas de forma horizontal o de forma vertical, tales que el orden de los n números, cantidades o expresiones tiene un significado.

Si un vector está formado por n números, cantidades o expresiones, se dice que es un vector de dimensión n. Se dice que cada número es una componente del vector. Por ejemplo: (2, 3, -4) es un vector de dimensión tres, (a, b) es un vector de dimensión dos y $(x^2+x+1,\ x-1,\ 2cos(x))$ es otro vector de dimensión 3. También se dice que (2, 3, -4) es un vector tridimensional o que (a,b) es un vector bidimensional.

Un vector o cantidad vectorial tiene varias componentes. Por ejemplo, el vector $\vec{a} = a_x\vec{u}_x + a_y\vec{u}_y + a_z\vec{u}_z$ tiene tres componentes. El vector $2\vec{u}_x + 3\vec{u}_y$ tiene dos componentes.

Un vector tiene una dirección y un sentido. A lo largo de una dirección hay dos sentidos: Hacia arriba y hacia abajo, hacia la izquierda y hacia la derecha, etc. Por ejemplo: Los vectores $2\vec{u}_x$ y $-\vec{u}_x$ tienen la misma dirección (están a lo largo del eje X), pero tienen sentidos contrarios.

La posición de un punto en un plano o en el espacio se determina o representa mediante el llamado vector de posición de ese punto.

Un vector o más bien cada una de sus componentes tiene dimensión y unidades. Por ejemplo: $3\vec{u}_x m$ o $3m\vec{u}_x$ significa que el punto está a tres metros del origen de coordenadas, en el eje X y en la parte positiva del eje X. Otro ejemplo: El vector velocidad $\vec{v} = d\vec{u}_x - f\vec{u}_y$ significa que d y f son cantidades que tienen dimensión de velocidad. Si, además, nos indicaran que este vector está en unidades del SI (Sistema Internacional de unidades), entonces d y f representarían cantidades en metro/segundo.

Las componentes de un vector son componentes con respecto a lo que se conoce como sistema de referencia. Por ejemplo: Supongamos que tenemos un objeto en, $3\vec{u}_x m$, según el sistema de referencia A. En un sistema de referencia con origen en el propio objeto, el vector de posición no es $3\vec{u}_x m$, sino $\vec{0}$. En el sistema de referencia B, el vector de posición del objeto será $4\vec{u}_x - 3\vec{u}_y + 24\vec{u}_z$.

Un sistema de referencia consiste en un origen O de coordenadas y en unos ejes, incluyendo la orientación de dichos ejes.

b) El módulo de un vector.
Sea el vector $\vec{a} = a_x\vec{u}_x + a_y\vec{u}_y + a_z\vec{u}_z$. El módulo del vector $\vec{a}$ se simboliza mediante $|\vec{a}|$. También se suele simbolizar mediante a. El módulo de $\vec{a}$ es igual a $\sqrt{a_x^2 + a_y^2 + a_z^2}$.

El módulo del vector $-\vec{a}$ es igual a $\sqrt{(-a_x)^2 + (-a_y)^2 + (-a_z)^2}$. Este módulo es igual que el módulo de $\vec{a}$.

c) La definición matemática de un vector unitario.
En primer lugar, se llama unitario porque su módulo, por definición, vale la unidad. Un vector unitario no tiene dimensión física y no tiene unidades.

La definición matemática de un vector unitario proviene de la definición geométrica de un vector unitario, que es la siguiente:

La dirección del vector unitario relacionado con la variable a debe ser la dirección en la que la variable a cambia de valor. Una dirección tiene dos sentidos. El sentido del vector unitario debe ser el sentido en el que el valor de la variable a aumenta.

Esta definición geométrica implica que la definición matemática sea la siguiente. Tenemos el vector de posición de un punto, $\vec{r}$, en un sistema tridimensional de coordenadas a, b, c. El vector unitario según la coordenada a viene dado por:

$$\vec{u}_a = \frac{\partial \vec{r}/\partial a}{|\partial \vec{r}/\partial a|} \, . \tag{0.25}$$

d) Las notaciones de los vectores unitarios.

En coordenadas cartesianas hay, al menos, tres notaciones diferentes de los vectores unitarios:

$$\vec{u}_x = \vec{i} = \hat{x} \qquad \vec{u}_y = \vec{j} = \hat{y} \qquad \vec{u}_z = \vec{k} = \hat{z} \tag{0.26}$$

En coordenadas polares:

$$\vec{u}_\rho = \hat{\rho} \qquad \vec{u}_\varphi = \hat{\varphi} \tag{0.27}$$

En coordenadas cilíndricas:

$$\vec{u}_\rho = \hat{\rho} \qquad \vec{u}_\varphi = \hat{\varphi} \qquad \vec{u}_z = \hat{z} \tag{0.28}$$

En coordenadas esféricas:

$$\vec{u}_r = \hat{r} \qquad \vec{u}_\varphi = \hat{\varphi} \qquad \vec{u}_\theta = \hat{\theta} \tag{0.29}$$

e) Las notaciones de un vector.

Un vector se escribe en función de los vectores unitarios. Hay varias notaciones o formas de escribir un vector en coordenadas cartesianas, según las diferentes notaciones de los vectores unitarios. Por ejemplo:

$$2\vec{u}_x + 3\vec{u}_y - 4\vec{u}_z \qquad 2\vec{i} + 3\vec{j} - 4\vec{k} \qquad 2\hat{x} + 3\hat{y} - 4\hat{z} \tag{0.30}$$

Hay varias formas de escribir un vector que, aparentemente, no dependen de la notación de los vectores unitarios: El vector anterior se puede escribir como (2, 3, -4), (2 3 -4) o en modo vertical, sin comas. Cuando se usan estas notaciones, se debe indicar de alguna manera, explícita o tácita, a qué vectores unitarios se refiere. La notación (2 3 -4) y la notación vertical se usan en operaciones con matrices.

f) Las notaciones del sentido de un vector.

Un vector perpendicular a un plano, papel o pantalla puede tener dos sentidos: Hacia dentro o hacia fuera del plano. Esos dos sentidos de un vector perpendicular a un plano se representan mediante dos símbolos. El símbolo $\otimes$ cerca de un vector $\vec{a}$ significa que ese vector apunta hacia dentro del plano, papel o pantalla y el símbolo $\odot$ significa que el vector apunta hacia fuera.

g) Las notaciones de las direcciones relativas de dos vectores.

Si dos vectores $\vec{a}$ y $\vec{b}$ son perpendiculares, entonces se escribe $\vec{a} \perp \vec{b}$. Si dos vectores $\vec{a}$ y $\vec{b}$ son paralelos o antiparalelos, entonces se escribe $\vec{a} \parallel \vec{b}$. Dos vectores antiparalelos tienen la misma dirección, pero sentido contrario.

h) Algunas expresiones relacionadas con vectores y sus módulos.

La expresión $\vec{F}_A > \vec{F}_B > \vec{F}_C$ no tiene sentido, porque no se puede comparar vectores. Se puede comparar las componentes de los vectores o los módulos de los vectores. Por ejemplo, la expresión $F_{xA} > F_{xB} > F_{xC}$ tiene sentido.

La expresión $|\vec{F}_A| > |\vec{F}_B| > |\vec{F}_C|$ es correcta porque compara los módulos de tres vectores. Compara tres escalares, los tres módulos.

La expresión $|F_A| > |F_B| > |F_C|$ es correcta porque compara tres módulos de vectores. Expliquemos varias características de esta expresión:

F_A es otra forma de simbolizar el módulo de un vector. F_A, F_B y F_C son mayores o iguales que cero.

El valor absoluto de x se simboliza mediante $|x|$. El valor absoluto es, por definición, mayor o igual que cero. Por tanto, $|F_A|$, $|F_B|$ y $|F_C|$ son mayores o iguales que cero.

$|F_A|$ es el valor absoluto de F_A y es mayor o igual que cero. F_A es mayor o igual que cero. Por tanto, a) es redundante escribir o usar $|F_A|$ y b) $|F_A|$ es igual a F_A, el módulo de $\vec{F}_A$.

Por lo tanto, la expresión $|F_A| > |F_B| > |F_C|$ es correcta porque compara los módulos de tres vectores.

Para simbolizar el módulo del vector $\vec{F}_A$ se usan los símbolos F_A y $|\vec{F}_A|$, pero no se usa $|F_A|$.

La expresión $F_A > F_B > F_C$ es correcta porque compara tres módulos de vectores.

La expresión $\vec{F}_A = \vec{F}_B = \vec{F}_C$ es correcta porque compara tácitamente cada componente.

i) Un vector en el denominador y la división de vectores.

No tiene sentido matemático un vector en el denominador de una expresión matemática. Por ejemplo, no tiene sentido escribir $r = a/\vec{u}_z$.

Tampoco tiene sentido matemático la división de dos vectores. No tiene sentido escribir, por ejemplo:

$$\vec{E}/\vec{u}_z \qquad\qquad K = -\frac{m\vec{a}}{x\vec{u}_x} \qquad\qquad (\vec{a}+\vec{b})/(5+\vec{c}) . \qquad (0.31)$$

j) La descomposición de un vector bidimensional.

Un vector bidimensional tiene dos componentes. Hemos dibujado un vector bidimensional $\vec{r}$ en la figura 0.6, con respecto a un sistema de ejes X e Y. Según la definición del coseno y del seno de un ángulo, la componente x del vector de la figura 0.6 es $r\cos\varphi$ y la componente y es $r\,sen\varphi$:

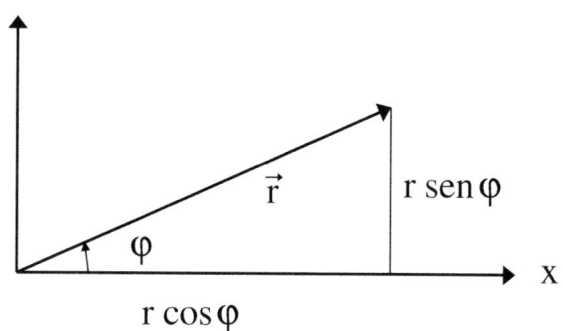

Figura 0.6: La descomposición de un vector bidimensional en sus dos componentes.

0.14. El producto escalar.

El producto escalar del vector $\vec{a} = (a_x, a_y, a_z)$ por el vector $\vec{b} = (b_x, b_y, b_z)$ se denota o simboliza como $\vec{a} \cdot \vec{b}$ y su definición matemática es:

$$\vec{a} \cdot \vec{b} = a_x b_x + a_y b_y + a_z b_z \ . \tag{0.32}$$

Un ejemplo. El producto escalar de (1,2,3) por (4,5,6) es:

$$\vec{a} \cdot \vec{b} = 1 * 4 + 2 * 5 + 3 * 6 = 4 + 10 + 18 = 32 \ . \tag{0.33}$$

Algunas propiedades del producto escalar:

a) $\vec{a} \cdot \vec{b} = \vec{b} \cdot \vec{a}$.
b) $\vec{a} \cdot \vec{a} = |\vec{a}|^2$.
c) $\vec{a} \cdot \vec{b} = abcos\theta$, donde θ es el ángulo que forman los dos vectores entre sí.

0.15. El producto vectorial.

Existen tres sinónimos para referirse a este producto: Producto vectorial, producto vectorial de Gibbs y producto cruz.

Se utilizan dos símbolos para denotar o simbolizar el producto vectorial. El símbolo más usado es el que tiene forma de cruz: ×. Para evitar la confusión entre la equis y la cruz, también se suele utilizar el símbolo ∧.

El producto vectorial del vector $\vec{a}$ por el vector $\vec{b}$ se denota o simboliza como $\vec{a} \times \vec{b}$ y también como $\vec{a} \wedge \vec{b}$.

La definición matemática del producto vectorial del vector $\vec{a}$ por el vector $\vec{b}$ es:

$$\vec{a} \times \vec{b} = \vec{a} \wedge \vec{b} = \begin{vmatrix} \vec{u}_x & \vec{u}_y & \vec{u}_z \\ a_x & a_y & a_z \\ b_x & b_y & b_z \end{vmatrix} \tag{0.34}$$

El determinante se puede calcular utilizando la regla de Sarrus o la regla de Laplace. Habitualmente se usa la regla de Laplace, desarrollada por la primera fila, para calcular el producto vectorial:

$$\vec{a} \times \vec{b} = \begin{vmatrix} \vec{u}_x & \vec{u}_y & \vec{u}_z \\ a_x & a_y & a_z \\ b_x & b_y & b_z \end{vmatrix} = (a_y b_z - a_z b_y)\vec{u}_x - (a_x b_z - a_z b_x)\vec{u}_y + (a_x b_y - a_y b_x)\vec{u}_z \qquad (0.35)$$

El producto vectorial del vector $\vec{a}$ por el vector $\vec{b}$, **es otro vector**, $\vec{c}$. Ese nuevo vector $\vec{c}$ es perpendicular al plano que forman los dos vectores $\vec{a}$ y $\vec{b}$.

Un vector perpendicular a un plano, puede apuntar hacia arriba o hacia abajo del plano, fijado un sistema de referencia. La definición del producto vectorial determina hacia dónde apunta el vector $\vec{c} = \vec{a} \times \vec{b}$.

Si queremos saber hacia dónde apunta el vector $\vec{c} = \vec{a} \times \vec{b}$ sin calcular el determinante correspondiente, entonces tenemos que aplicar la conocida como regla del pulgar derecho:

Colocamos el dedo índice derecho en la dirección y sentido del vector $\vec{a}$ y el dedo corazón derecho en la dirección y sentido del vector $\vec{b}$. Colocamos el pulgar derecho de manera que sea perpendicular al plano que forman los dedos índice y corazón derechos. El pulgar derecho indica la dirección y sentido del vector $\vec{c} = \vec{a} \times \vec{b}$. Esta regla del pulgar derecho es consistente con la definición matemática del producto vectorial.

Algunas propiedades del producto vectorial:

a) $\vec{a} \times \vec{b} = -(\vec{b} \times \vec{a})$.
b) $\vec{a} \times \vec{a} = \vec{0}$.
c) Si los vectores $\vec{a}$ y $\vec{b}$ son paralelos o antiparalelos, entonces $\vec{a} \times \vec{b} = \vec{0}$.
d) El producto vectorial $\vec{a} \times \vec{b}$ es igual a $ab\,sen\theta\vec{u}$, donde θ es el ángulo que forman los dos vectores y $\vec{u}$ es un vector unitario perpendicular a los dos vectores.

Un ejemplo de producto vectorial. El producto vectorial de (1,2,3) por (4,5,6) es:

$$\vec{a} \times \vec{b} = \begin{vmatrix} \vec{u}_x & \vec{u}_y & \vec{u}_z \\ 1 & 2 & 3 \\ 4 & 5 & 6 \end{vmatrix} = (2*6-3*5)\vec{u}_x - (1*6-3*4)\vec{u}_y + (1*5-2*4)\vec{u}_z = -3\vec{u}_x + 6\vec{u}_y - 3\vec{u}_z \ . \qquad (0.36)$$

0.16. Los diferenciales.

Los diferenciales también se llaman infinitésimos, elementos, elementos infinitesimales o elementos diferenciales. Un diferencial o infinitésimo es una cantidad mayor o igual que cero y menor que cualquier número real positivo, lo que significa que es una cantidad infinitamente pequeña o nula.

0.16. LOS DIFERENCIALES.

Los símbolos dx, dl, dS, dV, dt, df, etc. representan infinitésimos. Se dice o escribe que dx es el diferencial de x. El diferencial dx representa un cambio infinitamente pequeño de la variable x.

Si x es la coordenada cartesiana x de un objeto, entonces dx es un cambio infinitamente pequeño de la coordenada x de dicho objeto. Si t es el tiempo, entonces dt es un cambio infinitamente pequeño del tiempo t.

Un diferencial de longitud dl es un cambio infinitesimal (infinitamente pequeño) de una longitud l. Ese cambio se produce a lo largo de la dirección de dicha longitud.

Un diferencial de superficie dS es un cambio infinitesimal (infinitamente pequeño) de una superficie S. Ese cambio se debe a cambios infinitesimales simultáneos a lo largo de las dos direcciones del espacio en las que está la superficie S. Por ejemplo, si hay cambios en x e y, entonces la superficie, en coordenadas cartesianas, sufrirá un cambio dS igual a $dx\ dy$.

Un diferencial de volumen dV es un cambio infinitesimal (infinitamente pequeño) de un volumen V. Ese cambio se debe a cambios infinitesimales simultáneos a lo largo de las tres direcciones del espacio en las que está el volumen V. Por ejemplo: Si hay cambios en x, y y z, entonces el volumen, en coordenadas cartesianas sufrirá un cambio dV igual a $dx\ dy\ dz$.

Si f es una función, entonces df es un cambio infinitamente pequeño de esa función. Puede ser una función de una variable o de varias variables. Un ejemplo de diferencial de una función: Si la velocidad v es una función del tiempo t, entonces dv es el diferencial de la velocidad.

Si $\vec{r}$ es un vector, entonces $\vec{dr}$ es un cambio infinitamente pequeño de ese vector. $\vec{r}$ y $\vec{dr}$ son iguales a (x,y,z) y (dx,dy,dz), respectivamente, en coordenadas cartesianas.

Las leyes de la Física se aplican a los elementos diferenciales o diferenciales o infinitésimos. Por ejemplo: Si un objeto recorre una distancia infinitamente pequeña dx durante un tiempo infinitamente pequeño dt a velocidad constante v, entonces su posición en el eje X en el instante $t + dt$ será: $x(t + dt) = x(t) + vdt$.

Un infinitésimo es una cantidad infinitamente pequeña y, por tanto, no se puede igualar a una cantidad finita diferente de cero. Sí se puede igualar a cero. Explicamos a continuación algunos ejemplos.

Es incorrecto escribir $dx = 5$, porque el término de la izquierda es un infinitésimo y el de la derecha es una cantidad finita. Es correcto escribir $dx = 5dt$ o $dx = 5dy$.

Es incorrecto escribir $dl = r\varphi$. Es correcto escribir $dl = rd\varphi$. dl es la longitud subtendida por un arco de ángulo φ.

Es incorrecto escribir $F = IdlB$. Es correcto escribir $dF = IdlB$. La fuerza producida por un elemento de corriente Idl es dF.

0.17. Las notaciones de la derivada.

Hay cuatro notaciones de la derivada de una función $f(x)$ que se usan habitualmente.

La notación de Leibniz (1675) de la primera, segunda y sucesivas derivadas ($n \geq 3$):

$$\frac{df}{dx}, \frac{d^2 f}{dx^2}, \ ..., \frac{d^n f}{dx^n} \ . \tag{0.37}$$

La notación de Lagrange (1770) de la primera, segunda y tercera derivadas:

$$f'(x), f''(x) \text{ y } f'''(x) \ . \tag{0.38}$$

Algunos autores usan los números romanos para la cuarta y sucesivas derivadas:

$$f^{iv}(x), f^{v}(x), f^{vi}(x), \ ... \ . \tag{0.39}$$

Otros autores usan la numeración arábiga para la cuarta y sucesivas derivadas:

$$f^{(4)}(x), f^{(5)}(x), f^{(6)}(x), \ ... \ . \tag{0.40}$$

La notación D o de Argobast (1800) de la primera, segunda y sucesivas derivadas ($n \geq 3$):

$$Df, D^2 f, \ ..., D^n f \ . \tag{0.41}$$

La notación D también es conocida como notación de Euler. Sin embargo, según los historiadores, el primero en usar esta notación fue Argobast en 1800.

La notación de Newton (1704) de la primera, segunda y sucesivas derivadas ($n \geq 6$):

$$\dot{f}, \ddot{f}, \dddot{f}, \overset{4}{\dot{f}}, \overset{5}{\dot{f}}, \ ..., \overset{n}{\dot{f}} \ . \tag{0.42}$$

$$\frac{df}{dx} = f'(x) = Df \qquad\qquad \frac{df(x)}{dx} = f'(x) = Df(x) \tag{0.43}$$

La notación de Newton, ecuación 0.42, se usa habitualmente para las derivadas con respecto al tiempo de una función $f(t)$:

$$\frac{df(t)}{dt} = f'(t) = Df(t) = \dot{f}(t) \ . \tag{0.44}$$

0.18. Las notaciones de la derivada evaluada en un punto.

Las notaciones anteriores se referían a las derivadas genéricas, en cualquier punto genérico x o en cualquier punto genérico x, y, z. Vamos a explicar las notaciones de las derivadas en un punto con valores numéricos.

La derivada de una función $f(x)$ es otra función, $f'(x)$ o df/dx. Si queremos evaluar una derivada en el punto $x = a$, lo simbolizaremos o representaremos de la siguiente manera, en las notaciones de Lagrange y Leibniz, respectivamente:

$$f'(x = a) \qquad \left. \frac{df}{dx} \right|_{x=a} . \qquad (0.45)$$

Es muy importante tener en cuenta que $f'(x = a)$ o $\left. \dfrac{df}{dx} \right|_{x=a}$ significa que, primero se calcula la derivada de $f(x)$ ($f'(x)$ o df/dx) y después se calcula o evalúa la derivada en el punto $x = a$. Por ejemplo: Si $f(x) = 3x^2$, entonces $f'(x) = 6x$, $f'(x = -3) = -18$ y $\left. \dfrac{df}{dx} \right|_{x=-3} = -18$.

0.19. La regla de la cadena de las derivadas.

Tenemos $y = x^3$ y $x = t^2 - 1$. La derivada $\dfrac{dy}{dt}$ se puede calcular de dos maneras:

La primera manera consiste en sustituir x=x(t) en y=y(x) y en derivar y(t) respecto de t:

$$x = t^2 - 1 \Rightarrow y = x^3 = (t^2 - 1)^3 \Rightarrow \frac{dy}{dt} = 3(t^2 - 1)^2 2t = 3(t^4 + 1 - 2t^2)2t = 6(t^5 + 5 - 2t^3) . \quad (0.46)$$

La segunda manera consiste en usar la regla de la cadena:

$$\frac{dy}{dt} = \frac{dy}{dx}\frac{dx}{dt} \qquad (0.47)$$

$$\left. \begin{array}{l} \dfrac{dy}{dx} = 3x^2 \\[2ex] \dfrac{dx}{dt} = 2t \end{array} \right\} \Rightarrow \quad \frac{dy}{dt} = 3x^2 2t = 3(t^2 - 1)^2 2t = 3(t^4 + 1 - 2t^2)2t = 6(t^5 + 5 - 2t^3) . \qquad (0.48)$$

0.20. La notación de la derivada parcial.

Hay varias notaciones para las derivadas parciales de una función de más de una variable. La más usada es la notación de Legendre. El símbolo ∂ es una d redondeada. Condorcet usó en 1770 este símbolo para denotar diferencias parciales. Legendre fue el primero que utilizó este símbolo en 1786 para simbolizar la derivada parcial.

La notación de Legendre para la primera, segunda y sucesivas derivadas parciales de $f(x, y)$, respecto de x ($n \geq 3$):

$$\frac{\partial f}{\partial x}, \frac{\partial^2 f}{\partial x^2}, ..., \frac{\partial^n f}{\partial x^n} . \qquad (0.49)$$

La notación de Legendre para la segunda derivada parcial respecto de x e y:

$$\frac{\partial^2 f}{\partial x \partial y} = \frac{\partial}{\partial x}\left(\frac{\partial f}{\partial y}\right) . \tag{0.50}$$

0.21. La derivada parcial.

La derivada parcial es un concepto matemático que se aplica solo a funciones que tienen más de una variable. La derivada parcial de la función $f(x, y, z)$ respecto de x se calcula derivando $f(x, y, z)$ solo respecto de la variable x, como si las variables z e y fueran constantes.

La notación de Legendre de la derivada parcial de $f(x, y, z)$ respecto de x:

$$\frac{\partial f}{\partial x} . \tag{0.51}$$

Un ejemplo de derivadas parciales. Tenemos la función $f(x, y) = 4xy + x^2 y^3$. Sus derivadas parciales son:

$$\frac{\partial f}{\partial x} = 4y + 2xy^3 \qquad \frac{\partial f}{\partial y} = 4x + x^2 3y^2 \tag{0.52}$$

Otro ejemplo de derivadas parciales. Tenemos la función $f(x, y, z) = x^2 y + zx + 3xy^2$. Sus derivadas parciales son:

$$\frac{\partial f}{\partial x} = 2xy + z + 3y^2 \qquad \frac{\partial f}{\partial y} = x^2 + 0 + 6xy \qquad \frac{\partial f}{\partial z} = 0 + x + 0 \tag{0.53}$$

0.22. La integral indefinida y su notación.

En la actualidad sólo se usa una notación para las integrales. La actual notación de la integral indefinida es la que Leibniz publicó en 1675: $\int$.

Leibniz usó el símbolo $\int$ como una letra 'S' alargada o estilizada, porque consideraba que se trataba de una suma ('summa' en latín) de infinitos sumandos infinitesimales.

El adjetivo 'indefinida' proviene de que la integral indefinida es una función genérica o indefinida de x.

La integral indefinida de $f(x)$ se simboliza mediante:

$$\int f(x)dx , \tag{0.54}$$

donde $f(x)$ se llama el integrando y x es la variable de integración. La integral indefinida no tiene límites de integración.

El resultado o cálculo de una integral indefinida es una función de x:

$$\int f(x)dx = g(x) + C , \qquad (0.55)$$

donde $f(x) = dg(x)/dx$ y C es una constante. En este contexto, constante significa que C no depende de x.

Algunos autores consideran que el resultado o cálculo de una integral indefinida es:

$$\int f(x)dx = g(x) , \qquad (0.56)$$

sin considerar la constante C. La derivada de $g(x)$ y de $g(x) + C$ con respecto de x es igual: $d(g(x) + C)/dx = dg(x)/dx = f(x)$ y, por tanto, las dos notaciones son válidas. La primera notación, con la constante C, es más general que la segunda.

Algunos ejemplos de integrales indefinidas:

$$\int dx = x \qquad \int x\,dx = \frac{x^2}{2} \qquad \int x^2 dx = \frac{x^3}{3} . \qquad (0.57)$$

0.23. La integral definida y su notación.

La actual notación de la integral definida es la que Fourier publicó en 1819-1820: $\int_a^b$. La integral definida tiene límites de integración.

El adjetivo 'definida' proviene de que la integral definida no es una función genérica o indefinida de x, sino que es o tiene un valor numérico concreto o definido.

La integral definida de $f(x)$ entre a y b se simboliza mediante:

$$\int_a^b f(x)dx , \qquad (0.58)$$

donde a y b representan cantidades numéricas.

El resultado o cálculo de una integral definida no es una función de x, sino un número. Para calcular la integral definida de $f(x)$ entre a y b, se utiliza el resultado de la integral indefinida de $f(x)$, la función $g(x)$. Se evalúa $g(x)$ en a y en b y su diferencia, $g(b) - g(a)$ es la integral indefinida de $f(x)$ entre a y b. Si en lugar de $g(x)$ usamos $g(x) + C$, obtenemos el mismo resultado: $g(b) + C - g(a) - C = g(b) - g(a)$.

Existen varias notaciones para significar o indicar el resultado o cálculo o evaluación de una integral definida. Una de esas notaciones es:

$$\int_a^b f(x)dx = g(x)\bigg|_a^b = g(b) - g(a) \ . \tag{0.59}$$

Otra notación es:

$$\int_a^b f(x)dx = [g(x)]_a^b = g(b) - g(a) \ . \tag{0.60}$$

Algunos ejemplos de integrales definidas:

$$\int_0^1 dx = x\bigg|_0^1 = 1 - 0 = 1 \qquad \int_{-1}^1 dx = x\bigg|_{-1}^1 = 1 - (-1) = 2$$

$$\int_0^1 xdx = \frac{x^2}{2}\bigg|_0^1 = 1/2 - 0 = 1/2 \qquad \int_{-1}^1 xdx = \frac{x^2}{2}\bigg|_{-1}^1 = 1/2 - 1/2 = 0 \tag{0.61}$$

$$\int_0^1 x^2dx = \frac{x^3}{3}\bigg|_0^1 = 1/3 - 0 = 1/3 \qquad \int_{-1}^1 x^2dx = \frac{x^3}{3}\bigg|_{-1}^1 = -1/3 - 1/3 = -2/3$$

0.24. Las integrales de la función $1/x$.

Las integrales indefinidas no son válidas, en general, para calcular integrales definidas en cualquier intervalo de integración. Un ejemplo es la integral de $1/x$.

La integral indefinida de $1/x$ es $ln(x)$. La función $ln(x)$ está definida para valores positivos de x, $x > 0$, y por tanto, la integral indefinida de $1/x$ es $ln(x)$ para $x > 0$. La función $ln(x)$ está definida en $x = 1$ y $x = 2$. Por lo tanto, podemos calcular la siguiente integral definida, usando la mencionada integral indefinida de $1/x$ para $x > 0$:

$$\int_1^2 \frac{dx}{x} = ln(x)\bigg|_1^2 = ln(2) - ln(1) = 0.6931 - 0 = 0.6931 \ . \tag{0.62}$$

La función $ln(x)$ no está definida para valores negativos de x, ni para $x = 0$. La función $ln(x)$ no está definida en $x = -1$, ni en $x = -2$. Por lo tanto, no podemos usar $ln(x)$ para calcular la integral $\int_{-2}^{-1} \frac{dx}{x}$ de la manera que se hizo en la ecuación 0.62. Tendremos que calcular la integral de otra u otras maneras.

Hay tres maneras de calcular dicha integral. La primera manera consiste en hacer el cambio de variable $y = -x$:

$$\int_{-2}^{-1} \frac{dx}{x} = \{y = -x, dy = -dx\} = \int_2^1 \frac{dy}{y} = ln(y)\bigg|_2^1 = ln(1) - ln(2) = 0 - 0.6931 = -0.6931 \ . \tag{0.63}$$

Una segunda manera de calcular la integral $\int_{-2}^{-1} \dfrac{dx}{x}$, consiste en usar la integral indefinida de $1/x$ para $x < 0$. Dicha integral indefinida es igual a $ln(-x)$, con $x < 0$.

$$\int_{-2}^{-1} \frac{dx}{x} = ln(-x)\Big|_{-2}^{-1} = ln(1) - ln(2) = -0.6931 . \tag{0.64}$$

Una tercera manera consiste en usar la integral indefinida de $1/x$ válida para valores positivos y negativos de x: La función $ln(|x|)$. La integral $\int_{-2}^{-1} \dfrac{dx}{x}$ será:

$$\int_{-2}^{-1} \frac{dx}{x} == ln(|x|)\Big|_{-2}^{-1} = ln(|-1|) - ln(|-2|) = ln(1) - ln(2) = 0 - 0.6931 = -0.6931 . \tag{0.65}$$

No es correcto calcular la integral $\int_{-2}^{-1} \dfrac{dx}{x}$ de la siguiente manera, sin hacer el cambio de variable, ni usar $ln(-x)$, ni $ln(|x|)$:

$$\int_{-2}^{-1} \frac{dx}{x} = ln(x)\Big|_{-2}^{-1} = ln(-1) - ln(-2) = ln(-1/-2) = ln(1/2) = -ln(2) = -0.6931 . \tag{0.66}$$

El resultado es el mismo, pero realizando **varias operaciones incorrectas y que no tienen sentido matemático**: No existe $ln(-1)$, ni $ln(-2)$ y las igualdades $ln(-1/-2) = ln(1/2)$ y $ln(-1) - ln(-2) = ln(-1/-2)$ no tienen sentido.

0.25. Las integrales de la función $1/(x-a)$.

La integral indefinida de $1/(x-a)$ es $ln(x-a)$. La función $ln(x-a)$ está definida para valores positivos de $x - a$. La función $ln(x-4)$, $a = 4$, está definida en $x = 5$ y $x = 6$. Por lo tanto, podemos usar dicha integral indefinida para calcular la siguiente integral:

$$\int_{5}^{6} \frac{dx}{x-4} = ln(x-4)\Big|_{4}^{5} = ln(6-4) - ln(5-4) = ln(2) - ln(1) = 0.6931 - 0 = 0.6931 . \tag{0.67}$$

La función $ln(x-4)$ no está definida para valores negativos de $x - 4$, ni para $x - 4 = 0$. La función $ln(x-4)$ no está definida en $x = 1$, ni en $x = 2$. Por lo tanto, para calcular la integral $\int_{1}^{2} \dfrac{dx}{x-4}$, tenemos que hacer el cambio de variable $y = 4 - x$:

$$\int_{1}^{2} \frac{dx}{x-4} = \{y = 4 - x, dx = -dy\} = \int_{3}^{2} \frac{dy}{y} = ln(y)\Big|_{3}^{2} = ln(2) - ln(3) = ln(2/3) . \tag{0.68}$$

También podemos usar la integral indefinida de $1/(x-a)$ válida para valores positivos y negativos de $x - a$: La función $ln(|x-a|)$. La integral $\int_{1}^{2} \dfrac{dx}{x-4}$ será:

$$\int_{1}^{2} \frac{dx}{x-4} = ln(|x-4|)\Big|_{1}^{2} = ln(|2-4|) - ln(|1-4|) = ln(2) - ln(3) = ln(2/3) . \tag{0.69}$$

De nuevo, se podría calcular esta integral sin hacer el cambio de variable, ni usar $ln(4-x)$, ni $ln(|x-4|)$. El resultado sería el mismo, pero realizando **varias operaciones incorrectas y que no tienen sentido matemático**.

0.26. Las integrales de la función $1/(x^2 - a^2)$.

Para calcular la integral indefinida de $1/(x^2 - a^2)$, antes tenemos que descomponer esa fracción en dos fracciones:

$$\frac{1}{x^2 - a^2} = \frac{1}{2a}\left(\frac{1}{x-a} - \frac{1}{x+a}\right) \tag{0.70}$$

La integral indefinida es, por tanto:

$$\int \frac{dx}{x^2 - a^2} = \frac{1}{2a}\left(\int \frac{dx}{x-a} - \int \frac{dx}{x+a}\right) = \frac{1}{2a}\left(ln(x-a) - ln(x+a)\right) = \frac{1}{2a}ln\left(\frac{x-a}{x+a}\right) \tag{0.71}$$

Esa integral indefinida se puede aplicar al cálculo de una integral definida, si los dos límites de integración cumplen $x - a > 0$. La siguiente integral definida cumple $x - 4 > 0$ ($a = 4$):

$$\int_5^6 \frac{dx}{x^2 - 16} = \frac{1}{8}ln\left(\frac{x-4}{x+4}\right)\Big|_5^6 = \frac{1}{8}ln\left(\frac{6-4}{6+4}\right) - \frac{1}{8}ln\left(\frac{5-4}{5+4}\right) =$$
$$\frac{1}{8}ln\left(\frac{2}{10}\right) - \frac{1}{8}ln\left(\frac{1}{9}\right) = \frac{1}{8}ln\left(\frac{9}{5}\right) \tag{0.72}$$

La integral definida $\int_1^2 \frac{dx}{x^2 - 16}$ no cumple $x - 4 > 0$ ($a = 4$). Calculamos la integral de la siguiente manera:

$$\int_1^2 \frac{dx}{x^2 - 16} = \frac{1}{8}\left(\int_1^2 \frac{dx}{x-4} - \int_1^2 \frac{dx}{x+4}\right) \tag{0.73}$$

Hacemos el cambio de variable $y = 4 - x$, pero solo en la primera integral:

$$\int_1^2 \frac{dx}{x-4} = \{y = 4 - x, dx = -dy\} = \int_3^2 \frac{dy}{y} = ln(y)\Big|_3^2 = ln\left(\frac{2}{3}\right) \tag{0.74}$$

La segunda integral es:

$$\int_1^2 \frac{dx}{x+4} = ln(x+4)\Big|_1^2 = ln(2+4) - ln(1+4) = ln\left(\frac{6}{5}\right) \tag{0.75}$$

La integral total es la resta de las dos integrales, multiplicada por el factor $1/8$:

$$\int_1^2 \frac{dx}{x^2 - 16} = \frac{1}{8}\left(ln\left(\frac{2}{3}\right) - ln\left(\frac{6}{5}\right)\right) = \frac{1}{8}ln\left(\frac{10}{18}\right) = \frac{1}{8}ln\left(\frac{5}{9}\right) \tag{0.76}$$

Otra manera de calcular la integral definida $\int_1^2 \frac{dx}{x^2 - 16}$ es usando $ln(|x-4|)$ y $ln(|x+4|)$:

$$\int_1^2 \frac{dx}{x^2 - 16} = \frac{1}{8}\left(\int_1^2 \frac{dx}{x-4} - \int_1^2 \frac{dx}{x+4}\right) = \frac{1}{8}\left(ln(|x-4|)\Big|_1^2 - ln(|x+4|)\Big|_1^2\right) =$$

$$\frac{1}{8}\left(ln(|2-4|) - ln(|1-4|) - ln(|2+4|) + ln(|1+4|)\right) = \tag{0.77}$$

$$\frac{1}{8}\left(ln(2) - ln(3) - ln(6) + ln(5)\right) = \frac{1}{8}ln\left(\frac{10}{18}\right) = \frac{1}{8}ln\left(\frac{5}{9}\right)$$

0.27. La integral doble.

Una integral doble sobre una función $f(x,y)$ de dos variables, x e y, se denota o simboliza como:

$$\int\int f(x,y)dxdy . \tag{0.78}$$

En una integral doble hay dos integrales. Cada integral se integra con respecto a una variable. La integral doble no depende del orden en que se integran las dos integrales. Integrando primero respecto de x y luego respecto de y da el mismo resultado que integrando primero respecto de y y luego respecto de x.

Una función $f(x,y)$ es separable si es igual al producto de dos funciones que dependen de una sola variable o a la suma de productos de dos funciones que dependen de una sola variable:

$$f(x,y) = g(x)h(y) \qquad f(x,y) = g(x)h(y) + l(x)m(y) . \tag{0.79}$$

Si la función es separable y los límites de integración no dependen de las variables x e y, entonces la integral doble se convierte en el producto de dos integrales:

$$\int_{x_1}^{x_2}\int_{y_1}^{y_2} f(x,y)dxdy = \int_{x_1}^{x_2}\int_{y_1}^{y_2} g(x)h(y)dxdy = \int_{x_1}^{x_2} g(x)dx \int_{y_1}^{y_2} h(y)dy . \tag{0.80}$$

El orden de las integrales no cambia el resultado. Por tanto, también se puede escribir:

$$\int_{x_1}^{x_2}\int_{y_1}^{y_2} f(x,y)dxdy = \int_{y_1}^{y_2} h(y)dy \int_{x_1}^{x_2} g(x)dx . \tag{0.81}$$

Un ejemplo de cálculo de una integral doble. La función es xy. La integral doble se integra entre $x_1=1$ y $x_2=2$, y entre $y_1=0$ e $y_2=1$:

$$\int_1^2\int_0^1 xydxdy = \int_1^2 xdx \int_0^1 ydy = \frac{x^2}{2}\Big|_1^2 \frac{y^2}{2}\Big|_0^1 = \left(\frac{4}{2} - \frac{1}{2}\right)\frac{1}{2} = \frac{3}{2}\frac{1}{2} = \frac{3}{4} . \tag{0.82}$$

0.28. La integral de superficie.

La integral de superficie de la función $f(x,y,z)$ sobre una superficie S es:

$$\int_S f(x,y,z)dS . \tag{0.83}$$

La superficie puede ser abierta o cerrada. La superficie de una plano es una superficie abierta. La superficie de una esfera es una superficie cerrada. La superficie puede estar contenida en un plano o en un volumen. Si la superficie es cerrada, entonces se usa el símbolo $\oint_S$ para la integral de superficie. El símbolo O de la integral significa que se trata de una superficie cerrada.

Cuando se calcula una integral de superficie sobre la superficie S, el integrando $f(x, y, z)$ debe tomar valores numéricos o debe tener la forma matemática que tiene en la superficie S. El diferencial dS también debe tener la forma matemática que tiene en dicha superficie.

Un ejemplo aplicado a una superficie abierta. Tenemos una función $f(x, y, z) = xyz$ y la superficie S es el plano $z = 4$ y $0 \leq x \leq 1$ y $2 \leq y \leq 3$. El integrando sobre esa superficie será $f(x, y, z) = 4xy$ y el diferencial de superficie sobre la purifica S será $dS = dxdy$. La integral de superficie sobre la citada superficie S será:

$$\int_S f(x, y, z)dS = \int_0^1 \int_2^3 4xydxdy = 4\int_0^1 xdx \int_2^3 ydy = 4\frac{1}{2}\frac{5}{2} = 5 \; . \qquad (0.84)$$

Un ejemplo aplicado a una superficie cerrada. Se trata de la superficie de una esfera. Tenemos un vector $\vec{E}(\vec{r})$ cuyo valor es cero si $r < R$ y es igual a $\frac{R^2\sigma_0}{r^2\epsilon_0}\vec{u}_r$ si $r \geq R$. Para calcular la integral de superficie de $\vec{E} \cdot \vec{dS}$ sobre la superficie de una esfera de radio $r < R$, tenemos que calcular o evaluar primero el producto escalar $\vec{E} \cdot \vec{dS}$ en cada punto de dicha superficie: $\vec{E} \cdot \vec{dS} = 0$. La integral de superficie será:

$$\oint_S \vec{E} \cdot d\vec{S} = 0 \; . \qquad (0.85)$$

Para calcular la integral de superficie de $\vec{E} \cdot \vec{dS}$ sobre la superficie de una esfera de radio $r > R$, tenemos que calcular o evaluar primero el producto escalar $\vec{E} \cdot \vec{dS}$ en cada punto de dicha superficie:

$$\vec{E} \cdot \vec{dS} = E(r)r^2 sen\theta d\theta d\varphi = \frac{R^2\sigma_0}{\epsilon_0} sen\theta d\theta d\varphi \; . \qquad (0.86)$$

La integral de superficie será:

$$\oint_S \vec{E} \cdot \vec{dS} = \int_0^\pi sen\theta d\theta \int_0^{2\pi} d\varphi \frac{R^2\sigma_0}{\epsilon_0} = \frac{4\pi R^2\sigma_0}{\epsilon_0} \; . \qquad (0.87)$$

donde hemos utilizado el valor de $\vec{E} \cdot \vec{dS}$ en la superficie de una esfera de radio r, ecuación 0.86.

0.29. La integral de línea.

La integral de línea de la función $f(x, y, z)$ sobre un camino C es:

$$\int_C f(x, y, z)dl \; . \qquad (0.88)$$

El integrando se integra sobre el camino, curva o línea C y en el sentido de ese camino. Una integral de línea depende de los puntos inicial y final y del camino de integración C.

Aunque se la conoce como integral de línea, eso no significa que sea una integral sobre una línea recta. Aunque se dice que es una integral sobre una curva C, eso no significa que sea una integral sobre una línea curva. El camino, curva o línea de integración puede tener cualquier forma. No tiene que ser necesariamente una línea curva o una línea recta. El camino C puede ser abierto o cerrado y puede estar contenido en una recta, en un plano o en un volumen.

Cuando se calcula una integral de línea sobre el camino C, el integrando $f(x,y,z)$ debe tomar valores numéricos o debe tener la forma matemática que tiene en el camino C y el diferencial dl también debe tener la forma matemática que tiene en dicho camino.

Un ejemplo aplicado a un camino a lo largo de una recta. Tenemos una función $f(x,y,z) = xyz$ y el camino es la recta que va de $x = 1$ hasta $x = 3$, con $y = 3$ y $z = 2$. El integrando sobre ese camino será $f(x,y,z) = 6x$ y $dl = dx$. La integral de línea será:

$$\int_C f(x,y,z)dl = \int_1^3 6x\,dx = \frac{6}{2}x^2 \Big|_1^3 = 3(9-1) = 24 \ . \tag{0.89}$$

Otro ejemplo, aplicado a un camino compuesto por dos rectas. Tenemos la función $f(x,y,z) = xyz$ y el camino que comienza por la recta C_1, que va de $x = 2$ hasta $x = 1$, con $y = 4$ y $z = 2$, y luego continúa por la recta C_2, que va de $y = 4$ hasta $y = 5$, con $x = 1$ y $z = 2$.

La recta C_1 es a lo largo del eje X. Por tanto, $dl_1 = dx$. En la recta C_1, $y = 4$ y $z = 2$ y, por lo tanto, $f(x,y,z) = 8x$ en C_1. La recta C_2 es a lo largo del eje Y. Por tanto, $dl_2 = dy$. En la recta C_2, $x = 1$ y $z = 2$ y, por lo tanto, $f(x,y,z) = 2y$ en C_2. La integral de línea será:

$$\int_C f(x,y,z)dl = \int_{C_1} f(x,y,z)dl_1 + \int_{C_2} f(x,y,z)dl_2 =$$
$$\int_2^1 8x\,dx + \int_4^5 2y\,dy = 4x^2 \Big|_2^1 + y^2 \Big|_4^5 = -12 + 16 = 4 \ . \tag{0.90}$$

Un tercer ejemplo, aplicado a un plano y usando coordenadas polares. Tenemos la función $f(x,y,z) = xyz$ y el camino C es una circunferencia centrada en $(0,0,3)$ y según el sentido del eje X hacia el eje Y. En este caso, $dl = R\,d\varphi$, $f(x,y,z) = 3xy = 3R^2 cos\varphi sen\varphi$. La integral de línea será:

$$\int_C f(x,y,z)dl = \int_0^{2\pi} 3R^2 cos\varphi sen\varphi R\,d\varphi = -3R^3 \frac{cos(2\varphi)}{2} \Big|_0^{2\pi} = -3R^3 \frac{(cos4\pi - cos0)}{4} = 0 \ . \tag{0.91}$$

0.30. El gradiente de una función.

El gradiente de una función $V(x,y,z)$ se simboliza como $\vec{\nabla}V$. El gradiente de una función $V(x,y,z)$ es:

$$\vec{\nabla}V = \frac{\partial V}{\partial x}\vec{u}_x + \frac{\partial V}{\partial y}\vec{u}_y + \frac{\partial V}{\partial z}\vec{u}_z \tag{0.92}$$

La función $V(x, y, z)$ es un escalar y su gradiente es un vector. Observe que en la definición de gradiente, la derivada parcial está actuando u operando sobre la función $V(x, y, z)$.

Un ejemplo. El gradiente de la función $V(x, y, z) = x^2 y + zy - xyz$ es:

$$\vec{\nabla} V = (2xy - yz)\vec{u}_x + (x^2 + z - xz)\vec{u}_y + (y - xy)\vec{u}_z \qquad (0.93)$$

0.31.   El rotacional de un vector.

Tenemos el vector $\vec{A} = A_x \vec{u}_x + A_y \vec{u}_y + A_z \vec{u}_z$. El rotacional del vector $\vec{A}$ se simboliza como $\vec{\nabla} \times \vec{A}$ y también como $\vec{\nabla} \wedge \vec{A}$. El rotacional del vector $\vec{A}$ **es otro vector**.

El rotacional del vector $\vec{A}$ se define como:

$$\vec{\nabla} \times \vec{A} = \begin{vmatrix} \vec{u}_x & \vec{u}_y & \vec{u}_z \\ \dfrac{\partial}{\partial x} & \dfrac{\partial}{\partial y} & \dfrac{\partial}{\partial z} \\ A_x & A_y & A_z \end{vmatrix} \qquad (0.94)$$

El producto vectorial de $\vec{\nabla}$ por $\vec{A}$ debe entenderse como una operación y no literalmente como un producto vectorial del vector $\vec{\nabla}$ por el vector $\vec{A}$. El vector $\vec{\nabla}$ debe entenderse como un operador y no literalmente como un vector. Esto significa que al desarrollar el determinante anterior, no tendremos productos del tipo $\dfrac{\partial}{\partial y} A_z$, sino operaciones del tipo $\dfrac{\partial A_z}{\partial y}$. Por tanto, el rotacional es igual a:

$$\vec{\nabla} \times \vec{A} = \begin{vmatrix} \vec{u}_x & \vec{u}_y & \vec{u}_z \\ \dfrac{\partial}{\partial x} & \dfrac{\partial}{\partial y} & \dfrac{\partial}{\partial z} \\ A_x & A_y & A_z \end{vmatrix} = (\dfrac{\partial A_z}{\partial y} - \dfrac{\partial A_y}{\partial z})\vec{u}_x - (\dfrac{\partial A_z}{\partial x} - \dfrac{\partial A_x}{\partial z})\vec{u}_y + (\dfrac{\partial A_y}{\partial x} - \dfrac{\partial A_x}{\partial y})\vec{u}_z \qquad (0.95)$$

Un ejemplo. El rotacional del vector $\vec{A} = xyz^2 \vec{u}_x + x^3 y^2 z \vec{u}_y + xy^3 z^2 \vec{u}_z$ es:

$$\vec{\nabla} \times \vec{A} = \begin{vmatrix} \vec{u}_x & \vec{u}_y & \vec{u}_z \\ \dfrac{\partial}{\partial x} & \dfrac{\partial}{\partial y} & \dfrac{\partial}{\partial z} \\ xyz^2 & x^3 y^2 z & xy^3 z^2 \end{vmatrix} = (x3y^2 z^2 - x^3 y^2)\vec{u}_x - (y^3 z^2 - xy2z)\vec{u}_y + (3x^2 y^2 z - xz^2)\vec{u}_z \qquad (0.96)$$

0.32.   El laplaciano de una función.

El laplaciano de una función f(x) **es un escalar**, al igual que la propia función. El laplaciano de una función f(x,y,z) es

$$\nabla^2 f = \frac{\partial^2 \Phi}{\partial x^2} + \frac{\partial^2 \Phi}{\partial y^2} + \frac{\partial^2 \Phi}{\partial z^2} \ . \qquad (0.97)$$

Un ejemplo. El laplaciano de la función $V(x, y, z) = x^2 y + zy^2 - xyz$ es:

$$\nabla^2 V = 2y + 2z \ . \qquad (0.98)$$

0.33. Las coordenadas cartesianas.

Un punto en el espacio tridimensional se puede escribir o denotar en coordenadas cartesianas, cilíndricas o esféricas, entre otros sistemas de coordenadas. Las coordenadas cartesianas se designan mediante los símbolos x, y y z.

El vector de posición $\vec{r}$ de un punto en el espacio tridimensional, en coordenadas cartesianas y en función de los vectores unitarios cartesianos viene dado por (Ver la figura 0.7):

$$\vec{r} = x\vec{u}_x + y\vec{u}_y + z\vec{u}_z \ . \tag{0.99}$$

También se suele escribir $\vec{r} = (x, v, z)$.

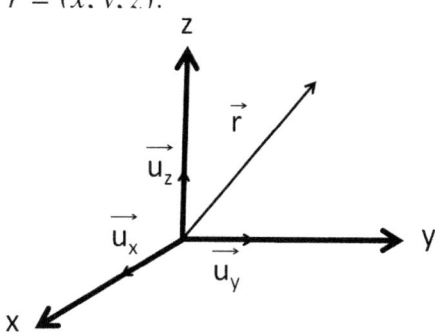

Figura 0.7: Las coordenadas cartesianas.

Los tres vectores unitarios cartesianos, dibujados en la figura 0.7, son perpendiculares entre sí. Por tanto, cumplen:

$$\begin{aligned}
\vec{u}_x &= \vec{u}_y \times \vec{u}_z \\
\vec{u}_y &= \vec{u}_z \times \vec{u}_x \\
\vec{u}_z &= \vec{u}_x \times \vec{u}_y \ .
\end{aligned} \tag{0.100}$$

El módulo del vector de posición en coordenadas cartesianas viene dado por:

$$|\vec{r}| = \sqrt{x^2 + y^2 + z^2} \ . \tag{0.101}$$

0.34. Los diferenciales de longitud, superficie y volumen en coordenadas cartesianas.

Un diferencial o cambio infinitesimal (infinitamente pequeño) en la dirección del eje X se representa mediante dx. Este dx es un diferencial o infinitésimo de longitud. Los diferenciales en las otras dos direcciones se representan mediante dy y dz.

El diferencial de superficie en el plano XY es el área de un cuadrado de lados dx y dy:

$$dS = dx \ dy \ . \tag{0.102}$$

El vector diferencial de superficie en el plano XY es perpendicular a dicho plano:

$$\vec{dS} = dx \ dy\vec{u}_z \ . \tag{0.103}$$

Los diferenciales de superficie en los planos YZ y XZ vienen dados, respectivamente, por:

$$dS = \pm dy \ dz$$
$$dS = \pm dx \ dz \ .$$

(0.104)

Los vectores diferenciales de superficie en los planos YZ y XZ vienen dados, respectivamente, por:

$$\overrightarrow{dS} = \pm dy \ dz\vec{u}_x$$
$$\overrightarrow{dS} = \pm dx \ dz\vec{u}_y \ .$$

(0.105)

El signo del vector diferencial de superficie lo determina la forma de la superficie o las condiciones del problema. Si la superficie es cerrada, entonces el vector $\overrightarrow{dS}$ debe apuntar hacia fuera de la superficie y esto determinará el signo del vector.

El diferencial de volumen es el volumen de un cubo de lados dx, dy y dz y viene dado por:

$$dV = dx \ dy \ dz \ .$$

(0.106)

0.35. Las coordenadas polares.

Habitualmente se utilizan las conocidas como coordenadas cartesianas: x, y, z. En las siguientes secciones explicaremos tres tipos de coordenadas no cartesianas: polares, cilíndricas y esféricas.

Usaremos los símbolos o notaciones dl, dS y dV para los diferenciales de longitud, superficie y volumen, respectivamente, como hemos explicado en una sección anterior sobre los infinitésimos.

Las coordenadas polares se designan mediante los símbolos ρ y φ. Estas coordenadas están en un plano, habitualmente en el plano XY. El vector de posición está en el plano XY. El módulo del vector de posición se representa mediante el símbolo ρ. El ángulo que forma el vector de posición con el eje X es el ángulo φ (Ver la figura 0.8).

La relación entre las coordenadas cartesianas x e y y las coordenadas polares ρ y φ también se puede observar en la figura 0.8 y es la siguiente:

$$\rho = \sqrt{x^2 + y^2}$$
$$x = \rho cos\varphi$$
$$y = \rho sen\varphi \ .$$

(0.107)

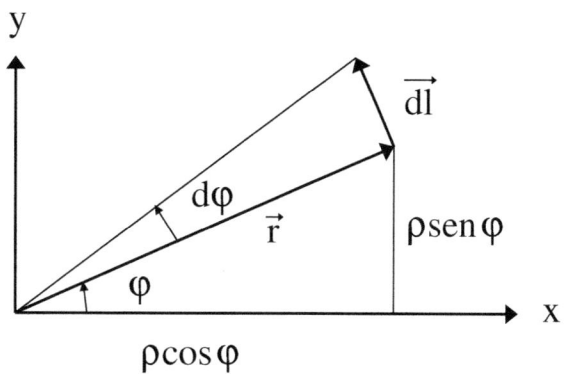

Figura 0.8: Coordenadas polares.

El vector de posición de un punto, en coordenadas cartesianas, viene dado por:

$$\vec{r} = x\vec{u}_x + y\vec{u}_y \ , \tag{0.108}$$

donde $\vec{u}_x$ e $\vec{u}_y$ son los vectores unitarios a lo largo de los ejes x e y, respectivamente.

El vector de posición de un punto también se puede escribir en función de las coordenadas polares y de los vectores unitarios cartesianos, usando la relación entre x e y y las coordenadas polares ρ y φ:

$$\vec{r} = \rho cos\varphi\vec{u}_x + \rho sen\varphi\vec{u}_y \ . \tag{0.109}$$

Los vectores unitarios en coordenadas polares son (Ver la figura 0.9):

$$\vec{u}_\rho = \frac{\partial \vec{r}/\partial \rho}{|\partial \vec{r}/\partial \rho|} = cos\varphi\vec{u}_x + sen\varphi\vec{u}_y$$

$$\vec{u}_\rho = \vec{r}/\rho \tag{0.110}$$

$$\vec{u}_\varphi = \frac{\partial \vec{r}/\partial \varphi}{|\partial \vec{r}/\partial \varphi|} = -sen\varphi\vec{u}_x + cos\varphi\vec{u}_y \ .$$

El vector de posición de un punto, en coordenadas polares y usando los vectores unitarios polares, viene dado por:

$$\vec{r} = \rho\vec{u}_\rho \ . \tag{0.111}$$

El módulo del vector de posición, en coordenadas polares, es:

$$|\vec{r}| = \rho \ . \tag{0.112}$$

Los vectores unitarios $\vec{u}_\rho$ y $\vec{u}_\varphi$ son perpendiculares entre sí, como se puede deducir o calcular a partir de las expresiones de dichos vectores y como se puede observar en la figura 0.9:

$$\vec{u}_\rho \cdot \vec{u}_\varphi = 0 \qquad \vec{u}_z = \vec{u}_\rho \times \vec{u}_\varphi \ . \tag{0.113}$$

En la figura 0.9 hemos dibujado el vector de posición y los vectores unitarios polares.

45

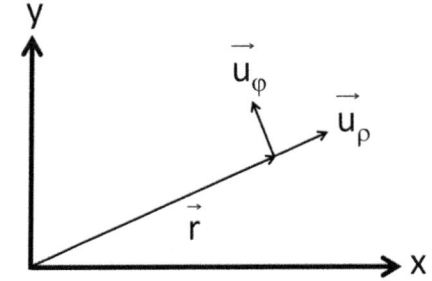

Figura 0.9: Los vectores unitarios polares.

0.36. Los diferenciales de longitud y superficie en coordenadas polares.

Tenemos dos diferenciales de longitud. Uno paralelo al vector de posición $\vec{r}$ y el otro perpendicular a dicho vector.

El vector diferencial de longitud paralelo es:

$$\vec{dl}_\rho = d\rho\vec{u}_\rho \ . \tag{0.114}$$

El módulo del vector diferencial de longitud paralelo o simplemente el diferencial de longitud paralelo es la longitud del segmento $d\rho$ (Ver la figura 0.10):

$$dl_\rho = |\vec{dl}_\rho| = d\rho \ . \tag{0.115}$$

El vector diferencial de longitud perpendicular es:

$$\vec{dl}_\varphi = \rho d\varphi\vec{u}_\varphi = \rho d\varphi(-sen\varphi\vec{u}_x + cos\varphi\vec{u}_y) \ . \tag{0.116}$$

Vamos a considerar $\vec{dl} = \vec{dl}_\varphi$ y $dl = |\vec{dl}_\varphi|$, para simplificar la notación.

El módulo del vector diferencial de longitud perpendicular o simplemente el diferencial de longitud perpendicular es la longitud de un arco de radio ρ y ángulo $d\varphi$ en el plano XY (Ver la figura 0.10):

$$dl = |\vec{dl}| = \rho d\varphi \ . \tag{0.117}$$

El diferencial de superficie en coordenadas polares es el área de un rectángulo de lados dl y $d\rho$, situado en el plano XY:

$$dS = dl \ d\rho = \rho d\rho d\varphi \ . \tag{0.118}$$

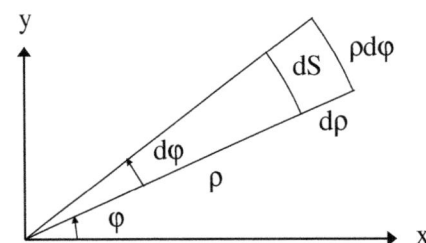

Figura 0.10: Los diferenciales de longitud y de superficie en coordenadas polares.

0.37. Las coordenadas cilíndricas.

Las coordenadas cilíndricas se refieren a un espacio tridimensional. Las tres coordenadas cilíndricas se designan mediante los símbolos ρ, φ y z. Estas coordenadas son una combinación de las coordenadas polares en el plano XY y de la coordenada cartesiana z.

La relación entre las coordenadas cartesianas y las coordenadas cilíndricas viene dada por:

$$\begin{aligned} \rho &= \sqrt{x^2 + y^2} \\ x &= \rho cos\varphi \\ y &= \rho sen\varphi \; . \end{aligned} \qquad (0.119)$$

El vector de posición se puede escribir en función de las coordenadas cilíndricas y de los vectores unitarios cartesianos como:

$$\vec{r} = \rho cos\varphi \vec{u}_x + \rho sen\varphi \vec{u}_y + z\vec{u}_z \; . \qquad (0.120)$$

Los vectores unitarios cilíndricos vienen dados por:

$$\begin{aligned} \vec{u}_\rho &= \frac{\partial \vec{r}/\partial \rho}{|\partial \vec{r}/\partial \rho|} = cos\varphi \vec{u}_x + sen\varphi \vec{u}_y \\ \vec{u}_\varphi &= \frac{\partial \vec{r}/\partial \varphi}{|\partial \vec{r}/\partial \varphi|} = -sen\varphi \vec{u}_x + cos\varphi \vec{u}_y \\ \vec{u}_z &= \frac{\partial \vec{r}/\partial z}{|\partial \vec{r}/\partial z|} \; . \end{aligned} \qquad (0.121)$$

El vector de posición en coordenadas cilíndricas y vectores unitarios cilíndricos (Ver también la figura 0.11) viene dado por:

$$\vec{r} = \rho \vec{u}_\rho + z\vec{u}_z \; . \qquad (0.122)$$

El módulo del vector de posición en coordenadas cilíndricas viene dado por:

$$|\vec{r}| = \sqrt{\rho^2 + z^2} \; . \qquad (0.123)$$

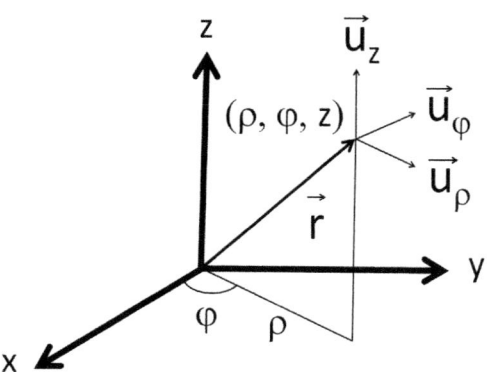

Figura 0.11: Las coordenadas cilíndricas y los vectores unitarios cilíndricos.

Los tres vectores unitarios son perpendiculares entre sí, como se puede comprobar usando sus definiciones y observando la figura 0.11. Por tanto, cumplen:

$$\begin{aligned}
\vec{u}_\rho &= \vec{u}_\varphi \times \vec{u}_z \\
\vec{u}_\varphi &= \vec{u}_z \times \vec{u}_\rho \\
\vec{u}_z &= \vec{u}_\rho \times \vec{u}_\varphi \,.
\end{aligned} \tag{0.124}$$

Hemos dibujado el vector de posición y los tres vectores unitarios cilíndricos en la figura 0.11.

0.38. Los diferenciales de longitud, superficie y volumen en coordenadas cilíndricas.

El diferencial de longitud en coordenadas cilíndricas es la longitud de un arco de radio ρ y ángulo $d\varphi$, situado en un plano $z =$constante y en la superficie lateral de un cilindro de radio ρ:

$$dl = \rho d\varphi \,. \tag{0.125}$$

Se trata del diferencial que hemos llamado diferencial de longitud perpendicular en la sección sobre las coordenadas polares.

Un cilindro tiene tres superficies: La superficie lateral curvada y las dos tapas planas, superior e inferior, que cierran el cilindro. Por lo tanto, en coordenadas cilíndricas, tenemos dos diferenciales de superficie diferentes: Uno en la superficie lateral curvada y el otro en las tapas planas. Los diferenciales de las tapas son iguales.

El diferencial de superficie lateral (en la superficie lateral de un cilindro) en coordenadas cilíndricas es el área de un rectángulo de lados dl y dz, situado en la superficie lateral de un cilindro de radio ρ:

$$dS = dl \; dz = \rho d\varphi \; dz \,. \tag{0.126}$$

Las coordenadas cilíndricas se refieren a un espacio en tres dimensiones. Por tanto, existe el vector diferencial de superficie lateral y viene dado por:

$$\vec{dS} = \pm dS \vec{u}_\rho \,. \tag{0.127}$$

Este vector es perpendicular a la superficie dS. El signo del vector lo determinan las condiciones del problema: Si dS está sobre una superficie cerrada, entonces $\vec{dS}$ debe apuntar hacia fuera de dicha superficie y su signo deberá ser el que corresponda para que $\vec{dS}$ apunte hacia fuera.

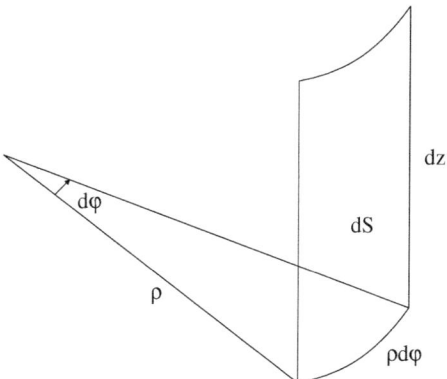

Figura 0.12: El diferencial de superficie lateral en coordenadas cilíndricas.

El diferencial de superficie en la tapa de un cilindro es igual que el diferencial de superficie en el plano XY en coordenadas polares:

$$dS = dl \ d\rho = \rho \ d\rho \ d\varphi \ . \tag{0.128}$$

El diferencial dS es el área de un rectángulo de lados dl y $d\rho$, situado en la superficie de un plano z=constante (la tapa del cilindro).

Las coordenadas cilíndricas se refieren a un espacio en tres dimensiones. Por tanto, existe el vector diferencial de superficie en una tapa de un cilindro y viene dado por:

$$\vec{dS} = \pm dS\vec{u}_z \ . \tag{0.129}$$

Este vector es perpendicular a la superficie dS de la tapa. El signo del vector lo determinan las condiciones del problema. Por ejemplo: Tenemos un cilindro con sus dos tapas. El eje principal está a lo largo del eje Z y apunta hacia arriba. Las dos tapas son perpendiculares al eje Z. Los vectores $\vec{dS}$ sobre las tres superficies del cilindro (las dos tapas y la superficie lateral) deben ser perpendiculares a dichas superficies y deben apuntar hacia fuera. Por lo tanto, el vector $\vec{dS}$ en la tapa de arriba será $+ \ dS\vec{u}_z$ y en la tapa de abajo será $- \ dS\vec{u}_z$.

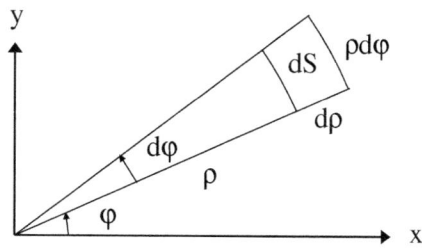

Figura 0.13: El diferencial de superficie en una tapa de un cilindro.

Es frecuente usar el mismo símbolo dS para los diferenciales laterales y los diferenciales de las tapas. Según el contexto, se puede deducir a qué tipo de diferencial se refiere.

La figura 0.13 es el dibujo de un diferencial dS en el plano XY, es decir, en el plano z=constante e igual a cero.

El diferencial de volumen dV es el volumen de un paralelepípedo de lados dl, dz y $d\rho$ (Ver la figura 0.14):

$$dV = dS d\rho = dl \ dz \ d\rho = \rho d\rho \ d\varphi \ dz \ . \tag{0.130}$$

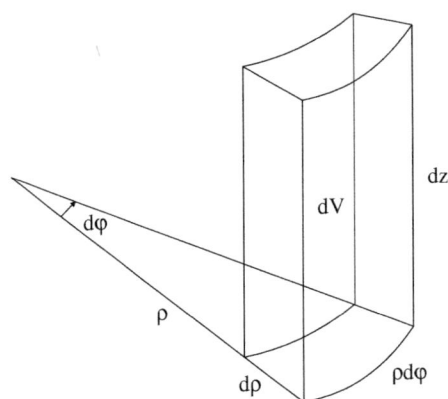

Figura 0.14: El diferencial de volumen en coordenadas cilíndricas.

0.39. Las coordenadas esféricas.

Las coordenadas esféricas se designan mediante los símbolos r, φ y θ. El módulo del vector de posición de un punto en un espacio tridimensional es r. El ángulo θ es el ángulo que forma el vector de posición con el eje Z. La definición del ángulo φ es más complicada. Primero, proyectamos el vector de posición sobre el plano XY. Esa proyección forma una línea sobre el plano XY. El ángulo que forma esa línea con el eje X es el ángulo φ (Ver la figura 0.15).

La relación entre las coordenadas cartesianas y las esféricas es la siguiente:

$$
\begin{aligned}
r &= \sqrt{x^2 + y^2 + z^2} \\
x &= r\, sen\theta cos\varphi \\
y &= r\, sen\theta sen\varphi \\
z &= r\, cos\theta \ .
\end{aligned}
\tag{0.131}
$$

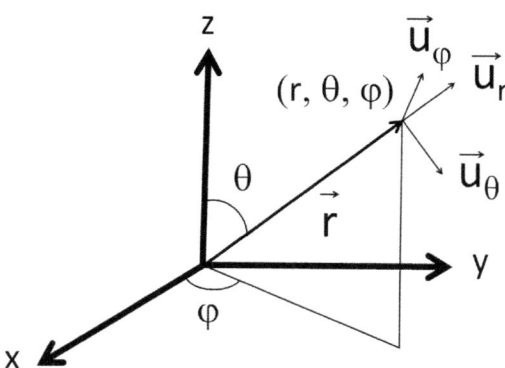

Figura 0.15: Las coordenadas esféricas y los vectores unitarios esféricos.

El vector de posición en coordenadas esféricas y vectores unitarios cartesianos (Ver también la figura 0.15) viene dado por:

$$\vec{r} = r\,sen\theta cos\varphi \vec{u}_x + r\,sen\theta sen\varphi \vec{u}_y + r\,cos\theta \vec{u}_z \ . \tag{0.132}$$

Los vectores unitarios esféricos son:

$$\begin{aligned}
\vec{u}_r &= \frac{\partial \vec{r}/\partial r}{|\partial \vec{r}/\partial r|} = sen\theta cos\varphi \vec{u}_x + sen\theta sen\varphi \vec{u}_y + cos\theta \vec{u}_z \\
\vec{u}_r &= \vec{r}/r \\
\vec{u}_\varphi &= \frac{\partial \vec{r}/\partial \varphi}{|\partial \vec{r}/\partial \varphi|} = -sen\varphi \vec{u}_x + cos\varphi \vec{u}_y \\
\vec{u}_\theta &= \frac{\partial \vec{r}/\partial \theta}{|\partial \vec{r}/\partial \theta|} = cos\theta cos\varphi \vec{u}_x + cos\theta sen\varphi \vec{u}_y - sen\theta \vec{u}_z \ .
\end{aligned} \tag{0.133}$$

El vector de posición en coordenadas esféricas y vectores unitarios esféricos es:

$$\vec{r} = r\vec{u}_r \ . \tag{0.134}$$

El módulo del vector de posición, en coordenadas esféricas, es:

$$|\vec{r}| = r \ . \tag{0.135}$$

Los tres vectores unitarios esféricos son perpendiculares entre sí, como se puede deducir de sus definiciones y se puede observar en la figura 0.15. Por lo tanto, estos vectores cumplen las siguientes expresiones con productos vectoriales:

$$\begin{aligned}
\vec{u}_r &= \vec{u}_\theta \times \vec{u}_\varphi \\
\vec{u}_\varphi &= \vec{u}_r \times \vec{u}_\theta \\
\vec{u}_\theta &= \vec{u}_\varphi \times \vec{u}_r \ .
\end{aligned} \tag{0.136}$$

0.40. Los diferenciales de longitud, superficie y volumen en coordenadas esféricas.

El diferencial de superficie dS sobre la superficie de una esfera de radio r es el área de un rectángulo de lados dl y $r d\theta$, situado en la superficie de dicha esfera (Ver la figura 0.16):

$$dS = dl \ r d\theta \ . \tag{0.137}$$

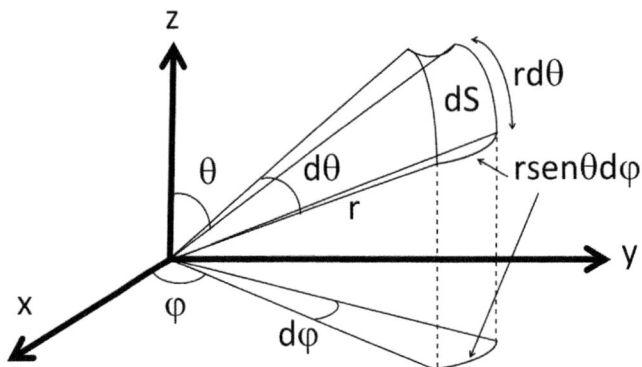

Figura 0.16: El diferencial de superficie en coordenadas esféricas.

El diferencial dl es la longitud de un arco de radio $rsen\theta$ y ángulo $d\varphi$, situado en el plano XY (igual que en coordenadas polares): $dl = rsen\theta d\varphi$. Introduciendo este resultado en dS, obtenemos:

$$dS = r^2 sen\theta d\theta d\varphi \ . \tag{0.138}$$

El vector diferencial de superficie viene dado por:

$$\vec{dS} = dS\vec{u}_r \ . \tag{0.139}$$

Este vector debe apuntar hacia fuera de la superficie de la esfera y, por lo tanto, se define como un vector con la misma dirección y sentido que $\vec{u}_r$.

El diferencial de volumen dV en coordenadas esféricas es el anterior diferencial dS multiplicado por el diferencial dr:

$$dV = dS \ dr \ . \tag{0.140}$$

El diferencial de volumen dV en coordenadas esféricas también es el volumen de un paralelepípedo de lados $dl = rsen\theta d\varphi$, $rd\theta$ y dr (Ver la figura 0.17):

$$dV = dS \ dr = dl \ rd\theta \ dr = r^2 dr sen\theta d\theta d\varphi \ . \tag{0.141}$$

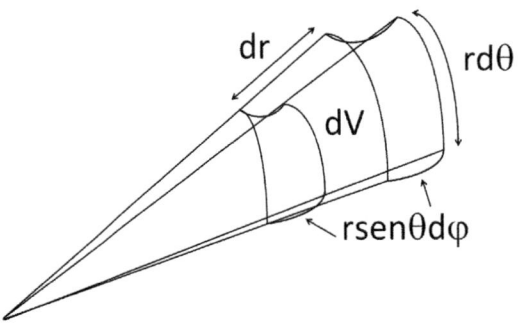

Figura 0.17: El diferencial de volumen en coordenadas esféricas.

0.41. Los límites de integración en coordenadas polares, cilíndricas y esféricas

Los límites de integración de las integrales de un problema de Física deben tener en cuenta la forma y los límites geométricos del problema. Vamos a explicar, con varios ejemplos, cuáles son los límites de integración.

a) En coordenadas polares:

La variable φ es el ángulo que forma el vector de posición con el eje X. Para abarcar la mitad de un círculo, φ tendrá que variar entre 0 y π, y para abarcar todo el círculo, φ tendrá que variar entre 0 y 2π.

Supongamos que tenemos un círculo de radio R que tiene una densidad superficial de carga eléctrica constante: $\sigma = \sigma_0$. La carga que contiene el círculo será igual a la siguiente integral doble:

$$Q = \int_S \sigma \rho d\rho d\varphi = \sigma_0 \int_S \rho d\rho d\varphi = \sigma_0 \int_0^R \rho d\rho \int_0^{2\pi} d\varphi = \sigma_0 \frac{R^2}{2} 2\pi = \sigma_0 \pi R^2 , \qquad (0.142)$$

donde S representa la superficie del círculo.

Un segundo ejemplo. Tenemos una sección circular de radio R y de α radianes y que tiene una densidad superficial de carga eléctrica constante: $\sigma = \sigma_0$. Un círculo es una sección circular de 2π radianes. La carga que contiene la sección circular será igual a la siguiente integral doble:

$$Q = \int_S \sigma \rho d\rho d\varphi = \sigma_0 \int_0^R \rho d\rho \int_0^{\alpha} d\varphi = \sigma_0 \frac{R^2}{2} \alpha = \sigma_0 \frac{R^2}{2} \alpha , \qquad (0.143)$$

donde S representa la superficie de la sección circular.

Un tercer ejemplo. Tenemos una sección circular de radio R y de α radianes y que tiene una densidad superficial de carga eléctrica que es constante e igual a σ_0 si $a \leq \rho \leq b$ y cero fuera de ese intervalo. La carga que contiene la sección circular será igual a la siguiente integral doble:

$$Q = \int_S \sigma \rho d\rho d\varphi = \sigma_0 \int_a^b \rho d\rho \int_0^{\alpha} d\varphi = \sigma_0 \frac{(b^2 - a^2)}{2} \alpha = \sigma_0 \frac{(b^2 - a^2)}{2} \alpha , \qquad (0.144)$$

donde S representa la superficie de la sección circular.

b) En coordenadas cilíndricas:

Tenemos un cilindro de radio R y altura h que tiene una densidad volumétrica de carga eléctrica constante: $\rho_V = \rho_V(0)$. Para calcular la carga dentro del cilindro, tendremos que integrar la variable ρ desde 0 hasta R, la variable z desde 0 hasta h y la variable φ desde 0 hasta 2π. La carga que contiene el cilindro será igual a la siguiente integral triple:

$$Q = \int_V \rho_V \rho d\rho dz d\varphi = \rho_V(0) \int_V \rho d\rho dz d\varphi =$$
$$\rho_V(0) \int_0^R \rho d\rho \int_0^h dz \int_0^{2\pi} d\varphi = \rho_V(0) \frac{R^2}{2} h 2\pi = \rho_V(0) \pi R^2 h , \qquad (0.145)$$

donde V en $\int_V$ representa el volumen del cilindro.

Otro ejemplo. Tenemos un cilindro de radio R y altura h que tiene una densidad volumétrica de carga eléctrica que es constante entre $\varphi = 0$ y $\varphi = \alpha$, e igual a $\rho_V = \rho_V(0)$. Para calcular la carga dentro del cilindro, tendremos que integrar la variable ρ desde 0 hasta R, la variable z desde 0 hasta h y la variable φ desde 0 hasta α. La carga que contiene el cilindro será igual a la siguiente integral triple:

$$Q = \int_V \rho_V \rho \, d\rho \, dz \, d\varphi = \rho_V(0) \int_0^R \rho \, d\rho \int_0^h dz \int_0^\alpha d\varphi = \rho_V(0) \frac{R^2}{2} h\alpha \,, \tag{0.146}$$

donde V en $\int_V$ representa el volumen del cilindro.

c) En coordenadas esféricas:

La variable θ es el ángulo que forma el vector de posición con el eje Z. Para abarcar la semiesfera superior, θ tendrá que variar entre 0 y $\pi/2$, para abarcar la semiesfera inferior, tendrá que variar entre $\pi/2$ y π y para abarcar toda la esfera, tendrá que variar entre 0 y π.

Tenemos una esfera de radio R que tiene una densidad volumétrica de carga eléctrica que es constante entre $r = a$ y $r = b$, e igual a $\rho = \rho(0)$. Para calcular la carga dentro de la esfera, tendremos que integrar la variable r desde a hasta b, la variable θ desde 0 hasta π y la variable φ desde 0 hasta 2π. La carga que contiene la esfera será igual a la siguiente integral triple:

$$\begin{aligned} Q &= \int_V \rho r^2 \, dr \, sen\theta \, d\theta \, d\varphi = \rho(0) \int_a^b r^2 \, dr \int_0^\pi sen\theta \, d\theta \int_0^{2\pi} d\varphi = \\ & \rho(0) \frac{(b^3 - a^3)}{3} 2 \cdot 2\pi = \rho(0) \frac{4\pi(b^3 - a^3)}{3} \,, \end{aligned} \tag{0.147}$$

donde V en $\int_V$ representa el volumen de la esfera.

Un segundo ejemplo. Tenemos una semiesfera de radio R que tiene una densidad volumétrica de carga eléctrica que es constante entre $r = a$ y $r = b$, e igual a $\rho = \rho(0)$. Para calcular la carga dentro de la semiesfera, tendremos que integrar la variable r desde a hasta b, la variable θ desde 0 hasta $\pi/2$ y la variable φ desde 0 hasta 2π. Debido a que la densidad no depende de θ, no tenemos que elegir entre la semiesfera superior y la inferior. El resultado será el mismo usando cualquiera de las dos semiesferas, porque la densidad no depende de θ. Hemos elegido la semiesfera superior.

La carga que contiene la semiesfera será igual a la siguiente integral triple:

$$\begin{aligned} Q &= \int_V \rho r^2 \, dr \, sen\theta \, d\theta \, d\varphi = \rho(0) \int_a^b r^2 \, dr \int_0^{\pi/2} sen\theta \, d\theta \int_0^{2\pi} d\varphi = \\ & \rho(0) \frac{(b^3 - a^3)}{3} 2\pi = \rho(0) \frac{2\pi(b^3 - a^3)}{3} \,, \end{aligned} \tag{0.148}$$

donde V en $\int_V$ representa el volumen de la semiesfera.

0.41. LOS LÍMITES DE INTEGRACIÓN EN COORDENADAS POLARES, CILÍNDRICAS Y ESFÉRICAS

Un tercer ejemplo. Tenemos un sector esférico de radio R que tiene una densidad volumétrica de carga eléctrica que es constante e igual a $\rho = \rho(0)$. Los puntos del sector esférico tienen valores de θ entre 0 y α y valores de φ entre 0 y $\pi/2$. Para calcular la carga dentro del sector esférico, tendremos que integrar la variable r desde 0 hasta R, la variable θ desde 0 hasta α y la variable φ desde 0 hasta $\pi/2$. La carga que contiene el sector esférico será igual a la siguiente integral triple:

$$
\begin{aligned}
Q = \int_V \rho r^2 dr\, sen\theta\, d\theta\, d\varphi &= \rho(0) \int_0^R r^2 dr \int_0^\alpha sen\theta\, d\theta \int_0^{\pi/2} d\varphi = \\
\rho(0) \frac{R^3}{3}(-cos\alpha + 1)\frac{\pi}{2} &= \rho(0) \frac{\pi R^3}{6}(-cos\alpha + 1) ,
\end{aligned}
\tag{0.149}
$$

donde V en $\int_V$ representa el volumen del sector esférico.

Capítulo 1

Una introducción a la Física

1.1. Una definición de la Física.

La palabra Física proviene del griego, φύσις, físis, que significa "naturaleza".

La Física es la ciencia natural que estudia el comportamiento y las propiedades de la energía y de la materia en el espacio y en el tiempo, utilizando experimentos y matemáticas. La Física no estudia los cambios de la materia.

Otra definición: La Física es la ciencia que estudia los Principios Matemáticos de la Filosofía Natural. En los siglos XVII y XVIII, las Matemáticas y la Física no eran ciencias separadas como en la actualidad. Formaban parte de la 'Filosofía Natural'. Se llamaba 'Filosofía Natural' a la ciencia o rama del conocimiento que estudiaba la naturaleza usando las matemáticas. A finales del siglo XVIII la Física y las Matemáticas comenzaron a separarse y el término 'Física' comenzó a usarse con más frecuencia con el significado que tiene en la actualidad. No obstante, en algunas instituciones todavía se sigue usando el término 'Filosofía Natural'.

La Química es la ciencia natural que estudia la estructura, composición y propiedades de la materia a la escala atómica y molecular y los cambios o reacciones que transforman una sustancia en otra.

La distinción entre Física y Química no es fácil: Existen muchas áreas que son estudiadas por las dos ciencias. Por tanto, estas y otras definiciones de la Física y la Química no son perfectas y son discutibles. En realidad, se llama Física al conjunto de áreas de estudio o conocimiento tradicionalmente asignadas a la Física y lo mismo se puede decir de la Química.

La palabra Matemáticas proviene del griego, μαζεματικά, matematiká, que significa "cosas que se aprenden".

Las Matemáticas o la Matemática es la ciencia que estudia las propiedades y relaciones entre entidades abstractas como números, figuras geométricas y símbolos. No existe una definición de la Matemática aceptada universalmente.

La Física y la Química estudian la naturaleza y por eso se llaman ciencias naturales. La Matemática, desde cierto punto de vista, no es una ciencia natural, porque crea sus propios objetos de estudio. Sin embargo, desde otro punto de vista, sí es una ciencia natural porque estudia o aplica sus métodos y razonamientos al estudio de la naturaleza.

La Física se divide en cinco partes o teorías principales: Mecánica clásica, Termodinámica, Electromagnetismo, Relatividad y Mecánica cuántica.

La Mecánica clásica estudia el movimiento de objetos macroscópicos y sus causas. La Termodinámica estudia el calor. El Electromagnetismo estudia los fenómenos relacionados con la electricidad y el magnetismo. La Relatividad describe el espacio-tiempo y su interacción con la gravedad. La Mecánica cuántica estudia el movimiento de objetos muy pequeños, de tamaño atómico y molecular o menor.

La Mecánica clásica es una teoría válida si los objetos se mueven a velocidades muy inferiores a la velocidad de la luz. La Relatividad es válida para objetos que se mueven a la velocidad de la luz o a velocidades cercanas a la velocidad de la luz.

La Relatividad es válida para objetos que se mueven a cualquier velocidad, pero sus predicciones y efectos son prácticamente nulos para objetos que se mueven a velocidades muy inferiores a la velocidad de la luz y por tanto, para esos objetos sigue siendo válida, a efectos prácticos, la Mecánica clásica.

La Mecánica clásica es una teoría válida para objetos grandes, de tamaño superior al átomo. La Mecánica cuántica es válida para objetos muy pequeños, del tamaño del átomo o menor.

La materia y la energía tienen comportamientos y propiedades que obedecen leyes matemáticas, o más bien, obedecen modelos matemáticos. Por tanto, la Física utiliza gran cantidad de matemáticas, además de ideas o conceptos.

La Física estudia objetos de diferentes tamaños, desde el objeto más pequeño, el electrón, hasta el más grande, una galaxia. En la tabla 1.1, podemos ver los tamaños o diámetros de los objetos que estudia la Física, comenzando por el más pequeño.

La Física estudia objetos de diferentes densidades. Las estrellas de neutrones son los objetos naturales más densos que conocemos. El aire a la presión atmosférica y 0 grados Celsius es uno de los objetos o materiales menos densos. En la siguiente tabla hemos escrito las densidades de varios objetos o materiales.

Las densidades de la Tierra, los planetas, el Sol y la Luna que hemos escrito en la Tabla 1.2 son densidades promedio. Hay zonas de esos objetos que son más densas que otras. Compare la densidad de la Tierra con la densidad del hierro.

Las densidades de la Tierra, del Sol, de la Luna y de otros planetas están en el intervalo 0.7-5.5 kg/L (Ver la Tabla 1.2). Son, más o menos del mismo orden de magnitud. La densidad de las estrellas de neutrones es 10^{14} kg/L. Es importante darse cuenta de que la

Tabla 1.1: Tamaños de varios objetos físicos

Objeto	Diámetro	Objeto	Diámetro
Electrón	10^{-18} m	Célula humana	7-150 micras
Protón	$1.75\ 10^{-15}$ m	Balón de fútbol	22 cm
Núcleo atómico	$1.75 - 15\ 10^{-15}$ m	Cuerpo humano	1-2 m
Átomo	$50 - 520\ 10^{-12}$ m	Casa	20-100 m
Molécula	0.74-50 angstrom	El planeta Tierra	12700 km
Proteína	1-100 nm	El Sol	1.39 millones de km
Virus	0.01-0.30 micras	El sistema solar	12000 millones de km
Bacteria	0.6-1 micra	La galaxia Vía Láctea	100000 años-luz
Fibra de carbono	5-10 micras		

Tabla 1.2: Densidades de varios objetos físicos

Objeto	Densidad	Objeto	Densidad
Aire a 0 °C	0.00129 kg/L	Planeta Marte	3.9 kg/L
Aire a 50 °C	0.00109 kg/L	Planeta Tierra	5.5 kg/L
Planeta Saturno	0.7 kg/L	Hierro a T y P ambientales	7.9 kg/L
Agua a T y P ambiente	1 kg/L	Hierro en centro Tierra	8.0-13.0 kg/L
Planeta Júpiter	1.3 kg/L	Plomo a T y P ambientales	11.3 kg/L
El Sol	1.4 kg/L	Osmio a T y P ambientales	22.6 kg/L
La Luna	3.3 kg/L	Estrella de neutrones	10^{14} kg/L

diferencia entre la densidad de las estrellas de neutrones y las densidades del Sol, de la Luna y de los planeta es de 10^{13} órdenes de magnitud.

La Física estudia energías y fuerzas de diferentes magnitudes y de diferentes alcances. Según los conocimientos actuales, hay cuatro fuerzas o interacciones fundamentales en la naturaleza: Gravitatoria, electromagnética, nuclear débil y nuclear fuerte. Estas fuerzas tienen distintos alcances e intensidades, que se pueden ver en la tabla 1.3.

En esta asignatura estudiaremos solo la fuerza gravitatoria y la electromagnética.

1.2. La definición de magnitud física.

Una magnitud física es una propiedad medible de un sistema físico. Una magnitud física tiene tres propiedades: Un valor numérico, una unidad y una dimensión. Por ejemplo, la anchura a de un armario es una magnitud física: Vale 1.2 metros y su dimensión es Longi-

Tabla 1.3: Comparación de las cuatro fuerzas

Fuerza	Intensidad relativa	Alcance (m)
Nuclear fuerte	10^{38}	10^{-15}
Electromagnética	10^{36}	∞
Nuclear débil	10^{25}	10^{-18}
Gravitatoria	1	∞

tud. La altura h de ese mismo armario también es una magnitud física: Vale 3 metros y su dimensión es Longitud. Decir que la anchura de un armario es 1.2, sin decir las unidades, no tiene significado físico, ni lógico; no tiene sentido. Un número solo, aislado, no es una magnitud física.

1.3. La definición de constante física.

Una constante física es una magnitud física cuyo valor, fijado el sistema de unidades, permanece constante en cualquier proceso físico, en cualquier punto del espacio y en cualquier instante de tiempo (pasado, presente y futuro).

Ejemplos de constantes físicas son la velocidad de la luz en el vacío, la constante h de Planck, la constante G de gravitación universal, la masa del electrón, la carga del electrón, la constante α de estructura fina, etc.

Hay constantes físicas con dimensiones y constantes físicas sin dimensiones. Hay constantes físicas con unidades y constantes físicas sin unidades.

1.4. La dimensión de una magnitud física.

El valor numérico y la unidad de una magnitud física pueden cambiar, pero no su dimensión. En primer lugar, el valor numérico depende de la unidad elegida: La anchura de un armario puede valer 1.2 metros o 12 decímetros. Si fijamos la unidad, entonces tenemos que la anchura de un armario puede tener infinitos valores numéricos: 0.5, 1, 1.2, etc. metros. Lo que nunca cambia es la dimensión de la anchura, Longitud.

La dimensión de una magnitud física se representa entre corchetes. Por ejemplo, la anchura a, la altura h y la longitud l de un armario son magnitudes físicas y sus dimensiones son $[a]$, $[h]$ y $[l]$, respectivamente. Estas tres magnitudes físicas tienen la misma dimensión, Longitud, y por tanto, $[a] = [h] = [l] = L$, donde L es el símbolo para representar la dimensión Longitud.

Hay siete dimensiones fundamentales y sus símbolos son letras mayúsculas. Las dimensiones fundamentales y sus símbolos son: Longitud L, Masa M, Tiempo T, Temperatura Θ, Carga eléctrica Q, Cantidad de materia N e Intensidad luminosa J.

Se llaman dimensiones fundamentales, porque las dimensiones de todas las magnitudes físicas son combinaciones de las fundamentales, en concreto son productos de potencias de las siete dimensiones fundamentales. La dimensión de cualquier magnitud física b es, en general, $[b] = L^i M^j T^k \Theta^l Q^m N^p J^q$, donde i, j, k, l, m, p y q son números enteros y/o fraccionarios. Pueden ser números positivos, negativos o ceros. Por ejemplo, la velocidad v tiene dimensión $[v] = L M^0 T^{-1} \Theta^0 Q^0 N^0 J^0 = LT^{-1}$. En la tabla 1.4 hemos escrito en la última columna las dimensiones de las magnitudes físicas más habituales.

Un número o constante numérica que no forma parte de una ecuación y que no es el valor numérico de alguna magnitud física, no es una magnitud física y, por tanto, es adimensional. La dimensión de un número a es $[a] = 1$. Un número dentro de una ecuación podría ser una magnitud física y tener dimensión y unidades. Por ejemplo: el número 0.3 es adimensional, pero 0.3 metros se trata de una magnitud física, con su valor numérico, unidades y dimensión. Otro ejemplo: El número π es adimensional, pero π radianes se trata del valor numérico de un ángulo plano, una magnitud física, en unidades del SI. Por lo tanto, es importante conocer el contexto para saber si un número es o no una magnitud física.

La dimensión de una magnitud no puede ser negativa. Por ejemplo, si consideramos la fuerza de un oscilador armónico, $F = -Kx$, entonces no tiene sentido físico decir o escribir que la dimensión de K es $[K] = -MT^{-2}$. Es un sinsentido físico, porque la dimensión de una magnitud física no puede ser negativa.

1.5. Las magnitudes físicas adimensionales.

Existen magnitudes físicas adimensionales, es decir, que sus dimensiones son 1. Ejemplos de estas magnitudes son el ángulo plano, el ángulo sólido y las constantes físicas adimensionales.

Una magnitud adimensional se define habitualmente como el producto de potencias de otras magnitudes físicas que sí tienen dimensiones, pero tal que el producto de las potencias de sus dimensiones es igual a 1. Las dimensiones de las magnitudes físicas se han cancelado. Vamos a ver algunos ejemplos de cómo se cancelan las dimensiones de algunas magnitudes adimensionales.

El ángulo plano θ es el cociente entre el arco s subtendido por el ángulo y el radio de curvatura r del arco: $\theta = as/r$, donde a es un número o constante de proporcionalidad cuyo valor depende del sistema de unidades que se use. El ángulo sólido Ω es el cociente entre la superficie esférica S subtendida por un cono y el cuadrado de su radio de curvatura r: $\Omega = aS/r^2$, donde a también es una constante de proporcionalidad que depende del sistema de unidades. La dimensión de un ángulo plano θ es $[\theta]=[a\ s/r]=[a][s/r]=[s/r]=L/L=1$ y la de un ángulo sólido Ω es $[\Omega]=[a\ S/r^2]=L^2/L^2=1$. Por tanto, los ángulos son magnitudes adimensionales.

Los números y los ángulos son adimensionales. La diferencia entre ambos es la siguiente. Un número o constante numérica a no es una magnitud física: Tiene valor numérico, pero no tiene ni unidades ni dimensión: $[a] = 1$. Un ángulo, plano o sólido, es una magnitud física: Tiene valor numérico, tiene unidades y tiene dimensión. La dimensión de un ángulo también es 1, pero por cancelación de las dimensiones de las magnitudes físicas que lo definen. Por ejemplo: el número π no es una magnitud física y es adimensional, pero un ángulo plano de π radianes es una magnitud física adimensional. Algunos autores escriben las dimensiones de un ángulo plano θ y de un ángulo sólido Ω como $[\theta] = L/L$ y $[\Omega] = L^2/L^2$, respectivamente, con la intención de dejar más claro que se trata de magnitudes físicas y no de números.

Otros ejemplos de magnitudes adimensionales son las constantes físicas adimensionales. El valor numérico de una constante física adimensional es el mismo en cualquier sistema de unidades. Su valor se obtiene de los experimentos. Una constante física adimensional no tiene unidades ni dimensión, debido a la cancelación de unidades y dimensiones. La constante de estructura fina es un ejemplo de constante física adimensional.

Se considera que una constante física adimensional es una magnitud física porque tiene un valor numérico que se obtiene de los experimentos y tiene unidad 1 y dimensión 1 por cancelación de unidades y dimensiones, respectivamente.

1.6. Las clasificaciones de las magnitudes físicas.

Hay varias clasificaciones de las magnitudes físicas. Consideraremos cuatro clasificaciones: Según su estructura matemática, según sus dimensiones, según su extensión y según su continuidad.

a) Según la estructura matemática.
1) Escalares: Son números. La presión y la temperatura son magnitudes escalares. P.e., una presión de 5 atmósferas.
2) Vectoriales: Son vectores. Solo estudiaremos vectores de tres componentes. El vector de posición, la velocidad y la aceleración son magnitudes vectoriales de tres componentes.
3) Tensoriales: Son matrices. En esta asignatura no estudiaremos magnitudes físicas que sean matrices.

b) Según la dimensión.
1) Magnitudes fundamentales: Sus dimensiones son alguna de las siete dimensiones fundamentales. Las magnitudes fundamentales son: Longitud, Masa, Tiempo, Temperatura, Carga eléctrica, Cantidad de materia e Intensidad luminosa.
2) Magnitudes derivadas: Sus dimensiones dependen de las siete fundamentales. Son todas las demás magnitudes físicas.
También podríamos clasificar las magnitudes en dimensionales y adimensionales.

c) Según la extensión.

1) Magnitudes extensivas: Su valor depende del tamaño y/o de la cantidad de materia del sistema, material u objeto físico. Por ejemplo: La masa y el volumen de una bolsa de avellanas son propiedades extensivas. Las magnitudes extensivas son aditivas: El valor de una magnitud extensiva de un material es la suma de los valores que tiene esa magnitud en cada una de las partes del material. Por ejemplo: La masa de una bolsa de avellanas es la suma de la masa de cada avellana.

2) Magnitudes intensivas: Su valor no depende del tamaño, ni de la cantidad de materia del sistema, material u objeto físico. Por ejemplo, la temperatura, la densidad y la presión son magnitudes intensivas. Las magnitudes intensivas no son aditivas. Si colocamos las avellanas en varias bolsas, la densidad y temperatura de las avellanas serán la misma en cada bolsa, no la suma de las densidades y temperaturas, respectivamente, de las avellanas de cada bolsa.

Según la continuidad.

Hay magnitudes físicas que son funciones discontinuas de la posición en el espacio, por ejemplo, el campo eléctrico. Otras magnitudes físicas son funciones continuas. Por ejemplo, la velocidad de una partícula es una función continua.

1.7. El análisis dimensional.

Consiste en calcular las dimensiones de las magnitudes de una ecuación y en comprobar si los dos lados de la ecuación y los distintos términos de la ecuación tienen las mismas dimensiones o no. Si no tienen las mismas dimensiones, entonces la ecuación no es dimensionalmente consistente. Si tienen las mismas dimensiones, entonces la ecuación es dimensionalmente consistente. Por ejemplo, $v_{x1} + v_{x2} = v_x$ es dimensionalmente consistente, porque los dos lados de la ecuación y cada unos de los tres términos tienen la misma dimensión, velocidad. La ecuación $l/t + a_x = a$ es inconsistente. Esta ecuación tiene tres términos. Dos términos tienen dimensión de aceleración, a_x y a, y uno de los términos, l/t, tiene dimensión de velocidad y, por lo tanto, es dimensionalmente inconsistente.

Un ejemplo: Tenemos la ecuación $PV = T$ de un gas, donde P, V y T son la presión, el volumen y la temperatura del gas. La presión es fuerza/superficie. La fuerza es masa por aceleración. Por tanto, la dimensión de la presión es $[P] = [F]/[S] = MLT^{-2}/L^2 = ML^{-1}T^{-2}$. La dimensión del lado izquierdo de la ecuación es: $[PV] = [P][V] = ML^{-1}T^{-2}L^3 = ML^2T^{-2}$. La dimensión del lado derecho de la ecuación es: $[T] = \Theta$. Las dimensiones de los lados son diferentes y, por tanto, la ecuación $PV = T$ no es dimensionalmente consistente.

Otro ejemplo: Tenemos la ecuación $av^2 + bv + c = 0$, donde v y c tienen dimensiones de velocidad y longitud, respectivamente. Según el análisis dimensional: $[av^2] = [bv] = [c] = L$. Es importante destacar que el 0 de esta ecuación tiene dimensión. Vamos a explicar por qué tiene dimensión. La ecuación proviene de la ecuación $av^2 + bv = -c$ y, por tanto, el cero tiene la misma dimensión que c: $[c] = [0] = L$.

En algunas ocasiones se escriben las ecuaciones junto con las unidades correspondientes o indicando el sistema de unidades. Por ejemplo: La ecuación $F = -5x$ en el SI, significa que la fuerza F está en newtons, la posición x en metros y el número 5 está en newtons/metro.

Otro ejemplo: La ecuación $v^2 + v + 5 = 0m$, con v en m/s. Esta ecuación indica que el resultado y cada término están en metros y que la velocidad v está en m/s: v^2, v, 5 y el 0 están en metros. Hay que entender que la ecuación $v^2 + v + 5 = 0m$ proviene de una ecuación más general, $av^2 + bv + c = 0$, y que, en algún sistema de unidades a=1 s^2/m, b=1 s, c=5 m, y 0 m.

Un tercer ejemplo. La ecuación $\Delta U = n5\Delta T$ calorías, con n en moles. Esta ecuación es correcta e indica que el resultado está en calorías. Esta ecuación proviene de $\Delta U = n5/2R\Delta T$, sustituyendo R por su valor en calorías, aproximadamente dos calorías.

En una sección anterior comentamos que un número dentro de una ecuación podría ser una magnitud física y tener dimensión y unidades. Hemos visto varios ejemplos de números que son magnitudes físicas en las tres ecuaciones anteriores.

El número de Euler y la carga eléctrica del electrón se representan mediante el mismo símbolo, e, pero tienen significados diferentes. El número de Euler es adimensional y la carga eléctrica e tiene dimensión Q. Conviene tener esto en cuenta al hacer un análisis dimensional de una ecuación física que contenga el símbolo e de una carga eléctrica.

El que una ecuación sea dimensionalmente consistente es una **condición necesaria pero no suficiente** para que represente la realidad. La comparación de la ecuación con los experimentos decidirá si la ecuación representa la realidad o no.

1.8. La dimensión de la función exponencial, la función logaritmo natural y las funciones trigonométricas.

Es frecuente encontrar las funciones exponencial, logaritmo natural y trigonométricas al hacer un análisis dimensional de las magnitudes físicas de una ecuación. Esas funciones **son adimensionales y no tienen unidades**. Por ejemplo: $[e^{at}] = 1$, $[ln(bt)] = 1$ y $[cos(ct)] = 1$.

Podemos encontrar ecuaciones como $v = e^{at}$, donde v es una velocidad y t es un instante de tiempo. Aparentemente, e^{at} tiene dimensión y unidades de velocidad. La ecuación $v = e^{at}$ proviene de la ecuación $v = Ae^{at}$, donde A tiene dimensión y unidades y la exponencial es adimensional. Cuando se escribe una ecuación de esa manera, hay que añadir o especificar las unidades. La forma correcta de escribir esa ecuación es añadiendo al final las unidades correspondientes. Por ejemplo: $v = e^{at}m/s$. En este ejemplo A es igual a un metro/segundo. Estas explicaciones también se aplican a las funciones logaritmo natural y a las funciones trigonométricas, por ejemplo, a las ecuaciones $v = ln(bt)m/s$ y $v = cos(ct)m/s$.

El argumento de la función exponencial, de la función logaritmo natural y de las funciones trigonométricas también es adimensional. Siguiendo con los ejemplos anteriores, tenemos $[at] = 1$, $[bt] = 1$ y $[ct] = 1$. El argumento de las funciones trigonométricas tiene unidades de ángulo plano: radián, grados sexagesimales, etc. El argumento de las funciones exponencial y logaritmo natural no tiene unidades. Por ejemplo: El argumento at de la función e^{at} y el argumento bt de la función $ln(bx)$ no tienen unidades. El argumento ct de la función $cos(ct)$ está en radianes, en el SI.

Podemos encontrarnos con ecuaciones como $v = Ae^t$, $v = Bln(t)$ y $v = Ccos(t)$, donde v es una velocidad y t es un instante de tiempo. A, B y C tienen dimensión y unidades de velocidad, pero los argumentos de las funciones parece que tienen dimensión. Las ecuaciones anteriores provienen de $v = Ae^{at}$, $v = Bln(bt)$ y $v = Ccos(ct)$. Las constantes a, b y c tienen dimensiones y unidades. Los argumentos de esas funciones deben ser adimensionales: $[at] = 1$, $[bt] = 1$ y $[ct] = 1$. Por otra parte, $[t] = T$. De aquí deducimos que: $[a] = T^{-1}$, $[b] = T^{-1}$ y $[c] = T^{-1}$. La forma correcta de escribir $v = Ae^t$, $v = Bln(t)$ y $v = Ccos(t)$ es especificando en qué unidades está t. Se debe escribir, por ejemplo, $v = Ae^t$, $v = Bln(t)$ y $v = Ccos(t)$, con t en segundos. Esto significa que en esas ecuaciones $a = 1s^{-1}$, $b = 1s^{-1}$ y $c = 1s^{-1}$.

Otra ecuación que podemos encontrar es $\ln(a/b)$. Puesto que el argumento del logaritmo natural debe ser adimensional, esta ecuación implica que $[a] = [b]$.

1.9. El análisis dimensional aplicado a las Matemáticas.

a) El cálculo de derivadas: Pros y contras.

La derivada de la función $f(x)$ es df/dx. La dimensión de esa derivada es:

$$[df/dx] = [df]/[dx] . \tag{1.1}$$

La función f y el diferencial df tienen la misma dimensión: $[f] = [df]$. La variable x y el diferencial dx tienen la misma dimensión: $[x] = [dx]$. Por lo tanto:

$$[df/dx] = [f]/[x] . \tag{1.2}$$

Vamos a aplicar estas ideas del análisis dimensional a varios ejemplos de derivadas. Supongamos que $f(x) = ax^n$, con $n > 0$ y a es una constante. Su derivada será una función de x: $df/dx = bx^c$, donde b y c son constantes (no dependen de x). Según el análisis dimensional:

$$\begin{aligned}[df/dx] &= [f]/[x] = [a][x]^{n-1}\\ [df/dx] &= [b][x]^c .\end{aligned} \tag{1.3}$$

De las dos ecuaciones anteriores, deducimos $[a] = [b]$ y $c = n - 1$. La ecuación $[a] = [b]$ implica que b es proporcional a a: $b = Ca$, donde C es una constante de proporcionalidad y su dimensión es 1: $[C] = 1$.

La derivada de ax^n es Cax^{n-1}, según el análisis dimensional. El cálculo explícito o directo de la derivada nos da nax^{n-1}. Si comparamos los resultados de los dos métodos, observamos que el análisis dimensional proporciona la dependencia correcta en x de la derivada de ax^n, pero no proporciona el valor de la constante de proporcionalidad.

Otro ejemplo es $f(x) = ae^{bx}$, donde a y b son constantes (no dependen de x). Según el análisis dimensional, tenemos:

$$\left.\begin{array}{l} [df/dx] = [f]/[x] = [a][e^{bx}]/[x] \\ [e^{bx}] = 1 \end{array}\right\} \Rightarrow [df]/[dx] = [a]/[x] \, . \qquad (1.4)$$

El análisis dimensional también implica que $[bx] = 1$.

Por otra parte, la derivada de $f(x)$ será una función de x y la derivada de una exponencial es proporcional a la propia exponencial. Por tanto: $df/dx = g(x)e^{bx}$. Según el análisis dimensional, tenemos:

$$\left.\begin{array}{l} [df/dx] = [g(x)][e^{bx}] \\ [e^{bx}] = 1 \end{array}\right\} \Rightarrow [df]/[dx] = [g(x)] \, . \qquad (1.5)$$

De las ecuaciones 1.4 y 1.5 deducimos:

$$\left.\begin{array}{l} [df]/[dx] = [a]/[x] \\ [df]/[dx] = [g(x)] \end{array}\right\} \Rightarrow [a]/[x] = [g(x)] \, . \qquad (1.6)$$

La ecuación 1.6 implica que una posible forma matemática de $g(x)$ es $g(x) = D(x)a/x$, donde la función $D(x)$ es adimensional: $[D(x)] = 1$.

Vamos a deducir otra posible forma matemática de $g(x)$. De la ecuación relacionada con el argumento de la exponencial y de 1.6, deducimos:

$$\left.\begin{array}{l} [bx] = 1 \Rightarrow [b] = 1/[x] \\ [a]/[x] = [g(x)] \end{array}\right\} \Rightarrow g(x) = D(x)ab, [D(x)] = 1 \, . \qquad (1.7)$$

Hemos encontrado una segunda forma de $g(x)$. Vamos a buscar o deducir la forma de $D(x)$. Una posible forma de $D(x)$ es una exponencial: e^{hx}, Ce^{hx} o Ce^{hx}, donde C y h son constantes. Llegamos, finalmente, a deducir, mediante el análisis dimensional, que la derivada de ae^{bx} puede ser abe^{Chx}.

El cálculo explícito o directo de la derivada nos da abe^{bx}. En este ejemplo hemos obtenido dos formas matemáticas de la derivada que eran dimensionalmente correctas. La segunda forma, abe^{Chx}, proporciona la dependencia correcta en x de la derivada, pero no proporciona los valores de las constantes.

Estos ejemplos de cálculos de derivadas nos muestran las cualidades y las limitaciones del análisis dimensional: Mediante el análisis dimensional se puede calcular una derivada que será dimensionalmente consistente, pero no necesariamente será la derivada exacta.

b) La comprobación del cálculo de derivadas.

También podemos comprobar, mediante el análisis dimensional, si hemos calculado correctamente una derivada o no. Si la derivada que hemos calculado es dimensionalmente inconsistente, entonces sabremos con certeza que la derivada es incorrecta. Si la derivada que hemos calculado es dimensionalmente consistente, entonces quizás la derivada es correcta.

Supongamos que $f(x) = ax^n$ y que hemos calculado su derivada y hemos obtenido $df/dx = ax^{n+1}/(n+1)$, con $n > 0$ y a una constante. Según el análisis dimensional:

$$[df/dx] = [f]/[x] = [a][x]^n/x = [a][x]^{n-1}$$
$$[df/dx] = [a][x]^{n+1}/[n+1] = [a][x]^{n+1} . \tag{1.8}$$

Estas dos ecuaciones nos dan un resultado inconsistente: $n - 1 = n + 1$. Por lo tanto, hemos calculado incorrectamente la derivada de $f(x)$. De hecho, nos hemos equivocado y hemos calculado la integral de $f(x)$, en lugar de calcular su derivada. El análisis dimensional nos ha servido para darnos cuenta de nuestro error.

c) El cálculo de integrales indefinidas: Pros y contras.

La dimensión de la integral indefinida de $f(x)$ es:

$$[I] = [\int f(x)dx] = [f][dx] . \tag{1.9}$$

La variable x y el diferencial dx tienen la misma dimensión: $[x] = [dx]$. Por lo tanto:

$$[I] = [\int f(x)dx] = [f][x] . \tag{1.10}$$

Vamos a aplicar estas ideas del análisis dimensional a varios ejemplos de integrales. Supongamos que $f(x) = ax^n$, con $n > 0$ y a es una constante. Su integral será una función de x: $I = bx^c$, donde b y c son constantes (no dependen de x). Según el análisis dimensional:

$$[I] = [f][dx] = [f][x] = [a][x]^{n+1}$$
$$[I] = [b][x]^c . \tag{1.11}$$

De las dos ecuaciones anteriores, deducimos $[a] = [b]$ y $c = n + 1$. La ecuación $[a] = [b]$ implica que b es proporcional a a: $b = Ca$, donde C es una constante de proporcionalidad y $[C] = 1$.

La integral de ax^n es Cax^{n+1}, según el análisis dimensional. El cálculo explícito o directo de la integral nos da $ax^{n+1}/(n+1)$. Si comparamos los resultados de los dos métodos, observamos que el análisis dimensional proporciona la dependencia correcta en x de la integral indefinida de ax^n, pero no proporciona el valor de la constante de proporcionalidad.

Otro ejemplo es la integral de $f(x) = ae^{bx}$, donde a y b son constantes (no dependen de x). Según el análisis dimensional:

$$\left.\begin{array}{l} [I] = [f][dx] = [f][x] = [a][e^{bx}][x] \\ [e^{bx}] = 1 \end{array}\right\} \Rightarrow [I] = [a][x] . \tag{1.12}$$

Por otra parte, la integral de e^{bx} es proporcional a la propia exponencial. Por tanto, la integral será una función de x del tipo $I = g(x)e^{bx}$. Según el análisis dimensional:

$$\left.\begin{array}{l} [I] = [g(x)][e^{bx}] \\ [e^{bx}] = 1 \end{array}\right\} \Rightarrow [I] = [g(x)] . \tag{1.13}$$

De las ecuaciones 1.12 y 1.13, deducimos:

$$\left.\begin{array}{c} [I] = [a][x] \\ [I] = [g(x)] \end{array}\right\} \Rightarrow [g(x)] = [a][x] \ . \tag{1.14}$$

Una posible forma matemática de $g(x)$ que cumple $[a][x] = [g(x)]$ es $g(x) = D(x)ax$, con $[D(x)] = 1$. El análisis dimensional también implica que $[b] = 1/[x]$. Teniendo esto en cuenta, otra posible forma es $g(x) = D(x)a/b$. Estas dos formas matemáticas son dimensionalmente consistentes. Vamos a considerar la segunda forma.

La dimensión de una exponencial es la unidad. Por lo tanto, $D(x) = e^{bx}$ o e^{Cbx} son formas matemáticas dimensionalmente consistentes. Todo esto conduce, finalmente, a que la integral sería $e^{Cbx}a/b$, según el análisis dimensional.

El cálculo explícito o directo de la integral nos da $e^{bx}a/b$. En este ejemplo hemos obtenido dos formas matemáticas de la integral que eran dimensionalmente correctas. La segunda forma, $e^{Cbx}a/b$, proporciona la dependencia correcta en x de la integral, pero no proporciona los valores de las constantes.

Estos ejemplos nos muestran las cualidades y las limitaciones del análisis dimensional: Mediante el análisis dimensional se puede calcular una integral que será dimensionalmente consistente, pero no necesariamente será la integral exacta.

d) La comprobación del cálculo de integrales.
También podemos comprobar, mediante el análisis dimensional, si una integral que hemos calculado es correcta o no. Si la integral que hemos calculado es dimensionalmente inconsistente, entonces sabremos con certeza que la integral es incorrecta. Si la integral que hemos calculado es dimensionalmente consistente, entonces quizás la integral es correcta.

Supongamos que $f(x) = ax^n$ y que hemos calculado su integral y hemos obtenido $I = nax^{n-1}$, con $n > 0$ y a una constante. Según el análisis dimensional:

$$\begin{aligned} [I] &= [f][x] = [a][x]^{n+1} \\ [I] &= [n][a][x]^{n-1} = [a][x]^{n-1} \ . \end{aligned} \tag{1.15}$$

Estas dos ecuaciones nos dan un resultado inconsistente: $n + 1 = n - 1$. Por lo tanto, hemos calculado incorrectamente la integral de $f(x)$. De hecho, nos hemos equivocado y hemos calculado la derivada de $f(x)$, salvo una constante de proporcionalidad, en lugar de calcular su integral. El análisis dimensional nos ha servido para darnos cuenta de nuestro error.

e) La comprobación de los cálculos de álgebra.
El análisis dimensional también se puede aplicar a los cálculos de álgebra. Supongamos que tenemos la ecuación $ax - b = c$, donde x tiene dimensión de longitud y $a > 0$, $b > 0$ y $c > 0$. Despejamos la incógnita y obtenemos $x = a/(b+c)$. Aplicamos el análisis dimensional a las dos igualdades, para comprobar si la solución es incorrecta o no:

$$\begin{aligned} [a][x] &= [-b] = [b] = [c] \Rightarrow [a] = [b]/[x] \\ [x] &= [a]/[b + c] = [a]/[c] = [a]/[b] \Rightarrow [a] = [b][x] \ . \end{aligned} \tag{1.16}$$

Hemos llegado a un resultado inconsistente. Por lo tanto, hemos despejado mal la incógnita. El resultado correcto es $x = (b + c)/a$.

1.10. Las unidades y los símbolos del SI.

El Sistema Internacional de unidades, SI, es el más usado en Ciencia y Tecnología. En la tabla 1.4 hemos escrito los nombres y símbolos de las unidades del SI de las magnitudes físicas más habituales. El sistema SI también se conoce como el sistema MKS, por las iniciales de tres unidades del sistema: metro, kilogramo y segundo.

Cada unidad tiene un nombre y un símbolo. El símbolo de una unidad es una letra o varias letras seguidas que representan una cantidad de la magnitud que se ha medido. Por ejemplo: m significa un metro, km significa 1000 veces m, es decir, 1000 metros, L significa un litro, s significa un segundo, 3 m significa tres metros y 5.2 km significa 5200 metros, 3.2 kHz significa 3.2 kilohercios o 3200 hercios.

El símbolo de la unidad no es una abreviatura del nombre de la unidad y, por tanto, no lleva detrás un punto de abreviatura, salvo que se trate del punto al final de una frase. Se escribe 5 m y no 5 m.; se escribe 5 km y no 5 km., etc.

Los nombres de las unidades son **nombres comunes** y se tratan como tales. Esto significa que **tienen plural** y que se escriben **en minúsculas** como los nombres comunes. Por ejemplo: 2.3 newtons, 3 hercios, 4 pascales, 5 metros, 6 kilogramos, 10.4 segundos, 1.6 julios, 3.5 teslas, 25 gauss, 273 kelvins, etc. Los nombres de muchas unidades provienen del apellido de un físico o matemático, pero se escriben en minúscula porque, como unidades físicas, son nombres comunes. Por ejemplo: Se escribe 2.3 newtons y no se escribe 2.3 Newtons.

Los diferentes sistemas de unidades no dan lugar a una quinta clasificación de las magnitudes físicas; solo dan lugar a diferentes valores numéricos de las mismas magnitudes físicas. Por ejemplo: Si el volumen de una botella es 2 L, también podemos decir que el volumen es 0.002 m^3, una unidad del SI de unidades.

1.11. Algunas unidades que no son del SI.

Existen varios sistemas o conjuntos de unidades. En esta asignatura utilizaremos el Sistema Internacional de unidades, SI, pero también algunas unidades que no son del SI y que se usan habitualmente, como el litro, la atmósfera, la caloría, el kilovatio-hora, el grado Celsius, el área, la hectárea, el grado sexagesimal, el minuto, la hora, el día y la tonelada, entre otros.

El litro es una unidad de volumen. Un litro, L, es un decímetro cúbico: 1 L = 1 dm^3 = 0.001 m^3. El área y la hectárea son unidades de superficie. Un área, a, es igual a un decámetro cuadrado, dam^2. Un decámetro cuadrado son 10 metros x 10 metros = 100 m^2. Por tanto: 1 a = 1 dam^2 = 100 m^2. Una hectárea, ha, son 100 áreas (hecto área = 100

Tabla 1.4: Nombres y símbolos de las unidades del SI y dimensiones de las magnitudes físicas más habituales.

Nombre de la magnitud física	Nombre de la unidad	Símbolo de la unidad	Dimensión
Longitud	metro	m	L
Masa	kilogramo	kg	M
Tiempo	segundo	s	T
Temperatura	grado kelvin	K	Θ
Carga eléctrica	culombio	C	Q
Cantidad de materia	mol	mol	N
Intensidad luminosa	candela	cd	J
ángulo plano	radián	rad	1
ángulo sólido	estereorradián	sr	1
superficie	metro cuadrado	m^2	L^2
volumen	metro cúbico	m^3	L^3
densidad	kilogramo/metro cúbico	kg/m^3	ML^{-3}
velocidad	metro/segundo	m/s	LT^{-1}
aceleración	metro/segundo al cuadrado	m/s^2	LT^{-2}
velocidad angular	radián/segundo	rad/s	T^{-1}
frecuencia	hercio=segundo^{-1}	Hz=s^{-1}	T^{-1}
periodo	segundo	s	T
aceleración angular	radián/segundo al cuadrado	rad/s^2	T^{-2}
fuerza	newton	$N = kg\ m/s^2$	MLT^{-2}
energía, calor, trabajo	julio	$J = kg\ m^2/s^2$	ML^2T^{-2}
potencia	vatio	$W = J/s$	ML^2T^{-3}
presión	pascal	$Pa = N/m^2$	$ML^{-1}T^{-2}$
entropía	julio/kelvin	J/K	$ML^2T^{-2}\Theta^{-1}$
Intensidad de corriente eléctrica	amperio	$A = C/s$	QT^{-1}
potencial eléctrico	voltio	$V = J/C$	$ML^2T^{-2}Q^{-1}$
campo eléctrico	voltio/metro	$V/m = N/C$	$MLT^{-2}Q^{-1}$
inducción magnética	tesla	$T = N\ s/(m\ C)$	$MT^{-1}Q^{-1}$

70

áreas). Un hectómetro cuadrado, hm^2, es 1 hectómetro x 1 hectómetro = 100 metros x 100 metros = 10000 m^2. Por lo tanto: 1 ha = 100 áreas = 100 x 100 m^2 = 10000 m^2 = 1 hm^2. En los informes meteorológicos se observa a veces la unidad hPa (hectopascal). Un hectopascal son cien pascales. La tonelada son 1000 kilogramos. El centímetro recíproco o inverso, cm^{-1}, es una unidad de energía que se usa en algunas ramas de la Física. Es igual a la energía de un fotón cuya longitud de onda es un centímetro.

1.12. Los prefijos de las unidades físicas.

Los prefijos van delante del nombre de alguna unidad física. Por ejemplo, el kilogramo está compuesto por el prefijo kilo y la unidad gramo, la hectárea está compuesta por el prefijo hecto y la unidad área.

Los prefijos funcionan o se entienden de la siguiente manera: El prefijo multiplica la unidad por un factor. Por ejemplo, a los prefijos nano, kilo, deci, mega, hecto y deca les corresponden los factores 10^{-9}, 10^3, 0.1, 10^6, 100 y 10, respectivamente. Por tanto, un nanómetro es 10^{-9} metros, un nanosegundo son 10^{-9} segundos, un kilogramo son 10^3 gramos, un decímetro, dm, son 0.1 metros, 0.1 megapascales, 0.1 MPa, son 0.1 x 10^6 pascales = 10^5 pascales, una hectárea son 100 áreas y un decámetro son 10 metros.

Los prefijos no dependen del sistema de unidades ni de la magnitud física. Se usan los mismos prefijos en los distintos sistemas de unidades. La unidad de masa del SI es el kilogramo, que ya incluye el prefijo kilo. Estos prefijos también se añaden a palabras que no son unidades de magnitudes físicas: Gigabytes, 10^9 bytes. En la tabla 1.5 hemos escrito los principales prefijos.

Tabla 1.5: Prefijos

Nombre	Símbolo	Significado	Nombre	Símbolo	Significado
Exa	E	10^{18}	deci	d	10^{-1}
Peta	P	10^{15}	centi	c	10^{-2}
Tera	T	10^{12}	mili	m	10^{-3}
Giga	G	10^9	micro	μ	10^{-6}
Mega	M	10^6	nano	n	10^{-9}
kilo	k	10^3	pico	p	10^{-12}
hecto	h	10^2	femto	f	10^{-15}
deca	da	10^1	atto	a	10^{-18}

1.13. El orden de magnitud.

El orden de magnitud de un número o de una cantidad es una forma de clasificar o comparar números o cantidades. Existen varias definiciones del orden de magnitud.

La primera definición.
El orden de magnitud de un número es el valor al que hay que elevar 10 para expresar el número en notación científica.

El número 9 en notación científica es $9 \cdot 10^0$. El número 11 en notación científica es $1.1 \cdot 10^1$. Por tanto, el orden de magnitud de 9 es 0 y el orden de magnitud de 11 es 1.

La segunda definición.
El orden de magnitud de un número es la potencia de 10 más cercana al número. Vamos a explicar varios ejemplos.

Tenemos las cantidades 8, 125 y 3000. Las potencias de 10 más cercanas a estos números son 10, 10^2 y 10^3, respectivamente. Las cantidades 8, 8.5, 9, 9.5, 10, 10.5, 11 son cantidades del mismo orden de magnitud: 10. Las cantidades 121, 105, 95, 85, 131, 112.5, 303 y 405.6 son cantidades del mismo orden de magnitud: 100. Las cantidades 1500, 3000, 900, 2200 y 4005.6 son cantidades del mismo orden de magnitud: 1000.

La tercera definición.
El orden de magnitud de un número es el exponente de la potencia de 10 más cercana al número.

La tercera definición es una variante de la segunda: Consiste en usar el exponente x de 10 en lugar de 10^x para designar el orden de magnitud.

La potencia de 10 más cercana a 8 es 10^1. Por tanto, el orden de magnitud de 8 es 1, según la tercera definición.

Las cantidades 1500, 3000, 900, 2200 y 4005.6 son cantidades del mismo orden de magnitud: 3, según la tercera definición.

Son preferibles la segunda y la tercera definiciones por el siguiente motivo: Los números 8 y 11, por ejemplo, son de diferentes órdenes de magnitud, según la primera definición, y del mismo orden, según la segunda y tercera definición. Los números 8 y 11 son cantidades similares y por tanto, tiene más sentido considerar que son del mismo orden de magnitud.

El orden de magnitud también es un concepto relativo. Si la cantidad A es unas 10^x veces mayor que la cantidad B, entonces se dice que A es x órdenes de magnitud mayor que B. Por ejemplo, si $C = 1300$ y $D = 16$, entonces se dice que C es dos órdenes de magnitud mayor que D ($C/D = 1300/16 = 81.25$ es del orden de 100).

Explicamos a continuación algunos ejemplos de Física de órdenes de magnitud incorrectos. Son errores sin sentido físico.

1) La aceleración de la gravedad en la superficie de Marte.

Calculamos la aceleración de la gravedad en la superficie de Marte y obtenemos que es 10^{12} m/s^2. Hay varias maneras de darse cuenta de que el resultado es un error de muchísimos órdenes de magnitud y un sinsentido físico. Explicaremos dos maneras:

1.1) Un objeto en reposo que cayera sobre la superficie de Marte, recorrería $10^{12}/2$ m en un segundo, si aplicamos las ecuaciones de la física clásica. Recorrería 500 millones de km en un segundo!!! La luz recorre 300000 km en un segundo y ningún objeto puede superar la velocidad de la luz.

1.2) El tamaño y la masa del planeta Marte son relativamente parecidos a los de la Tierra. Por tanto, podemos esperar o estimar, sin hacer cálculos concretos, que la aceleración de la gravedad en su superficie será del mismo orden de magnitud que la de la Tierra, 9.8 m/s^2. Podemos esperar, antes de hacer cálculos concretos, que sea 3, 5, 9, 12 o 14 m/s^2, pero no podemos esperar que sea 1000 o 10^{12} m/s^2, ni tampoco 0.01 o 0.001 m/s^2.

La aceleración de la gravedad en la superficie de Marte es unos 3.7 m/s^2.

2) La densidad de la Tierra.

Calculamos la densidad de la Tierra y obtenemos que es 10^8 kg/L. Se trata de una densidad promedio. Hay zonas de la Tierra más densas que otras. Una densidad de 10^8 kg/L significa que un litro del material del que está hecho la Tierra contiene, en promedio, una masa de 100000 toneladas.

Aunque no sepamos de geología, ni sepamos la densidad de la Tierra, podemos comparar esa densidad con las densidades de otros materiales y deducir que esa densidad no tiene sentido. Un litro de leche contiene, aproximadamente un kilo. Un litro de agua también contiene un kilo. La experiencia diaria nos dice que podemos estimar que un litro de hierro contiene varios kilos, 3-10 kilos, y que un litro de los metales más pesados también contiene varios kilos o decenas de kilos. La experiencia diaria nos dice que no hay materiales en la superficie de la Tierra que contengan 100000 toneladas en un litro.

Por otra parte, si el interior de la Tierra tuviera una densidad de 100000 toneladas por litro, la correspondiente gravedad en la superficie de la Tierra sería muchos órdenes de magnitud superior a los 9.8 m/s^2.

La densidad de la Tierra es 5.5 kg/L.

3) La intensidad de la corriente eléctrica.

Calculamos la intensidad mínima para conseguir que un hilo de metal flote por levitación magnética, y obtenemos que es 1000 amperios. Una intensidad de 1000 amperios fundiría el hilo de metal.

4) Los cambios de unidades.

Convertimos, erróneamente, 0.1 MPa en 100 Pa. 0.1 MPa son 100000 Pa (cien mil pascales). Es un error de tres órdenes de magnitud y un sinsentido.

1.14. El concepto de constante en las Matemáticas y en la Física.

a) Una constante matemática.

Una cantidad o número que no está implicado directamente en ningún proceso físico. También se dice que es una constante numérica. No tiene dimensión.

Según esta definición, cualquier número es una constante matemática. Sin embargo, habitualmente se aplica el nombre de constante matemática a los números que son importantes en las diferentes ramas de las Matemáticas. Por ejemplo: el número π, el número e, el número áureo, etc.

b) Una constante física.

Una magnitud física cuyo valor numérico, fijado el sistema de unidades, no cambia en ningún proceso físico, ni a lo largo del espacio y del tiempo.

Por ejemplo, la constante de gravitación universal tiene el mismo valor numérico, fijado el sistema de unidades, en todos los experimentos o procesos físicos y en cualquier punto del espacio y no depende del tiempo. Hace miles de millones de años su valor numérico, fijado el sistema de unidades, era el mismo que en el presente. Su valor numérico, fijado el sistema de unidades, es el mismo en cualquier punto de la Tierra, Marte, etc.

Hay constantes físicas que tienen dimensiones y unidades, como la constante de gravitación universal y hay constantes físicas que no tienen dimensiones ni unidades y que sus valores numéricos no dependen del sistema de unidades, como la constante α de estructura fina.

c) Una magnitud física independiente del tiempo.

Se dice que una magnitud física es constante, si su valor numérico no depende del **instante de tiempo** durante un proceso físico.

Por ejemplo, la velocidad de un coche puede ser constante, pero la velocidad de otro proceso físico, por ejemplo, de una bicicleta, puede depender del tiempo.

d) Una magnitud física independiente de la posición en el espacio.

Se dice que una magnitud física es constante, si su valor numérico no depende de la **posición en el espacio**: No depende de x,y,z en cartesianas, o de ρ, φ, z en coordenadas cilíndricas, o de r, θ, φ en coordenadas esféricas.

Por ejemplo, una densidad de masa que no depende de r, ni de θ, ni de φ, es constante. Su valor es el mismo en cualquier punto (x,y,z) o (ρ, φ, z) o (r, θ, φ).

1.15. Los tipos de errores.

a) Según el origen del error.

1. Sistemáticos: Son constantes, afectan a todas las medidas y en la misma dirección. Pueden ser instrumentales, los cuales se deben al aparato de medida, y personales o de observación del experimentador.

2. Accidentales, aleatorios o estadísticos: Causas incontrolables, suelen ser muy pequeños. Proceden de numerosas fuentes no controladas que modifican aleatoriamente el valor de la medida respecto de su valor real.

3. De escala: El error de escala es la unidad más pequeña que se puede apreciar con el aparato de medida. Sinónimos de error de escala: precisión del aparato de medida y sensibilidad del aparato de medida.

b) Según la forma de presentar el error.

Dada una medida f_i de una magnitud física f y la media aritmética de n medidas, $\overline{f}$, hay dos tipos de errores según la forma de presentar los errores:

1. Error absoluto de una sola medida f_i: $\epsilon_i = |f_i - \overline{f}|$.

2. Error relativo de una sola medida f_i: $\epsilon_{irel} = 100\epsilon_i/\overline{f}$.

La definición habitual de error absoluto y relativo utiliza el valor real, f_{real}, de la magnitud f en lugar de $\overline{f}$. Sin embargo, el valor real no se conoce y en cambio $\overline{f}$ se puede conocer.

1.16. El cálculo de errores.

a) La exactitud.
Es la diferencia entre el valor real y el valor medido.

b) La precisión.
Es la diferencia entre un valor medido y otros valores medidos, entre una medida y otras medidas.

c) El error de las medidas directas.
En el caso de n medidas directas f_i, el valor medido de una magnitud física f es la media aritmética de las n medidas:

$$\overline{f} = \sum_{i=1}^{n} f_i/n \ . \tag{1.17}$$

El error estándar de todas las medidas es:

$$\sigma = \sqrt{\sum_{i=1}^{n} (\overline{f} - f_i)^2/n} \ . \tag{1.18}$$

El error absoluto Δf de todas las medidas es el mayor de estos dos: σ y el error de escala.

d) El error de las medidas indirectas.

Una medida indirecta consiste en medir una o varias magnitudes x, y, z y calcular el valor de otra magnitud $f(x, y, z)$ con esas medidas. No se mide directamente $f(x, y, z)$. El error de f es:

$$\Delta f = \left|\frac{\partial f}{\partial x}\right| \Delta x + \left|\frac{\partial f}{\partial y}\right| \Delta y + \left|\frac{\partial f}{\partial z}\right| \Delta z \, , \tag{1.19}$$

donde Δx, Δy, Δz son los errores de las medidas directas de x, y, z, respectivamente, y $\dfrac{\partial f}{\partial x}$, $\dfrac{\partial f}{\partial y}$ y $\dfrac{\partial f}{\partial z}$ son las derivadas parciales de la magnitud $f(x, y, z)$ respecto de x, y y z, respectivamente.

Por ejemplo, si medimos la distancia s recorrida por un objeto, con un error Δs, y el tiempo t que tarda en recorrer esa distancia, con un error Δt, entonces la medida indirecta de la velocidad v del objeto será s/t y el error de esta medida indirecta de la velocidad será:

$$\Delta v = \left|\frac{\partial v}{\partial s}\right| \Delta s + \left|\frac{\partial v}{\partial t}\right| \Delta t = \left|\frac{1}{t}\right| \Delta s + \left|\frac{-s}{t^2}\right| \Delta t = \frac{\Delta s}{t} + \frac{s}{t^2} \Delta t \, . \tag{1.20}$$

1.17. La expresión correcta de una magnitud física y de su error.

a) La expresión correcta de una magnitud física.

1. La expresión correcta de una magnitud física es su valor medido f, el error de la medida Δf y las unidades: $\overline{f} \pm \Delta f$ unidades. Por ejemplo, 5.2 ± 0.1 m/s.

2. El error Δf se escribe con una sola cifra significativa. Esa cifra significativa se redondea.

3. La última cifra significativa de la medida y de su error deben corresponder al mismo orden de magnitud (centenas, decenas, unidades, décimas, centésimas, etc.). Primero se expresa correctamente el error y después se redondea la medida para que tenga el mismo orden de magnitud que el error.

4. Si el valor de una medida aparece escrito sin su error, entonces se entiende que el error es una unidad del orden de magnitud de la última cifra significativa. Por ejemplo: 0.067 se entiende que significa 0.067 ± 0.001, 0.52 significa 0.52 ± 0.01, 43.00 significa 43.00 ± 0.01 y 3251 significa 3251 ± 1.

b) Las reglas de cálculo de las cifras significativas.
Se llaman cifras significativas a todos los dígitos medidos con certeza más uno dudoso.

1. Todos los dígitos diferentes del cero son cifras significativas.
   3.1428 tiene 5 c.s., 469 tiene 3 c.s.

2. Todos los ceros entre cifras significativas son cifras significativas.
   7.053 tiene 4 c.s., 302 tiene 3 c.s.

3. Los ceros a la izquierda del primer dígito que no es cero solo fijan la posición del punto decimal y no son cifras significativas.
   0.0056 tiene 2 c.s., 0.0789 tiene 3 c.s.

4. En un número con dígitos a la derecha del punto decimal, los ceros a la derecha del último número diferente de cero son cifras significativas.
   43.0 tiene 3 c.s., 0.40050 tiene 5 c.s., 0.00200 tiene 3 c.s.

5. En un número sin decimales, los ceros finales pueden ser o no cifras significativas. Para concretar el número de cifras significativas hace falta conocer el error de la medida.
   6000 tiene entre 1 y 4 c.s. 6000 ± 1 tiene 4 c.s., 6000 ± 10 tiene 3 c.s., 6000 ± 100 tiene 2 c.s. y 6000 ± 1000 tiene 1 c.s.

6. La notación científica evita confusiones. En esta notación todos los dígitos son cifras significativas.
   3.6×10^5 tiene 2 c.s., 3.60×10^5 tiene 3 c.s., 2×10^{-5} tiene una sola c.s.

7. La expresión en notación científica no debe cambiar el número de cifras significativas.
   0.00210 tiene 3 c.s. y en notación científica se expresa como 2.10×10^{-3}, que también tiene 3 c.s.
   $6000 \pm 10 = (600 \pm 1) \times 10$
   $6000 \pm 100 = (60 \pm 1) \times 10^2$
   $6000 \pm 1000 = (6 \pm 1) \times 10^3$

8. La conversión de unidades no debe cambiar el número de cifras significativas.
   $453.25 \text{ m} = 4532.5 \text{ dm} = 45325 \text{ cm} = 45325 \times 10 \text{ mm} = 0.45325 \text{ km} = 45325 \times 10^4 \ \mu\text{m}$

c) Las reglas de redondeo.

1. Si el primer dígito que se va a eliminar es menor que 5, ese dígito y los que le siguen se eliminan.
   54.234 redondeado a un decimal es 54.2.

2. Si el primer dígito que se va a eliminar es mayor que 5, o si es un 5 seguido de algún dígito diferente de cero, entonces el último dígito que se mantiene se aumenta en una unidad y se suprimen los siguientes.
   Ejemplos de redondeo a un decimal: 54.36, 54.359, 54.3598 $\longrightarrow$ 54.4, 54.4, 54.4
   54.351, 54.3501 $\longrightarrow$ 54.4
   54.251, 54.2500001 $\longrightarrow$ 54.3

3. Si el primer dígito que se va a eliminar es un 5 que no va seguido de otros dígitos o solo va seguido de ceros, entonces se aplica la regla par-impar: Si el último dígito que se conserva es par, su valor no cambia y se suprimen los demás dígitos. Si el último dígito que se conserva es impar, su valor se aumenta en una unidad y se suprimen los demás dígitos. El objetivo de esta regla es promediar los efectos del redondeo.
   Por ejemplo: 54.2500 $\longrightarrow$ 54.2, 54.3500 $\longrightarrow$ 54.4.

El promedio de 54.2500 y 54.3500 es 54.3000, igual al promedio de 54.2 y 54.4, 54.3.

d) Un ejemplo práctico de cómo calcular y expresar correctamente una medida y su error.

1. Se toma nota del error de escala o precisión del aparato. Por ejemplo, una precisión de 0.1 grados

2. Se mide la magnitud f en varios experimentos en las mismas condiciones y se escribe cada medida con tantos decimales como decimales tiene la precisión del aparato. Por ejemplo, se mide el ángulo θ en seis experimentos y se obtiene que vale 37.3, 37.2, 37.4, 37.1, 37.2 y 37.4 grados.

3. Se calcula y escribe el valor promedio de f con tantos decimales como tenga la calculadora. El promedio del ángulo θ es $\overline{\theta}$=37.266666 grados.

4. Se calcula el error estándar σ con tantos decimales como tenga la calculadora. $\sigma = 0.1105542$ grados

5. Se calcula el error absoluto Δf como el mayor de σ y de la precisión del aparato. $\Delta\theta$ = max(0.1105542,0.1) grados = 0.1105542 grados

6. Se redondea Δf con una sola cifra significativa. 0.1105542 se escribe como 0.1 grados

7. Se redondea el valor promedio $\overline{f}$ de manera que sea del mismo orden de magnitud que el error Δf. 37.266666 se escribe como 37.3 grados

8. Finalmente, se escribe la medida o conjunto de medidas como $\overline{f} \pm \Delta f$ unidades. 37.3 ± 0.1 grados

1.18.   La estructura de la materia.

Hemos explicado al principio de esta asignatura que la Física estudia la materia y la energía. La materia tiene una estructura: Está formada por unas partículas indivisibles que llamamos átomos.

Los átomos son las partículas indivisibles más pequeñas con propiedades físicas y químicas propias. Un átomo tiene un tamaño o diámetro del orden del angstrom. Un angstrom = 10^{-10} metros. El símbolo del angstrom es Å. El angstrom es una unidad muy utilizada en Física y Química, pero no es una unidad del SI. El átomo más pequeño es el átomo de hidrógeno, que tiene un diámetro de 0.5 Å, y el más grande es el átomo de cesio, que tiene un diámetro de 5.2 Å.

Las moléculas están formadas por átomos enlazados químicamente entre sí. La molécula más pequeña es la molécula de hidrógeno, H_2, formada por dos átomos de hidrógeno, y las moléculas más grandes son proteínas y virus, que tienen cientos de millones de átomos.

El número de átomos de una molécula y el número de átomos o de moléculas de un objeto son números enteros. No son números reales. No existen moléculas con 1200.4 átomos, ni objetos con 25000.14 moléculas.

Los átomos, a su vez, también tienen estructura: Están compuestos por un núcleo en el centro y electrones a su alrededor en lo que se llaman órbitas o más bien nubes electrónicas.

Los electrones tienen un diámetro de 10^{-18} m y están cargados negativamente. Su carga se simboliza mediante la letra e y es igual a -1.6 10^{-19} culombios.

Los núcleos tienen un diámetro entre 1.75 y 15 10^{-15} m. El femtómetro o fermi es una unidad muy utilizada en Física Nuclear y es igual a 10^{-15} metros. Tampoco es una unidad del SI. El símbolo del femtómetro o fermi es fm. Los núcleos están formados por protones y nucleones enlazados fuertemente a través de la fuerza nuclear fuerte. El núcleo más pequeño consiste en un único protón y el más grande consiste en cientos de protones y de neutrones. Los protones están cargados positivamente y tienen la misma carga que los electrones, pero cambiada de signo: + 1.6 10^{-19} culombios. Los neutrones no tienen carga eléctrica.

El número atómico de un elemento químico o átomo es el número de protones que tiene ese átomo. El símbolo del número atómico es Z. Actualmente (febrero de 2024) conocemos 118 elementos químicos o átomos diferentes: Desde Z=1, el átomo de hidrógeno, hasta Z=118, el átomo de Oganesón. El número de neutrones se representa mediante la letra N. Los protones y neutrones se llaman nucleones. El número de nucleones se representa mediante la letra A. El número de nucleones A es igual a N + Z.

Existen cinco maneras principales de representar y/o referirse a un núcleo de Z protones, N neutrones y A nucleones del elemento químico X. Una manera consiste en escribir o decir el nombre del elemento químico seguido por el número de nucleones: Por ejemplo: uranio 238, cesio 137, etc. El uranio 238 es un núcleo con 92 protones + 146 neutrones = 238 nucleones. El uranio tiene Z=92 protones y, por tanto, se escribe y/o se dice uranio 238.

Una segunda manera consiste en escribir el símbolo químico del elemento seguido del número de nucleones. Por ejemplo: U 238, Cs 137, etc. Una tercera manera consiste en escribir el número A de nucleones como un superíndice, seguido del símbolo X del elemento químico: ^{A}X. Por ejemplo: ^{238}U, ^{137}Cs, etc.

La cuarta manera consiste en escribir el número A de nucleones como un superíndice y el número Z de protones como un subíndice, seguidos por el símbolo X del elemento químico: $^{A}_{Z}X$. Por ejemplo: El uranio 235 se representa como $^{235}_{92}U$.

La quinta manera consiste en escribir el número A de nucleones como un superíndice y el número Z de protones como un subíndice, seguidos por el símbolo X del elemento químico y por el número de neutrones como un subíndice: $^{A}_{Z}X_{N}$. Por ejemplo: El uranio 235 se representa como $^{235}_{92}U_{143}$.

Dos isótopos son dos núcleos con el mismo número de protones, Z, pero diferente número de neutrones, N. Por ejemplo: El uranio tiene varios isótopos. Los más conocidos son el uranio 235 y el uranio 238. La mayoría de los elementos químicos tiene más de un isótopo. Hay ocho elementos que tienen un único isótopo natural.

El uranio natural está formado por un 99.2742 % de uranio 238, un 0.7204 % de uranio 235 y un 0.0054 % de uranio 234. Son porcentajes en peso. El uranio enriquecido tiene un porcentaje de uranio 235 superior al porcentaje natural y es más radioactivo que el uranio natural. El uranio empobrecido tiene un porcentaje de uranio 235 inferior al porcentaje natural y es menos radioactivo que el uranio natural.

1.19. La radioactividad.

Algunos núcleos son inestables: Se desintegran y se transforman en otro núcleo. Se dice que son radioactivos. Por ejemplo, el Cs 137 se desintegra y se transforma en Ba 137. Ha pasado de ser un núcleo del elemento Cesio a ser un núcleo del elemento Bario.

Según transcurre el tiempo, el número de núcleos radioactivos va disminuyendo. Según los experimentos, el número de núcleos radioactivos sigue la siguiente ecuación diferencial:

$$\frac{dN(t)}{dt} = -\lambda N(t) \tag{1.21}$$

donde $N(t)$ es el número de núcleos presentes en el instante t y λ es una constante de proporcionalidad. Esta ecuación se conoce como ley de la desintegración radioactiva. Fue formulada en 1902 por Rutherford y Soddy. La solución de esta ecuación es:

$$N(t) = N(0)e^{-\lambda t} \tag{1.22}$$

donde N(0) es el número de núcleos presentes en el instante inicial o cero.

La semivida o vida mitad, cuyo símbolo es $T_{1/2}$, es el tiempo que tarda en desintegrarse la mitad de los núcleos iniciales:

$$\left. \begin{array}{l} N(T_{1/2}) = N(0)e^{-\lambda T_{1/2}} \\ N(T_{1/2}) = N(0)/2 \end{array} \right\} \Rightarrow \quad \frac{1}{2} = e^{-\lambda T_{1/2}} \Rightarrow \quad -ln2 = -\lambda T_{1/2} \Rightarrow \quad \boxed{T_{1/2} = \frac{ln2}{\lambda}} \tag{1.23}$$

La vida promedio es $\tau = 1/\lambda$. La semivida es $T_{1/2} = \ln 2/\lambda$.

La constante de desintegración, λ, de un núcleo, el logaritmo neperiano de 2, ln 2, y la semivida de un núcleo, $T_{1/2}$, son positivos. Por tanto, escribir $T_{1/2} = -\ln 2/\lambda$ no tiene sentido matemático, ni físico.

La actividad $A(t)$ de una fuente o muestra radioactiva en el instante t de tiempo es el producto de la constante λ y el número de núcleos presentes en el instante t: $A(t) = \lambda N(t)$.

La actividad de una fuente o muestra radioactiva se mide en desintegraciones/unidad de tiempo. La actividad se mide o expresa habitualmente en curios. El símbolo del curio es Ci. Un curio es igual a 3.7×10^{10} desintegraciones/segundo.

En Biología existe una ley similar. Se trata de la ley de Chick-Watson, formulada en 1908, que establece una relación entre la eficiencia de aniquilación de bacterias y el tiempo de contacto con desinfectantes.

1.20.   Los tipos de desintegraciones.

Los principales tipos de desintegraciones son: α, β, γ, emisión de neutrones y fisión espontánea.

Las partículas α son núcleos de Helio (dos protones y dos neutrones). Las partículas beta son electrones o positrones. Un positrón tiene la misma masa y carga absoluta que el electrón, pero la carga es positiva. En la emisión beta también se emiten neutrinos. Los rayos gamma son fotones de alta energía; son ondas electromagnéticas de muy alta frecuencia.

Las partículas α, β y γ pueden tener energías del orden de MeV. La luz visible está formada por fotones cuya energía es de unos 1-2 eV.

En la fisión espontánea un núcleo se divide en dos núcleos y uno o más neutrones.

1.21.   Cuestiones y Problemas.

1.1 La ecuación del movimiento de un muelle es $\vec{F} = -K\vec{x}$, donde $\vec{F}$ es el vector de la fuerza y $\vec{x}$ es el vector de la posición del borde del muelle con respecto al punto de equilibrio. Calcule la dimensión de K.
Solución: $[K] = MT^{-2}$.

1.2 La fuerza gravitacional entre las masas M y m es $F = GMm/r^2$, donde r es la distancia entre las masas. Calcule la dimensión de la constante de gravitación universal G.
Solución: $[G] = M^{-1}L^3T^{-2}$.

1.3 La altura h que alcanza un objeto de masa m lanzado verticalmente es $h = v^i m^j / a^k$, donde v y a son una velocidad y una aceleración, respectivamente. Determine por medio del análisis dimensional los valores de i, j y k.
Solución: i=2, j=0 y k=1.

1.4 El cambio de la presión atmosférica al variar la altura z sobre la superficie de la Tierra, dP/dz, depende de la presión, la densidad del aire ρ y la aceleración de la gravedad g. Halle mediante el análisis dimensional la ecuación de dP/dz.
Solución: $\dfrac{dP}{dz} = c\rho g$.

1.5 Dada la ecuación $a^2 = bmv^2 + a$, donde m es una masa y v es una velocidad, determine las dimensiones de a y b.

Solución: $[a] = 1$ y $[b] = M^{-1}L^{-2}T^2$.

1.6 Deduzca por medio del análisis dimensional una expresión que relacione la presión de un fluido con su densidad y su velocidad de movimiento.

Solución: $P = c\rho v^2$.

1.7 Suponemos que el periodo T de un péndulo depende de la longitud del péndulo, la aceleración de la gravedad g y la masa m del péndulo. Determine mediante el análisis dimensional la ecuación del periodo T del péndulo. Explique si la masa del péndulo interviene en la ecuación o no.

Solución: $T = c\sqrt{l/g}$.

1.8 Cuando un fluido de coeficiente de viscosidad η circula por una tubería de sección A, con velocidad $\vec{v}$, la fórmula que relaciona las magnitudes anteriores con la distancia h entre dos capas de un fluido es: $\vec{F} = \eta(\Delta\vec{v}/\Delta h)A$. Calcule las dimensiones del coeficiente de viscosidad η. La sección A es una superficie.

Solución: $[\eta] = ML^{-1}T^{-1}$.

1.9 Compruebe si es dimensionalmente correcta o no la ecuación que se propone para describir la velocidad de las ondas superficiales, de longitud de onda λ, en líquidos de densidad ρ y de tensión superficial γ, bajo la influencia de la gravedad g:

$$v^2 = \frac{g\lambda}{2\pi} + \frac{2\pi\gamma}{\rho\lambda}$$

La tensión superficial γ es una fuerza/longitud.

Solución: La ecuación es dimensionalmente correcta.

1.10 El radio R de la onda expansiva de una explosión depende de la energía liberada U, de la densidad ρ del medio en que tiene lugar y del tiempo t. Halle mediante análisis dimensional $R=R(U,\rho,t)$.

Solución: $R = cU^{1/5}\rho^{-1/5}t^{2/5}$.

1.11 Calcule las dimensiones de $\dfrac{dx}{dt}$, ∇^2, $\nabla^2\rho$, $\dfrac{\nabla^2\rho}{\rho}$ y $\int \rho(\vec{r})dV$. Calcule las dimensiones de a y de b en las ecuaciones $\rho = ae^{-b/r}$, $\rho = ax\ln(br)$, $\rho = a\cos(bv^2/l)$ y $\rho = a\tan(br)$. ρ es una densidad volumétrica de masa, v es una velocidad y x, l y r son distancias.

Solución: $[\dfrac{dx}{dt}] = LT^{-1}$, $[\nabla^2] = L^{-2}$, $[\nabla^2\rho] = M/L^5$, $[\dfrac{\nabla^2\rho}{\rho}] = L^{-2}$, $[\int \rho(\vec{r})dV] = M$, $[a] = ML^{-3}$ y $[b] = L$, $[a] = ML^{-4}$ y $[b] = L^{-1}$, $[a] = ML^{-3}$ y $[b] = L^{-1}T^2$, $[a] = ML^{-3}$ y $[b] = L^{-1}$

1.12 La ecuación de van der Waals de un gas es $(P + n^2 a/V^2)(V - nb) = nRT$, donde n es el número de moles, R es la constante de los gases ideales, P es la presión, V es el volumen y T es la temperatura. Sabiendo que esta ecuación es dimensionalmente correcta, calcule las dimensiones de a y b.
Solución: $[a] = ML^5 T^{-2} N^{-2}$, $[b] = L^3 N^{-1}$.

1.13 Determine mediante análisis dimensional los tres términos de la ecuación del movimiento rectilíneo del espacio recorrido $s(t)$, sabiendo que depende de $s(0)$, t, $v(0)$ y a.
Solución: $s(t) = c_1 s(0) + c_2 t v(0) + c_3 t^2 a$.

1.14 Escriba cuántas cifras significativas tienen los siguientes números: 6135, 901, 10609, 0.01, 0.0000000456, 2.00, 10.093, 600, 1500, 145.2, 145.20, 0.0014520, 3051, 30050, 0.1, 0.1000.
Solución: 6135 tiene 4 cifras significativas, 901 tiene 3 y los siguientes tienen 5, 1, 3, 3, 5, 1-3, 1500 tiene 2-4, 4, 5, 5, 3051 tiene 4, 30050 tiene 4-5, 1 y 4.

1.15 Escriba cuántas cifras significativas tienen las siguientes medidas y sus errores: 100.0 ± 0.1 m, 3400 ± 100 m, 0.0005670 ± 0.0000001 s, 0.0003004 ± 0.0000001 s, 0.400 ± 0.001 km.
Solución: 4, 2, 4, 4 y 3 cifras significativas. Todos los errores tienen una cifra significativa.

1.16 Escriba correctamente las siguientes medidas y sus errores: 24567 ± 2928 m, 23.463 ± 0.165 s, 345.20 ± 3.10 s, 43 ± 0.06 dm
0.4672 ± 0.00482 m, 464.2413 ± 0.061 dm, 6.03 ± 0.0005 m, 46288 ± 1553 m
3.218 ± 0.124 m, 0.018366 ± 0.00783 m, 0.030 ± 0.00415 m, 25721 ± 1520 m
Solución: 25000 ± 3000 m, 23.5 ± 0.2 s, 345 ± 3 s.
43.00 ± 0.06 dm, 0.467 ± 0.005 m, 464.24 ± 0.06 dm.
6.0300 ± 0.0005 m, 46000 ± 2000 m, 3.2 ± 0.1 m.
0.018 ± 0.008 m, 0.030 ± 0.004 m, 26000 ± 2000 m.

1.17 Algunos problemas de conversión de unidades. Escriba:
3.15 metros en centímetros   3.25 kilogramos en gramos
1.25 minutos en segundos   Un kilómetro en centímetros
Un metro en pulgadas, teniendo en cuenta que una pulgada son 2.54 cm
Un angstrom, Å, en pulgadas, teniendo en cuenta que una pulgada son 2.54 cm y un angstrom son 10^{-10} m
10^5 pascales, Pa, en MPa
50 psi (pounds per square inch= libra-fuerza/pulgada^2) en Pa, teniendo en cuenta que una libra-fuerza son 4.45 newtons y una pulgada son 2.54 cm
Un año-luz en metros

25.7 áreas en metros cuadrados   325.15 hectáreas, ha, en metros cuadrados

35.3 hm^2 en metros cuadrados 35.3 hm^2 en decámetros cuadrados

Las hectáreas de la superficie de un campo de fútbol de 68 m x 105 m.

Solución: 315 cm, 3250 g, 75 s, 100000 cm, 39.37 pulgadas, $3.937 \ 10^{-9}$ pulgadas, 0.1 MPa, 344875.69 Pa, $9.4673 \ 10^{15}$ m, 25.7 áreas = 2570 m^2, 325.15 hectáreas = 3251500 m^2, 35.3 $\text{hm}^2 = 35.3 \ 10^4 \ \text{m}^2$, $35.3 \text{ hm}^2 = 35.3 \ 10^2 \ \text{dm}^2$, 68 x 105 $\text{m}^2 = 0.714$ hectáreas.

1.18 Calcule la dimensión del número π.

Solución: $[\pi] = 1$.

1.19 Calcule la dimensión de π radianes.

Solución: $[\pi] = 1$.

1.20 Calcule las dimensiones de las razones trigonométricas: seno, coseno, tangente, etc.

Solución: $[sen(\alpha)] = 1$, $[cos(\alpha)] = 1$ y $[tan(\alpha)] = 1$.

1.21 Calcule la dimensión de ϵ_0, la permitividad eléctrica del vacío, a partir de la ley de Coulomb.

Solución: $[\epsilon_0] = Q^2 M^{-1} L^{-3} T^2$.

1.22 La velocidad de la luz, c, es una función de la permitividad eléctrica del vacío, ϵ_0, y de la permeabilidad magnética del vacío, μ_0. Halle mediante el análisis dimensional cómo es esa dependencia: $c=c(\epsilon_0,\mu_0)$. La dimensión de ϵ_0 se puede obtener a partir de la ley de Coulomb. La dimensión de μ_0 es MLQ^{-2}.

Solución: $c = \dfrac{a}{\mu_0 \epsilon_0}$, a es una constante.

1.23 Cálculo del error de una medida indirecta. Medimos la distancia recorrida por una gota de aceite en el experimento de Milliken y el tiempo que tarda en recorrer esa distancia: 100.000 μm (cien micras) y 10.3 segundos, respectivamente. Exprese correctamente la medida indirecta de la velocidad de la gota y su error.

Solución: $9.71 \pm 0.09 \ \mu$m/s.

1.24 Según la definición de magnitud física:

a) Explique qué tienen en común una anchura, una longitud, una distancia y la coordenada z de una molécula en un sistema de coordenadas cartesianas.

Solución: Tienen en común la dimensión.

b) Explique qué tienen en común una temperatura de 20 grados Celsius y una de 20 kelvin.

Solución: Tienen en común la dimensión y el valor numérico. Difieren en las unidades.

c) Explique qué tienen en común una temperatura de 20 grados Celsius y una de 1000 grados Celsius.

Solución: Tienen en común la dimensión y las unidades.

1.25 El kelvin es la unidad de temperatura del Sistema Internacional. Explique por qué la temperatura de la ecuación del gas ideal, PV=nRT, solo puede estar en kelvin y no en grados Celsius, incluso cuando P, V y R se pueden expresar en unidades que no son del Sistema Internacional. La presión P puede estar en pascales, una unidad del SI, o en atmósferas. El volumen V puede estar en m^3, una unidad del SI, o en litros.

Solución resumida: Los factores de conversión de P, V y R se escriben en los dos lados de la ecuación y el efecto neto es que la ecuación no cambia de forma. La conversión de grados Celsius a kelvin y viceversa implica la suma o la resta del factor 273.15. Este factor no se compensa a los dos lados de la ecuación.

1.26 La ecuación del gas ideal, PV=nRT, solo es válida para temperaturas T en kelvin. Calcule una ecuación del gas ideal para temperaturas en grados Celsius. Los resultados deben ser los mismos que usando la ecuación PV=nRT.

Solución: PV = nR(t_c + 273.15).

1.27 Explique qué es más grande, un electrón o un núcleo.

Solución: Un núcleo es más grande porque su radio es 10^{-15} m, mayor que el radio de un electrón, 10^{-18} m.

1.28 Las unidades de longitud, velocidad lineal y velocidad angular en el SI son m, m/s y rad/s, respectivamente. En un movimiento circular, tenemos la igualdad $v(t) = \omega(t)r$. Las unidades a la izquierda y a la derecha de esta igualdad deberían coincidir y no coinciden: A la izquierda de esta igualdad, las unidades son m/s y a la derecha, las unidades son rad m /s. Explique qué es lo que está mal o falta en estos razonamientos.

Solución resumida: Falta tener en cuenta que $\dfrac{dcos\theta}{d\theta} = -sen\theta$ radianes^{-1} y $\dfrac{dsen\theta}{d\theta} = cos\theta$ radianes^{-1}.

1.29 Las unidades de μ_0, la permitividad magnética del vacío, en el SI son newton/amperio^2. Calcule la dimensión de μ_0 partiendo del dato anterior sobre sus unidades en el SI.

Solución: $[\mu_0] = MLQ^{-2}$.

1.30 La constante de estructura fina α es igual a $\dfrac{k_e e^2 2\pi}{hc}$, donde k_e es la constante de Coulomb, e es la carga eléctrica del electrón, π es el número pi, h es la constante de Planck y c es la velocidad de la luz. La fuerza entre dos cargas eléctricas Q y q separadas por una distancia r viene dada por $F = k_e Qq/r^2$. La constante de Planck tiene dimensión de momento angular. Calcule la dimensión de α. El símbolo e es la carga eléctrica del electrón, en este problema. No es el número de Euler.

Solución: $[\alpha] = 1$.

1.31 La conductividad térmica de un gas viene dada por la ecuación $\kappa = 1.25\, \rho c_v \lambda v$, donde λ es el camino libre promedio de las moléculas del gas, v es la velocidad promedio de las moléculas, c_v es el calor específico a volumen constante y ρ es la densidad. El calor específico a volumen constante tiene dimensión de energía/(masa temperatura). Calcule la dimensión de κ.

Solución: $[\kappa] = MLT^{-3}\Theta^{-1}$.

1.32 La ecuación de la conducción del calor es $\vec{q} = -\kappa\, \vec{\nabla} T(x, y, z)$, donde $\vec{q}$ es el vector flujo de calor, κ es la conductividad térmica y $T(x, y, z)$ es la temperatura en el punto (x, y, z). Cada componente del vector flujo de calor tiene dimensión de calor/(superficie tiempo). Calcule la dimensión de κ. El gradiente de la temperatura es:

$$\vec{\nabla} T = \frac{\partial T}{\partial x}\vec{u}_x + \frac{\partial T}{\partial y}\vec{u}_y + \frac{\partial T}{\partial z}\vec{u}_z \,.$$

Solución: $[\kappa] = MLT^{-3}\Theta^{-1}$.

1.33 La ecuación de Poisson en el vacío es $\nabla^2\Phi = -\rho(\vec{r})/\epsilon_0$, donde Φ es el potencial, $\rho(\vec{r})$ es la densidad de carga eléctrica en el punto $\vec{r}$ y ϵ_0 es la permitividad eléctrica del vacío. La energía potencial V es $q\Phi$, donde q es una carga eléctrica. Calcule la dimensión de ϵ_0. El laplaciano de Φ es:

$$\nabla^2\Phi = \frac{\partial^2\Phi}{\partial x^2} + \frac{\partial^2\Phi}{\partial y^2} + \frac{\partial^2\Phi}{\partial z^2}$$

Solución: $[\epsilon_0] = Q^2 M^{-1} L^{-3} T^2$.

1.34 La ecuación de Laplace es $\nabla^2\Phi = 0$. Esta ecuación parece dimensionalmente inconsistente, debido al cero situado en el lado derecho de la ecuación. Explique por qué esta ecuación es dimensionalmente consistente.

Solución: El 0 en el lado derecho tiene unidades y dimensión y son las mismas que tiene $\nabla^2\Phi$. El número 0 es el valor del laplaciano de Φ en cualquier punto $\vec{r}$ del espacio. Por lo tanto, la ecuación es dimensionalmente consistente.

1.35 La velocidad de una partícula en el SI viene dada por v$= 5t^2 + 3$. Calcule la dimensión de los factores 5 y 3 en la anterior ecuación.

Solución: $[5] = LT^{-3}$ y $[3] = LT^{-1}$.

1.36 Se mide la longitud, la anchura, la altura y la masa de un bloque de material con forma

de paralelepípedo. Se obtiene una longitud de 1.000 ± 0.001 m (un metro $\pm$ 0.001 metros), una anchura de 0.500 ± 0.001 m (medio metro $\pm$ 0.001 metros), una altura de 3.000 ± 0.001 m (tres metros $\pm$ 0.001 metros) y una masa de 2000.0 ± 0.1 kg. Exprese correctamente la densidad del bloque que se obtiene a partir de estas medidas.
Solución: 1333 ± 5 kg/m^3.

1.37 Según la ley de Biot-Savart, el campo magnético en el punto $\vec{r}$, creado por una carga q' situada en el punto $\vec{r}'$ y que se mueve con velocidad $\vec{v}'$, viene dado por:

$$\vec{B}(\vec{r}) = \frac{\mu_0}{4\pi} \frac{q'\vec{v}' \times (\vec{r} - \vec{r}')}{|\vec{r} - \vec{r}'|^3} \, .$$

Según la ley de Lorentz, $\vec{F} = q\vec{v} \times \vec{B}(\vec{r})$. Calcule la dimensión de μ_0 utilizando la ley de Biot-Savart y la ley de Lorentz.
Solución: $[\mu_0] = MLQ^{-2}$.

1.38 La radiancia a la frecuencia ν y a la temperatura absoluta T viene dada por la ecuación

$$B(\nu, T) = \frac{2h\nu^3}{c^2} \frac{1}{e^{\frac{h\nu}{k_B T}} - 1} \, ,$$

donde h es la constante de Planck y c es la velocidad de la luz. La dimensión de h es energía multiplicada por tiempo. Calcule la dimensión de $B(\nu, T)$. No es necesario saber qué magnitud física es k_B, ni saber, ni calcular su dimensión para resolver el problema.
Solución: $[B(\nu, T)] = MT^{-2}$.

1.39 El periodo T de las oscilaciones de la burbuja de aire producida por una explosión dentro del agua, depende de la presión P, de la densidad ρ y de la energía E liberada durante la explosión. Calcule mediante análisis dimensional $T = T(P, \rho, E)$.
Solución: $T = aP^{-5/6}\rho^{1/2}E^{1/3}$, a es una constante.

1.40 Estructura de la materia. El virus covid-19 tiene un diámetro de unos 500 nanómetros. El virus está compuesto por átomos. El radio de los átomos es, en promedio, 1.5 angstroms. Suponiendo que el virus y los átomos tienen forma esférica y que el virus es compacto, es decir, que el interior del virus no está hueco, calcule el número de átomos que forman el virus. Exprese el resultado como un número entero multiplicado por una potencia de 10. Por ejemplo: $3 \ 10^8$. Volumen de una esfera de radio R: $4\pi R^3/3$.
Solución: $4.6 \ 10^9$.

1.41 A partir del principio de Bernoulli se obtiene que la presión de un fluido a través de una tubería tiene la siguiente expresión:

$$P = \left(h + \frac{v^a}{2g}\right)\rho^b g$$

donde h es la altura de la tubería, v es la velocidad del fluido, ρ es la densidad del fluido, y g es la aceleración de la gravedad en la superficie de la Tierra.

a) Obtenga los exponentes a y b para que la ecuación sea dimensionalmente consistente.
Solución: a $=2$ y b $=1$.

b) Si un investigador en el laboratorio obtiene que la altura a la cual está una tubería con agua es h=1.25 $\pm$ 0.03 m y la velocidad del agua es v=2.50 $\pm$ 0.05 m/s, obtenga y escriba correctamente el valor de la presión y su error, utilizando la ecuación obtenida en el apartado (a). Suponga que g=9.8 m/s^2 y ρ=1000 kg/m^3, sin errores.
Solución: 15400 $\pm$ 400 Pa.

1.42 Un objeto de masa 250.3 $\pm$ 0.1 gramos se encuentra en reposo. Se aplica una fuerza de 10.21 $\pm$ 0.02 newtons sobre dicho objeto durante un intervalo de tiempo. Cuando la fuerza deja de actuar, la velocidad del objeto es 5.32 $\pm$ 0.03 m/s. Calcule y escriba correctamente el intervalo de tiempo de aplicación de la fuerza en segundos.
Solución: 0.130 $\pm$ 0.001 s.

1.43 Se mide la cantidad de carbono 14 en un fósil y se obtiene que es la cuarta parte de la cantidad de carbono 14 que tenía el animal o vegetal cuando murió. Calcule la antigüedad del fósil. El carbono 14 tiene una semivida de 5730 años.
Solución: 11460 años.

1.44 Tenemos la ecuación $at^2 + bt + c = 0$, donde t tiene dimensión de tiempo y c tiene dimensión de longitud. Calcule la dimensión de a y b. Explique si el cero a la derecha de la ecuación tiene dimensión o no.
Solución: $[a] = LT^{-2}$, $[b] = LT^{-1}$ y $[0] = L$.

1.45 La ley de Jurin proporciona la altura h a la que un líquido puede ascender en un tubo suficientemente estrecho por acción capilar. Según esta ley, el producto de la altura del tubo, h, por el radio del tubo, r, depende de la tensión superficial del líquido, γ, del coseno del ángulo de contacto θ del líquido con la superficie, de la aceleración de la gravedad, g, y de la densidad del líquido, ρ. La tensión superficial tiene dimensión de fuerza/longitud.

a) Determine mediante análisis dimensional la relación $f(\gamma,\ \theta,\ \rho,\ g)$, donde f es el producto de h por r. Una magnitud adimensional o un factor adimensional pueden estar elevados a cualquier exponente.
Solución: $f = a\dfrac{\gamma(cos\theta)^{\beta}}{\rho g}$ y β puede tomar cualquier valor.

b) En el laboratorio, un investigador obtiene que la altura a la que llega un líquido de densidad $\rho = 2.280$ g/cm^3 (dos punto doscientos ochenta), es de $h = 9.400$ cm (nueve punto cuatrocientos), en un tubo de radio $r = 0.615$ cm.

Determine y escriba correctamente el valor de la tensión superficial de dicho líquido y su error en unidades del SI, utilizando la relación obtenida en el apartado a). Considere que el ángulo de contacto y la aceleración de la gravedad no tienen errores y que sus valores son $\theta = 60$ grados y $g = 9.8$ m/s^2, respectivamente.
Solución: 25.83 ± 0.06 N/m.

1.46 La dispersión de Rutherford describe la dispersión de una partícula eléctricamente cargada al acercarse a un núcleo. La sección eficaz diferencial de dispersión, $d\sigma/d\Omega$, está relacionada con la probabilidad de que la partícula dispersada por el núcleo, incida dentro de un ángulo sólido $d\Omega$, después de ser desviada o dispersada un ángulo plano θ de su trayectoria. $d\sigma$ tiene dimensión de superficie.

La sección eficaz diferencial de dispersión depende, según la ecuación de Rutherford, del seno de $\theta/2$, de $k = 8\pi\epsilon_0$, de la carga eléctrica del núcleo, de la carga eléctrica de la partícula que se acerca al núcleo, de la masa de la partícula que se acerca al núcleo y de la velocidad inicial de la partícula que se acerca al núcleo.

a) Determine mediante análisis dimensional la relación de $d\sigma/d\Omega$ con las magnitudes mencionadas. Una magnitud adimensional o un factor adimensional pueden estar elevados a cualquier exponente, según el análisis dimensional. Suponga que la carga eléctrica del núcleo y la carga eléctrica de la partícula están elevadas a la misma potencia.

Solución: $\dfrac{d\sigma}{d\Omega} = a \left(\dfrac{q_n q_p}{8\pi\epsilon_0 m v_p^2} \right)^2 (sen(\theta/2))^\zeta$.

b) Un estudiante realizó unos experimentos de dispersión de Rutherford. La carga, la masa y la velocidad inicial de la partícula que se acerca al núcleo eran $2e$, $6.64\ 10^{-27}$ kg y 15000 ± 1 km/s (quince mil), respectivamente. La carga eléctrica del núcleo era $79e$ y el ángulo de dispersión θ fue de 5.0 grados. Solo tienen errores la velocidad de la partícula que se acerca al núcleo y el ángulo de dispersión.

Determine y escriba correctamente el valor de la sección eficaz diferencial de dispersión y su error en unidades del SI, utilizando la relación obtenida en el apartado a) y asumiendo que la sección eficaz diferencial de dispersión es inversamente proporcional a la cuarta potencia de $sen(\theta/2)$.
Solución: $d\sigma/d\Omega = (41 \pm 3)\ 10^{-24}$ m^2/estereorradián.

1.47 La cantidad de potasio que existe en el cuerpo humano es de 140 gramos, en promedio. El $0.012\,\%$ del potasio es potasio 40. Calcule, en microcurios, la actividad del cuerpo humano debida al potasio 40. 1 Ci = 1 curio = $3.7\ 10^{10}$ desintegraciones/segundo. La semivida del potasio 40 es $1.3\ 10^9$ años. Suponga que el potasio 40 solo sufre desintegraciones beta.
Solución: $0.1155\ \mu$Ci.

Capítulo 2

La Cinemática

2.1. La Mecánica clásica.

La palabra Mecánica proviene del griego, μηχανική, mekaniké, que significa "máquina" o "arte de construir una máquina".

La Mecánica clásica estudia el movimiento de los cuerpos y su evolución en el tiempo bajo la acción de fuerzas. La Mecánica clásica se divide en Cinemática, Estática y Dinámica. La Cinemática trata sobre la descripción del movimiento, la Estática trata sobre el reposo y equilibrio de los cuerpos y la Dinámica trata sobre las causas del movimiento o fuerzas.

En la Mecánica clásica, un objeto o cuerpo físico es un objeto tridimensional con masa m que tiene una trayectoria y orientación en el espacio y cuya existencia se prolonga durante un cierto tiempo. Un objeto físico de masa m puede ser idealizado como un punto material de masa m que puede experimentar una aceleración.

Según el tipo de cuerpo que se mueve, la Mecánica se divide en la Mecánica de un punto, de un conjunto de puntos, de un sólido rígido, etc. En esta asignatura nos centraremos en la Mecánica de un punto material. En este capítulo estudiaremos la Cinemática de un punto material.

2.2. Una introducción a la Cinemática.

La palabra cinemática proviene de la palabra griega κινέιν, kinéin, que significa "mover, desplazar".

La Cinemática trata sobre las leyes matemáticas que describen el movimiento de los objetos, sin considerar las causas que producen el movimiento.

El antecedente más antiguo de descripción del movimiento de los objetos mediante leyes matemáticas se encuentra en la Edad Media. Los llamados *Calculatores del Merton College, Oxford,* fueron un grupo de matemáticos que en la Edad Media, durante la primera mitad del siglo XIV, descubrieron y demostraron el llamado Teorema de la velocidad media, sobre el movimiento lineal o rectilíneo uniformemente acelerado:

"Un cuerpo en movimiento uniformemente acelerado recorre, en un determinado intervalo de tiempo, el mismo espacio que sería recorrido por un cuerpo que se desplazara con velocidad constante e igual a la velocidad media del primero."

Independientemente de los *Calculatores*, Nicolás de Oresme en el siglo XIV demostró el Teorema de la velocidad media utilizando argumentos geométricos. Los investigadores de los siguientes siglos no tuvieron conocimiento de este teorema. Galileo demostró en el siglo XVII el teorema, usando los mismo argumentos geométricos que Nicolás de Oresme. Actualmente, el teorema de la velocidad media se conoce con otro nombre y con otro enunciado: Es la Ley de la caída de los cuerpos de Galileo:

"a) El tiempo de caída de los cuerpos es independiente de la masa de los cuerpos."

"b) La distancia recorrida por un cuerpo en caída libre y que parte del reposo, es proporcional al cuadrado del tiempo transcurrido."

2.3. El tiempo.

Un instante de tiempo t puede ser, en general, negativo, cero o positivo. Si una velocidad $v(t)$ se calculó para instantes $t \geq 0$, entonces en ese caso, el instante de tiempo t será cero o positivo.

El tiempo que tarda un evento en suceder o desarrollarse, Δt, es una diferencia entre dos tiempos y es mayor que cero. El tiempo que tarda un evento no puede ser cero, ni negativo.

2.4. La distancia.

Una distancia entre dos puntos diferentes debe ser mayor que cero. **No tiene sentido que la distancia recorrida sea menor que cero.** Supongamos que obtenemos que la distancia d recorrida por un objeto es - 200 metros (menos 200 metros). Esto no tiene sentido. Otro ejemplo. Obtenemos que la distancia d recorrida por un objeto es - $5v^2/g$, donde v es una velocidad y g es la gravedad en la superficie terrestre. Esta distancia tampoco tiene sentido.

En algunos problemas de Física, es necesario calcular las raíces de una ecuación de segundo grado para obtener la distancia entre dos puntos o el instante de tiempo de un suceso, medido después de t=0. En esos casos, las dos raíces serán soluciones matemáticas de la ecuación y las dos raíces tendrán sentido matemático. Sin embargo, sólo la raíz o las raíces que sean mayores que cero tendrán sentido físico. La raíz que sea negativa tendrá sentido matemático, pero no físico. Una raíz nula también puede tener sentido físico, dependiendo de las condiciones o contexto del problema.

Un ejemplo. Dejamos caer una piedra en un pozo. Dos segundos después oímos el sonido de la piedra chocando contra el fondo del pozo. Vamos a calcular el instante t de llegada de la piedra al fondo del pozo. Los dos segundos mencionados son igual a $t + p/v_s$, donde p es la profundidad del pozo y v_s es la velocidad del sonido en el aire en m/s. La piedra cae con un movimiento uniformemente acelerado y, por lo tanto, $p = gt^2/2$, donde g es la gravedad en m/s^2. Esto nos lleva a la siguiente ecuación de segundo grado en t:

$$\frac{g}{2v_s}t^2 + t - 2 = 0 \,, \tag{2.1}$$

donde t está en segundos. La aceleración g de la gravedad es 9.8 m/s^2 y la velocidad del sonido en el aire v_s es 343 m. La ecuación 2.1 tiene dos raíces: 1.95 y -71.95 segundos. Las dos raíces tiene sentido matemático, pero solo la raíz $t = 1.95$ segundos tiene sentido físico y es la única solución del problema.

2.5. El vector de posición.

a) El vector de posición.
El extremo de este vector indica la posición del punto material en un sistema de coordenadas. La dimensión de cada componente de este vector es $[x] = [y] = [z] = L$. Vamos a utilizar coordenadas cartesianas. El vector de posición en coordenadas cartesianas es:
$\vec{r}(t) = x(t)\vec{u}_x + y(t)\vec{u}_y + z(t)\vec{u}_z$

b) Las coordenadas del vector de posición.
Las coordenadas de posición de un objeto pueden tomar valores negativos, nulos o positivos. La diferencia entre dos coordenadas también puede tomar valores negativos, nulos o positivos.

La distancia entre dos puntos es positiva. Es cero si los dos puntos son, en realidad, el mismo punto. La distancia entre dos objetos es positiva.

La distancia entre las posiciones de un mismo objeto en dos instantes de tiempo diferentes es positiva o cero. Es cero si el objeto está en la misma posición.

c) La trayectoria.
El extremo del vector de posición $\vec{r}(t)$ describe una curva en el espacio a medida que transcurre el tiempo t. Esa curva se llama trayectoria. La dimensión de la trayectoria es L. La trayectoria se define mediante tres tipos de ecuaciones:
Las ecuaciones $x = x(t)$, $y = y(t)$ y $z = z(t)$ se llaman **ecuaciones paramétricas de la trayectoria**. $x(t)$, $y(t)$ y $z(t)$ son las componentes cartesianas del vector de posición. Un ejemplo:

$$x(t) = 5t \text{metros} \qquad y(t) = 25 + 4t - 10t^2 \text{metros} \quad z(t) = 0 \text{metros} \,. \tag{2.2}$$

Despejando el tiempo t de las ecuaciones paramétricas y despejando una variable (x, y o z) en función de las otras variables, obtenemos la **ecuación explícita de la trayectoria**: x en función de y, $x = x(y)$, x en función de z, $x = x(z)$, x en función de y y z, $x = x(y, z)$, etc. Siguiendo con el ejemplo anterior, tenemos:

$$y = 25 + 4x/5 - 10x^2/25 \text{metros} \qquad z = 0 \text{metros} \,. \tag{2.3}$$

La **ecuación implícita de la trayectoria** es $f(x, y) = 0$ o $f(x, y, z) = 0$. Continuamos con el ejemplo anterior y obtenemos la siguiente ecuación implícita:

$$25 + 4x/5 - 10x^2/25 - y = 0 \text{metros} \qquad z = 0 \text{metros} . \qquad (2.4)$$

2.6.   La velocidad y la aceleración.

a) La velocidad o velocidad lineal.
La velocidad es la derivada del vector de posición respecto del tiempo.

$$\vec{v}(t) = \frac{d\vec{r}(t)}{dt} = v(t)\vec{\tau}(t) \qquad \vec{v}(t) = v_x\vec{u}_x + v_y\vec{u}_y + v_z\vec{u}_z$$

$$v_x(t) = \frac{dx(t)}{dt} \qquad v_y(t) = \frac{dy(t)}{dt} \qquad v_z(t) = \frac{dz(t)}{dt} . \qquad (2.5)$$

La dimensión de la velocidad y de sus componentes es $[v] = [v_x] = [v_y] = [v_z] = LT^{-1}$.

b) El vector tangente.
El vector tangente, $\vec{\tau}(t)$, es un vector unitario y tangente a la trayectoria para todo instante de tiempo t. Esto significa que es tangente a la velocidad para todo instante de tiempo t. Se define como:

$$\boxed{\vec{\tau}(t) = \frac{\vec{v}(t)}{v(t)}} . \qquad (2.6)$$

c) El vector normal o perpendicular.
El vector normal, $\vec{n}(t)$, es un vector unitario, normal o perpendicular a la trayectoria y dirigido hacia dentro de la curvatura de la trayectoria para todo instante de tiempo t. Se define como:

$$\boxed{\vec{n}(t) = \frac{d\vec{\tau}(t)}{dt} / |\frac{d\vec{\tau}(t)}{dt}|} . \qquad (2.7)$$

Este vector no está definido en un movimiento rectilíneo.

d) El módulo de la velocidad.
También se le conoce como celeridad y se define como:

$$\boxed{v(t) = |\vec{v}(t)|} . \qquad (2.8)$$

El módulo de la velocidad es igual a $\dfrac{ds}{dt}$:

$$\left. \begin{array}{l} \vec{v}(t) = \dfrac{d\vec{r}}{dt} \\[2mm] d\vec{r} = ds\vec{\tau}(t) \end{array} \right\} \quad \Rightarrow \quad \vec{v}(t) = \frac{ds}{dt}\vec{\tau} . \qquad (2.9)$$

En la figura 2.1 hemos dibujado la trayectoria ds recorrida por un objeto entre los instantes de tiempo t y $t + dt$ y los vectores de posición $\vec{r}(t)$ y $\vec{r}(t + dt)$. En esta figura se observa que el vector $d\vec{r}$ es $\vec{r}(t + dt) - \vec{r}(t)$, que su módulo es ds y que es un vector tangente

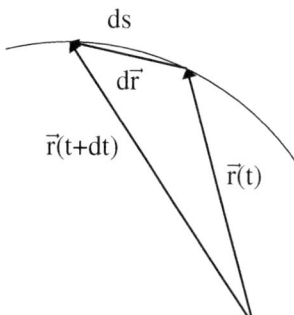

Figura 2.1: La trayectoria *ds* recorrida por un objeto entre *t* y *t + dt*.

a la trayectoria. Por tanto, $d\vec{r} = ds\vec{\tau}(t)$.

Teniendo todo lo anterior en cuenta, el vector velocidad lineal se escribe como:

$$\left.\begin{array}{l} \vec{v}(t) = \dfrac{ds}{dt}\vec{\tau} \\[2mm] \vec{v}(t) = v(t)\vec{\tau}(t) \end{array}\right\} \quad \Rightarrow \quad v(t) = \dfrac{ds}{dt} \ . \tag{2.10}$$

e) El vector velocidad promedio.

$$\vec{v}_{media} = \frac{\vec{r}_f(t) - \vec{r}_i(t)}{t_f - t_i} \ . \tag{2.11}$$

f) La aceleración.
La aceleración es la derivada de la velocidad respecto del tiempo.

$$\vec{a}(t) = \frac{d\vec{v}(t)}{dt} = \frac{d^2\vec{r}(t)}{dt^2} \qquad \vec{a}(t) = a_x\vec{u}_x + a_y\vec{u}_y + a_z\vec{u}_z$$

$$a_x(t) = \frac{dv_x(t)}{dt} = \frac{d^2x(t)}{dt^2} \quad a_y(t) = \frac{dv_y(t)}{dt} = \frac{d^2y(t)}{dt^2} \quad a_z(t) = \frac{dv_z(t)}{dt} = \frac{d^2z(t)}{dt^2} \ . \tag{2.12}$$

La dimensión de la aceleración y de sus componentes cartesianas es $[a] = [a_x] = [a_y] = [a_z] = LT^{-2}$.

2.7. Las aceleraciones tangencial y normal.

a) Las definiciones.

La aceleración $\vec{a}$ tiene dos componentes respecto de la trayectoria: La componente tangencial a la trayectoria, llamada aceleración tangencial $\vec{a}_t$, y la componente normal o perpendicular a la trayectoria y dirigida hacia dentro de la curvatura de la trayectoria, llamada aceleración normal o centrípeta $\vec{a}_n$.

Si derivamos el vector velocidad respecto de t, obtenemos las definiciones matemáticas de estas dos aceleraciones:

$$\left.\begin{array}{c} \vec{a} = \dfrac{d\vec{v}}{dt} \\[2mm] \vec{v} = v\vec{\tau} \end{array}\right\} \Rightarrow \quad \vec{a} = \dfrac{dv}{dt}\vec{\tau} + v\dfrac{d\vec{\tau}}{dt} \qquad \boxed{\vec{a}_t = \dfrac{dv}{dt}\vec{\tau}} \qquad \boxed{\vec{a}_n = v\dfrac{d\vec{\tau}}{dt} = v\left|\dfrac{d\vec{\tau}}{dt}\right|\vec{n}}. \quad (2.13)$$

Las aceleraciones tangencial y normal son proporcionales a los vectores $\vec{\tau}(t)$ y $\vec{n}(t)$, respectivamente. Son perpendiculares entre sí y tienen dimensión de aceleración, LT^{-2}.

La aceleración tangencial no proviene de la velocidad tangencial. La aceleración normal no proviene de la velocidad normal. La velocidad es paralela a la trayectoria en cada punto y por tanto, solo tiene componente tangencial, solo existe una 'velocidad tangencial'. La velocidad no tiene componente normal, no existe una 'velocidad normal'.

b) Una demostración de que $\vec{a}_n = \dfrac{v^2}{R(t)}\vec{n}$.

Aplicamos la regla de la cadena a $\dfrac{d\vec{\tau}}{dt}$ y usamos la definición de la celeridad v:

$$\left.\begin{array}{c} \dfrac{d\vec{\tau}}{dt} = \dfrac{d\vec{\tau}}{ds}\dfrac{ds}{dt} \\[2mm] v = \dfrac{ds}{dt} \end{array}\right\} \Rightarrow \quad \dfrac{d\vec{\tau}}{dt} = \dfrac{d\vec{\tau}}{ds}v . \qquad (2.14)$$

El diferencial o infinitésimo ds es la trayectoria recorrida entre t y $t + dt$.

A continuación vamos a demostrar que $\dfrac{d\vec{\tau}}{ds}$ es igual a $\vec{n}/R(t)$.

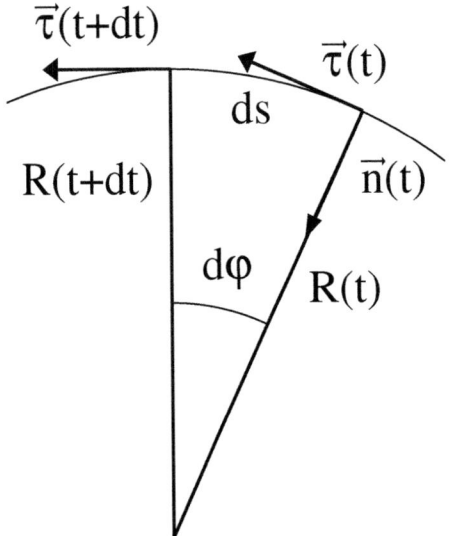

Figura 2.2: La aceleración normal I.

En la figura 2.2 hemos dibujado la trayectoria ds recorrida por un objeto entre los instantes de tiempo t y $t + dt$ y los vectores tangentes a la trayectoria en esos mismos instantes de tiempo. $R(t)$ es el radio de curvatura de la trayectoria en el instante t.

Teniendo en cuenta que la longitud de un arco es igual al producto del radio del arco por el ángulo que subtiende el arco, la longitud de la trayectoria es:

$$ds = d\varphi R(t) \ . \tag{2.15}$$

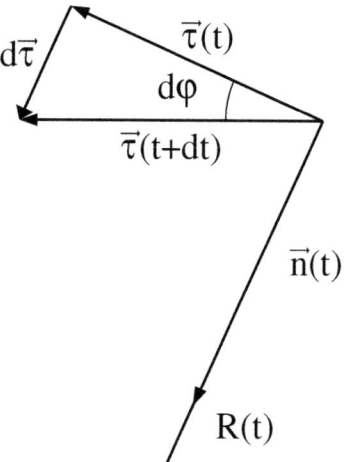

Figura 2.3: La aceleración normal II.

En la figura 2.3 hemos ampliado y redibujado los vectores unitarios $\vec{\tau}(t)$, $\vec{\tau}(t+dt)$ y $\vec{n}(t)$. En esta nueva figura se observa que el vector $d\vec{\tau}$ es igual a $d\tau\vec{n}$ y que la longitud del arco $d\tau$ es igual a $d\varphi|\vec{\tau}| = d\varphi$. Por tanto:

$$d\vec{\tau} = d\varphi\vec{n} \ . \tag{2.16}$$

Utilizando las expresiones de ds y $d\vec{\tau}$ que hemos obtenido, calculamos la siguiente expresión de $\dfrac{d\vec{\tau}}{ds}$:

$$\left. \begin{array}{l} ds = d\varphi R(t) \\ d\vec{\tau} = d\varphi\vec{n} \end{array} \right\} \Rightarrow \quad \frac{d\vec{\tau}}{ds} = \frac{\vec{n}}{R(t)} \ . \tag{2.17}$$

La expresión anterior del vector $\dfrac{d\vec{\tau}}{ds}$ nos sirve para demostrar que el vector $\dfrac{d\vec{\tau}}{dt}$ es igual a:

$$\left. \begin{array}{l} \dfrac{d\vec{\tau}}{ds} = \dfrac{\vec{n}}{R(t)} \\[2mm] \dfrac{d\vec{\tau}}{dt} = v\dfrac{d\vec{\tau}}{ds} \end{array} \right\} \Rightarrow \frac{d\vec{\tau}}{dt} = v\frac{\vec{n}}{R(t)} \ . \tag{2.18}$$

Finalmente, llegamos a demostrar que la aceleración normal es:

$$\left. \begin{array}{l} \dfrac{d\vec{\tau}}{dt} = v\dfrac{\vec{n}}{R(t)} \\[2mm] \vec{a}_n = v\dfrac{d\vec{\tau}}{dt} \end{array} \right\} \Rightarrow \boxed{\vec{a}_n = \frac{v^2}{R(t)}\vec{n}} \ . \tag{2.19}$$

2.8. El movimiento lineal.

En este apartado estudiaremos el movimiento en una sola dimensión o lineal o rectilíneo. Mediante integraciones calcularemos la posición $s(t)$ de los diferentes movimientos rectilíneos.

a) El movimiento lineal uniforme.

La velocidad no depende del tiempo, es constante y el cálculo de $s(t)$ es como sigue:

$$\left.\begin{array}{r} v(t) = \dfrac{ds}{dt} \\ v = cte. \end{array}\right\} \Rightarrow \int_{s(t_0)}^{s(t)} ds = \int_{t_0}^{t} v(t)dt = v \int_{t_0}^{t} dt \Rightarrow s(t) - s(t_0) = v(t - t_0) \Rightarrow \qquad (2.20)$$

$$\boxed{s(t) = s(t_0) + v(t - t_0)} \qquad (2.21)$$

b) El movimiento lineal uniformemente acelerado o desacelerado.

La aceleración tangencial a_t no depende del tiempo es constante, positiva o negativa y la aceleración normal a_n es cero por ser un movimiento rectilíneo, es decir, con R infinito para todo instante de tiempo t. Por tanto $a = a_t$. El cálculo de $v(t)$ es como sigue:

$$\left.\begin{array}{r} a(t) = \dfrac{dv}{dt} \\ a = cte. \end{array}\right\} \Rightarrow \int_{v(t_0)}^{v(t)} dv = \int_{t_0}^{t} a(t)dt = a \int_{t_0}^{t} dt \Rightarrow v(t) - v(t_0) = a(t - t_0) \Rightarrow \qquad (2.22)$$

$$\boxed{v(t) = v(t_0) + a(t - t_0)} \qquad (2.23)$$

Necesitamos hacer una segunda integración para encontrar la posición $s(t)$:

$$\left.\begin{array}{r} v(t) = \dfrac{ds}{dt} \\ v(t) = v(t_0) + a(t - t_0) \end{array}\right\} \Rightarrow \int_{s(t_0)}^{s(t)} ds = \int_{t_0}^{t} v(t)dt \Rightarrow s(t) - s(t_0) = \int_{t_0}^{t} v(t)dt \qquad (2.24)$$

$$\int_{t_0}^{t} v(t)dt = \int_{t_0}^{t} v(t_0)dt + \int_{t_0}^{t} a(t - t_0)dt = v(t_0)(t - t_0) + a \int_{t_0}^{t} (t - t_0)dt \Rightarrow \qquad (2.25)$$

$$\int_{t_0}^{t} v(t)dt = v(t_0)(t - t_0) + a(t - t_0)^2/2 \Rightarrow s(t) - s(t_0) = v(t_0)(t - t_0) + a(t - t_0)^2/2 \qquad (2.26)$$

$$\left.\begin{array}{r} s(t) - s(t_0) = \int_{t_0}^{t} v(t)dt \\ \int_{t_0}^{t} v(t)dt = v(t_0)(t - t_0) + a(t - t_0)^2/2 \end{array}\right\} \Rightarrow s(t) - s(t_0) = v(t_0)(t - t_0) + a(t - t_0)^2/2 \Rightarrow \quad (2.27)$$

$$\boxed{s(t) = s(t_0) + v(t_0)(t - t_0) + a(t - t_0)^2/2} \qquad (2.28)$$

En el caso de un movimiento uniformemente acelerado a es positiva, y en el caso de un movimiento uniformemente desacelerado a es negativa.

La caída libre de los objetos es un movimiento lineal uniformemente acelerado. La aceleración es la gravedad g.

El espacio recorrido entre t y t_0 es $s(t) - s(t_0)$. Otra ecuación que relaciona la velocidad y la aceleración con el espacio recorrido entre t y t_0 es:

$$\left. \begin{aligned} v(t) &= v(t_0) + a(t - t_0) \Rightarrow v(t)^2 = v(t_0)^2 + a^2(t - t_0)^2 + 2v(t_0)a(t - t_0) \\ s(t) - s(t_0) &= v(t_0)(t - t_0) + a(t - t_0)^2/2 \Rightarrow 2a(s(t) - s(t_0)) = 2av(t_0)(t - t_0) + a^2(t - t_0)^2 \end{aligned} \right\} \Rightarrow$$

$$(2.29)$$

$$\boxed{v(t)^2 = v(t_0)^2 + 2a(s(t) - s(t_0))} \qquad (2.30)$$

2.9. El movimiento de un proyectil.

El movimiento de un proyectil no es un movimiento en una dirección y por tanto no es un movimiento lineal. Es un movimiento en un plano, es decir, en dos dimensiones.

El movimiento del proyectil es un movimiento lineal uniforme en la dimensión horizontal (velocidad horizontal constante), y es un movimiento lineal uniformemente acelerado en la dimensión vertical (velocidad vertical no constante).

Ejemplos de este tipo de movimiento son un golpe de tenis, un salto de esquí, un disparo de una bala y un disparo de un cañón.

Las balas de las pistolas salen a velocidades inferiores a la velocidad del sonido, 330 m/s. Los proyectiles de algunos fusiles salen a 900 m/s. Los proyectiles de los cañones de 36 libras, de los siglos XVII-XIX, salían con una velocidad máxima de 450 m/s. Los proyectiles de algunos tanques actuales salen con velocidades de unos 1800 m/s.

2.10. La velocidad angular, aceleración angular, vector de posición, velocidad y aceleración en un movimiento circular.

En un movimiento circular el radio no depende del tiempo, es constante. El radio es, obviamente, el radio de curvatura R de la trayectoria.

Hemos dibujado en la figura 2.4 un movimiento circular en el plano XY y en el sentido contrario a las agujas del reloj. Esto significa que la velocidad angular es un vector situado en el eje Z y orientado hacia la zona positiva del eje Z, es decir, $\vec{\omega} = \omega(t)\vec{u}_z$. La aceleración angular es $\vec{\alpha} = \alpha(t)\vec{u}_z$. Elegimos como origen de coordenadas el centro de la circunferencia, que también es el centro de curvatura para todo instante de tiempo t.

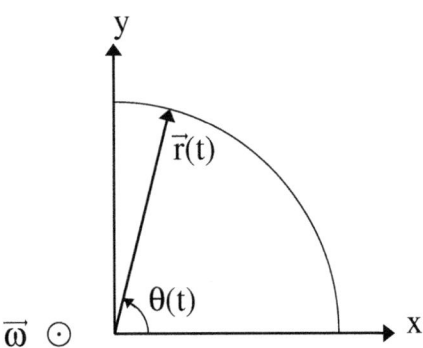

Figura 2.4: El movimiento circular.

La velocidad angular es:

$$\omega(t) = \frac{d\theta}{dt} \, . \tag{2.31}$$

Su dimensión es $[\omega] = T^{-1}$ y su unidad en el SI es rad/s.

El vector aceleración angular y la aceleración angular son respectivamente:

$$\vec{\alpha} = \frac{d\vec{\omega}}{dt} \qquad \alpha(t) = \frac{d\omega}{dt} \, . \tag{2.32}$$

Su dimensión es $[\alpha] = T^{-2}$ y su unidad en el SI es rad/s^2.

El vector de posición, el vector velocidad, $\vec{\tau}$, $\vec{n}$ y el vector aceleración son:

$$\vec{r}(t) = r\cos\theta(t)\vec{u}_x + r\,sen\theta(t)\vec{u}_y \qquad \vec{v}(t) = \frac{d\vec{r}}{dt} = -r\omega \,sen\theta(t)\vec{u}_x + r\omega \cos\theta(t)\vec{u}_y \tag{2.33}$$

$$\vec{\tau}(t) = \frac{\vec{v}(t)}{v(t)} = -sen\theta(t)\vec{u}_x + \cos\theta(t)\vec{u}_y \qquad v(t) = |\vec{v}(t)| = |r\omega(t)| \tag{2.34}$$

$$\vec{n}(t) = \frac{d\vec{\tau}(t)}{dt}\Big/|\frac{d\vec{\tau}(t)}{dt}| = -\cos\theta(t)\vec{u}_x - sen\theta(t)\vec{u}_y = -\frac{\vec{r}}{r} \tag{2.35}$$

$$\vec{a}(t) = \frac{d\vec{v}}{dt} = -r\omega^2 cos\theta(t)\vec{u}_x - r\alpha sen\theta(t)\vec{u}_x - r\omega^2 sen\theta(t)\vec{u}_y + r\alpha cos\theta(t)\vec{u}_y = -\omega^2\vec{r} + \frac{\alpha}{\omega}\vec{v} \quad (2.36)$$

La aceleración tangencial se obtiene a partir de su definición:

$$\left. \begin{array}{l} \vec{a}_t = \frac{dv}{dt}\vec{\tau} \\[2mm] v = r\omega \Rightarrow \frac{dv}{dt} = r\frac{d\omega}{dt} = r\alpha \\[2mm] v = r\omega \Rightarrow \vec{\tau} = \frac{\vec{v}}{v} = \frac{\vec{v}}{r\omega} \end{array} \right\} \Rightarrow \quad \boxed{\vec{a}_t = \frac{\alpha}{\omega}\vec{v}} \quad (2.37)$$

La aceleración normal se obtiene a partir de su definición:

$$\left. \begin{array}{l} \vec{a}_n = v\frac{d\vec{\tau}}{dt} \\[2mm] v = r\omega \\[2mm] \vec{\tau}(t) = -sen\theta(t)\vec{u}_x + cos\theta(t)\vec{u}_y \Rightarrow \frac{d\vec{\tau}}{dt} = -\omega cos\theta(t)\vec{u}_x - \omega sen\theta(t)\vec{u}_y \\[2mm] \vec{r}(t) = rcos\theta(t)\vec{u}_x + rsen\theta(t)\vec{u}_y \end{array} \right\} \Rightarrow \quad \boxed{\vec{a}_n = -\omega^2\vec{r}} \quad (2.38)$$

Estas dos componentes de la aceleración se reconocen en la ecuación de la aceleración calculada unas líneas antes:

$$\vec{a} = -\omega^2\vec{r} + \frac{\alpha}{\omega}\vec{v} = \vec{a}_n + \vec{a}_t \quad (2.39)$$

Estas dos componentes se pueden escribir de otra manera:

$$\vec{a}_t = \frac{\alpha}{\omega}\vec{v} = \frac{\alpha v}{\omega}\vec{\tau} \qquad \vec{a}_n = -\omega^2\vec{r} = r\omega^2\vec{n} \quad (2.40)$$

De la ecuación de la aceleración normal deducimos que esta aceleración no es nula en el caso de movimientos circulares. La aceleración tangencial será nula si la aceleración angular es nula, es decir, si se trata de un movimiento circular uniforme.

2.11. Las relaciones entre la velocidad lineal, la velocidad angular y las componentes de la aceleración.

a) La relación entre las velocidades lineal y angular.
Calculamos primero el producto vectorial de $\vec{\omega}$ y $\vec{r}$:

$$\vec{\omega} \times \vec{r} = \begin{vmatrix} \vec{u}_x & \vec{u}_y & \vec{u}_z \\ 0 & 0 & \omega \\ rcos\theta & rsen\theta & 0 \end{vmatrix} = \vec{u}_x\begin{vmatrix} 0 & \omega \\ rsen\theta & 0 \end{vmatrix} - \vec{u}_y\begin{vmatrix} 0 & \omega \\ rcos\theta & 0 \end{vmatrix} + \vec{u}_z\begin{vmatrix} 0 & 0 \\ rcos\theta & rsen\theta \end{vmatrix} \quad (2.41)$$

$$= \vec{u}_x(-r\omega sen\theta) - \vec{u}_y(-r\omega cos\theta) = -r\omega sen\theta\vec{u}_x + r\omega cos\theta\vec{u}_y$$

A continuación comparamos el resultado de dicho producto vectorial con la velocidad lineal $\vec{v}$:

$$\left.\begin{array}{l} \vec{\omega} \times \vec{r} = -r\omega sen\theta\vec{u}_x + r\omega cos\theta\vec{u}_y \\ \vec{v} = -r\omega sen\theta\vec{u}_x + r\omega cos\theta\vec{u}_y \end{array}\right\} \Rightarrow \boxed{\vec{v} = \vec{\omega} \times \vec{r}} \qquad (2.42)$$

b) La relación entre la aceleración angular y la tangencial.

Se puede demostrar de dos maneras. La primera manera es a partir de las definiciones de aceleración tangencial y de $\vec{\tau}$ y de la relación $\vec{v} = \vec{\omega} \times \vec{r}$:

$$\left.\begin{array}{l} \vec{\omega} = \omega\vec{u} \text{ y } \vec{\alpha} = \alpha\vec{u} \Rightarrow \vec{u} = \dfrac{\vec{\omega}}{\omega} = \dfrac{\vec{\alpha}}{\alpha} \Rightarrow \vec{\alpha} = \alpha\dfrac{\vec{\alpha}}{\alpha} = \alpha\dfrac{\vec{\omega}}{\omega} \\[4mm] \left.\begin{array}{l} \vec{a}_t = \dfrac{\alpha}{\omega}\vec{v} \\ \vec{v} = \vec{\omega} \times \vec{r} \end{array}\right\} \Rightarrow \quad \vec{a}_t = \dfrac{\alpha}{\omega}(\vec{\omega} \times \vec{r}) = \alpha\dfrac{\vec{\omega}}{\omega} \times \vec{r} \end{array}\right\} \Rightarrow \boxed{\vec{a}_t = \vec{\alpha} \times \vec{r}} \qquad (2.43)$$

La segunda manera consiste en calcular el producto vectorial $\vec{\alpha} \times \vec{r}$ y compararlo con la expresión de $\vec{a}_t$ calculada anteriormente:

$$\vec{\alpha} \times \vec{r} = \begin{vmatrix} \vec{u}_x & \vec{u}_y & \vec{u}_z \\ 0 & 0 & \alpha \\ rcos\theta & rsen\theta & 0 \end{vmatrix} = \vec{u}_x\begin{vmatrix} 0 & \alpha \\ rsen\theta & 0 \end{vmatrix} - \vec{u}_y\begin{vmatrix} 0 & \alpha \\ rcos\theta & 0 \end{vmatrix} + \vec{u}_z\begin{vmatrix} 0 & 0 \\ rcos\theta & rsen\theta \end{vmatrix} \qquad (2.44)$$

$$= \vec{u}_x(-r\alpha sen\theta) - \vec{u}_y(-r\alpha cos\theta) = -r\alpha sen\theta\vec{u}_x + r\alpha cos\theta\vec{u}_y$$

$$\left.\begin{array}{l} \left.\begin{array}{l} \vec{\alpha} \times \vec{r} = -r\alpha sen\theta\vec{u}_x + r\alpha cos\theta\vec{u}_y \\ \vec{v} = -r\omega sen\theta\vec{u}_x + r\omega cos\theta\vec{u}_y \end{array}\right\} \Rightarrow \vec{\alpha} \times \vec{r} = \dfrac{\alpha}{\omega}\vec{v} \\[4mm] \vec{a}_t = \dfrac{\alpha}{\omega}\vec{v} \end{array}\right\} \Rightarrow \quad \vec{a}_t = \vec{\alpha} \times \vec{r} \,. \qquad (2.45)$$

c) La relación entre la aceleración normal y las velocidades angular y lineal.

Se puede demostrar de dos maneras. La primera es a partir de las definiciones de aceleración normal, de las propiedades del producto vectorial y de la relación $\vec{v} = \vec{\omega} \times \vec{r}$:

$$\left.\begin{array}{l} \left.\begin{array}{l} (\vec{a} \times \vec{b}) \times \vec{a} = a^2\vec{b} - (\vec{a} \cdot \vec{b})\vec{a} \\ \vec{v} = \vec{\omega} \times \vec{r} \Rightarrow \vec{v} \times \vec{\omega} = (\vec{\omega} \times \vec{r}) \times \vec{\omega} \end{array}\right\} \Rightarrow \vec{v} \times \vec{\omega} = \omega^2\vec{r} \\[4mm] \vec{a}_n = -\omega^2\vec{r} \end{array}\right\} \Rightarrow \quad \vec{a}_n = -\vec{v} \times \vec{\omega} \Rightarrow \boxed{\vec{a}_n = \vec{\omega} \times \vec{v}} \quad (2.46)$$

La segunda manera consiste en calcular el producto vectorial $\vec{\omega} \times \vec{v}$ y compararlo con la expresión de $\vec{a}_n$ calculada anteriormente:

$$\vec{\omega} \times \vec{v} = \begin{vmatrix} \vec{u}_x & \vec{u}_y & \vec{u}_z \\ 0 & 0 & \omega \\ -r\omega sen\theta & r\omega cos\theta & 0 \end{vmatrix} = \vec{u}_x\begin{vmatrix} 0 & \omega \\ r\omega cos\theta & 0 \end{vmatrix}$$

$$-\vec{u}_y\begin{vmatrix} 0 & \omega \\ -r\omega sen\theta & 0 \end{vmatrix} + \vec{u}_z\begin{vmatrix} 0 & 0 \\ -r\omega sen\theta & r\omega cos\theta \end{vmatrix} \qquad (2.47)$$

$$= \vec{u}_x(-r\omega^2 cos\theta) - \vec{u}_y(r\omega^2 sen\theta) = -r\omega^2 cos\theta\vec{u}_x - r\omega^2 sen\theta\vec{u}_y$$

$$\left.\begin{array}{l} \left.\begin{array}{l} \vec{\omega} \times \vec{v} = -r\omega^2 cos\theta\vec{u}_x - r\omega^2 sen\theta\vec{u}_y \\ \vec{r} = rcos\theta\vec{u}_x + rsen\theta\vec{u}_y \end{array}\right\} \Rightarrow \vec{\omega} \times \vec{v} = -\omega^2\vec{r} \\[4mm] \vec{a}_n = -\omega^2\vec{r} \end{array}\right\} \Rightarrow \vec{a}_n = \vec{\omega} \times \vec{v} \,. \qquad (2.48)$$

2.12. El movimiento circular.

Calcularemos el ángulo $\theta(t)$, la velocidad angular $\omega(t)$ y la aceleración angular $\alpha(t)$ de los diferentes movimientos circulares.

a) El movimiento circular uniforme.

La velocidad angular no depende del tiempo, es constante. En este tipo de movimiento la velocidad angular es: $\omega = \dfrac{2\pi}{T}$, donde T es el periodo del movimiento. La dimensión del periodo es $[T] = T$. La unidad del periodo en el SI es el segundo. La frecuencia es $\nu = \dfrac{1}{T}$ y su dimensión es $[\nu] = T^{-1}$. La unidad de la frecuencia en el SI es el hercio, Hz, que es igual a 1/segundo.

El cálculo de las ecuaciones del movimiento circular uniforme es como sigue:

$$\left.\begin{array}{c} \alpha(t) = \dfrac{d\omega}{dt} \\ \omega = cte. \end{array}\right\} \Rightarrow \alpha = 0 \tag{2.49}$$

$$\left.\begin{array}{c} \omega(t) = \dfrac{d\theta}{dt} \\ \omega = cte. \end{array}\right\} \Rightarrow \int_{\theta(t_0)}^{\theta(t)} d\theta = \int_{t_0}^{t} \omega(t)dt = \omega \int_{t_0}^{t} dt \Rightarrow \theta(t) - \theta(t_0) = \omega(t - t_0) \Rightarrow \tag{2.50}$$

$$\boxed{\theta(t) = \theta(t_0) + \omega(t - t_0)} \tag{2.51}$$

b) El movimiento circular uniformemente acelerado o desacelerado.

La aceleración angular no es nula y no depende del instante de tiempo t. Calculamos primero la velocidad angular en función del tiempo:

$$\left.\begin{array}{c} \alpha(t) = \dfrac{d\omega}{dt} \\ \alpha = cte. \end{array}\right\} \Rightarrow \int_{\omega(t_0)}^{\omega(t)} d\omega = \int_{t_0}^{t} \alpha(t)dt = \alpha \int_{t_0}^{t} dt \Rightarrow \omega(t) - \omega(t_0) = \alpha(t - t_0) \Rightarrow \tag{2.52}$$

$$\boxed{\omega(t) = \omega(t_0) + \alpha(t - t_0)} \tag{2.53}$$

A continuación, calculamos el ángulo θ en función del tiempo:

$$\left.\begin{array}{c} \omega(t) = \dfrac{d\theta}{dt} \\ \omega(t) = \omega(t_0) + \alpha(t - t_0) \end{array}\right\} \Rightarrow \int_{\theta(t_0)}^{\theta(t)} d\theta = \int_{t_0}^{t} \omega(t_0)dt + \alpha \int_{t_0}^{t} (t - t_0)dt \Rightarrow \tag{2.54}$$

$$\theta(t) - \theta(t_0) = \omega(t_0)(t - t_0) + \alpha(t - t_0)^2/2 \Rightarrow \tag{2.55}$$

$$\boxed{\theta(t) = \theta(t_0) + \omega(t_0)(t - t_0) + \alpha(t - t_0)^2/2} \tag{2.56}$$

Hemos escrito un resumen en la tabla 2.1 de las principales magnitudes de los diferentes tipos de movimiento estudiados en este capítulo.

Tabla 2.1: Resumen de los movimientos

Movimiento	$v(t)$	$a_t(t)$	$a_n(t)$	$\omega(t)$	$\alpha(t)$	$R(t)$
lineal uniforme	cte.	0	0	–	–	infinito
lineal uniformemente acelerado	no cte.	cte.	0	–	–	infinito
circular uniforme	cte.	0	cte.	cte.	0	cte.
circular uniformemente acelerado	no cte.	cte.	no cte.	no cte.	cte.	cte.

2.13. Cuestiones y Problemas.

2.1 Escriba y explique ejemplos de los siguientes movimientos:

a) Con radio de curvatura infinito para todo instante t.
Solución: Un movimiento lineal.

b) Con aceleración tangencial nula y normal no nula.
Solución: Un movimiento circular uniforme.

c) Con aceleración tangencial no nula y normal no nula.
Solución: Un movimiento circular uniformemente acelerado.

d) Con aceleración tangencial nula y normal nula.
Solución: Un movimiento lineal uniforme.

e) Con aceleración tangencial no nula y normal nula.
Solución: Un movimiento lineal uniformemente acelerado.

f) Con radio de curvatura finito y constante para todo instante de tiempo t.
Solución: Un movimiento circular.

2.2 Un objeto se desplaza en un plano según las ecuaciones $x = 3t^3 - t^2/2 + 6$ e $y = 6t^2 + sen2t$, donde x e y están en metros y t en segundos. Calcule el vector velocidad, el módulo de la velocidad y el vector aceleración del objeto para todo instante t.
Solución: $\vec{v} = (9t^2 - t)\vec{u}_x + (12t + 2cos2t)\vec{u}_y$.

2.3 El vector de posición de un cuerpo es $t^2\vec{u}_x + t\vec{u}_y + \vec{u}_z$. Halle su vector velocidad y aceleración y su radio de curvatura para t=0.
Solución: $\vec{v} = 2t\vec{u}_x + \vec{u}_y$, $\vec{a} = 2\vec{u}_x$ y $R(0) = 1/2$.

2.4 El movimiento de un punto referido a unos ejes de coordenadas OXY viene dado por $x = R(t - sent)$, $y = R(1 - cost)$. Halle a) el módulo de la velocidad, b) el vector $\vec{\tau}(t)$, tangente a la trayectoria y c) las componentes intrínsecas de la aceleración.
Solución: $\vec{v} = R\sqrt{2 - 2cost}$, $\vec{\tau} = \dfrac{(1 - cost)\vec{u}_x + sent\vec{u}_y}{\sqrt{2 - 2cost}}$, $\vec{a}_t = R/2sent\vec{u}_x + R(cos(t/2))^2\vec{u}_y$ y $\vec{a}_n = R/2sent\vec{u}_x - R(sen(t/2))^2\vec{u}_y$.

2.5 Un cuerpo se mueve con una velocidad $\vec{v} = e^t\vec{u}_x + t^2\vec{u}_y - t^3\vec{u}_z/3$ y tiene un vector de posición inicial $\vec{r}(0) = \vec{u}_z$. Calcule a) El vector de posición para todo instante t, b) el vector aceleración para todo instante t y c) el radio de curvatura para t=0.
Solución: $\vec{r}(t) = (e^t - 1)\vec{u}_x + \dfrac{t^3}{3}\vec{u}_y + (1 - \dfrac{t^4}{12})\vec{u}_z$, $\vec{a} = e^t\vec{u}_x + 2t\vec{u}_y - t^2\vec{u}_z$ y $R(0) \Rightarrow \infty$.

2.6 Dada la aceleración $\vec{a} = t^3\vec{u}_x + t\vec{u}_y + t^2\vec{u}_z$, una velocidad y un vector de posición en t=0 $\vec{v(0)} = 2\vec{u}_x + 3\vec{u}_z$ y $\vec{r(0)} = -4\vec{u}_y + \vec{u}_z$, calcule a) el vector velocidad, b) el vector de posición y c) el vector unitario tangente $\vec{\tau}$ para cualquier instante de tiempo t.
Solución:

$$\vec{v}(t) = (2 + \frac{t^4}{4})\vec{u}_x + \frac{t^2}{2}\vec{u}_y + (3 + \frac{t^3}{3})\vec{u}_z \ . \tag{2.57}$$

$$\vec{r}(t) = (2t + \frac{t^5}{20})\vec{u}_x + (-4 + \frac{t^3}{6})\vec{u}_y + (1 + 3t + \frac{t^4}{12})\vec{u}_z \ . \tag{2.58}$$

$$\vec{\tau}(t) = \frac{(2 + \frac{t^4}{4})\vec{u}_x + \frac{t^2}{2}\vec{u}_y + (3 + \frac{t^3}{3})}{\sqrt{(2 + \frac{t^4}{4})^2 + \frac{t^4}{4} + (3 + \frac{t^3}{3})^2}}\vec{u}_z \ . \tag{2.59}$$

2.7 Se lanza un proyectil desde un punto de coordenadas $(2, 3, 1)$ con $v_0 = 3\vec{u}_x + 4\vec{u}_y$ m/s en un lugar donde el vector aceleración de la gravedad es 10 m/s^2 y está a lo largo del eje Y. Determine a) la aceleración, la velocidad y la posición del proyectil para todo instante t, b) la ecuación explícita de la trayectoria y c) las componentes intrínsecas de la aceleración y el radio de curvatura en el vértice de la parábola. Solución: -10 m/s^2 $\vec{u}_y$. El eje Y apunta hacia arriba.
$\vec{v}(t) = 3\vec{u}_x + (4 - 10t)\vec{u}_y$ m/s $\vec{r}(t) = (2 + 3t)\vec{u}_x + (3 + 4t - 5t^2)\vec{u}_y + \vec{u}_z$ m
$y = -\dfrac{17}{9} + \dfrac{32x}{9} - \dfrac{5x^2}{9}$, $a_t = 0$ m/s^2, $a_n = 10$ m/s^2 y $R = 0.9$ m.

2.8 Un objeto que parte del origen de coordenadas recorre la parábola $x^2 = 2y$ en la que y está expresada en metros. El movimiento sobre el eje X es un movimiento uniforme de velocidad $v_0 = 2$ m/s. Halle al cabo de t=$\sqrt{2}$ s a) el módulo de la velocidad, b) las componentes intrínsecas de la aceleración y c) el radio de curvatura.

Solución: $v(\sqrt{2}s) = 6$ m/s, $a_t(\sqrt{2}s) = \dfrac{8\sqrt{2}}{3}$ m/s^2, $a_n(\sqrt{2}s) = \dfrac{4}{3}$ m/s^2 y $R(\sqrt{2}s) = 27$ m.

2.9 Se deja caer una piedra en un pozo y se escucha el sonido del impacto en el agua dos segundos después. Calcule la profundidad del pozo. La velocidad del sonido en el aire es 343 m/s.

Solución: 18.55 m.

2.10 Un cuerpo se mueve con un movimiento rectilíneo y con velocidad constante v = 5 m/s. Es acelerado con a = 5 m/s^2 durante 5 segundos. Calcule cuántos metros recorrerá entre el cese de la aceleración y 10 segundos después del cese de la aceleración.

Solución: 300 m.

2.11 En el tubo de rayos catódicos de un televisor, un electrón, inicialmente en reposo, se mueve desde el cátodo hasta el ánodo, con una aceleración de 5.33 10^{12} m/s^2, durante 0.15 μs. Después, es enfocado y viaja a velocidad constante durante 0.2 μs. Finalmente, se dirige a la pantalla con una aceleración a = -2.67 10^{13} m/s^2 y se detiene bruscamente en la pantalla. Calcule la distancia total que ha recorrido el electrón.

Solución: 0.232 m.

2.12 Dos cuerpos se dejan caer desde la azotea de un rascacielos, con una pequeña diferencia en los tiempos de salida igual a t_B. Calcule la distancia que los separa como una función del tiempo t.

Solución: $\dfrac{g t_B}{2}(2t - t_B)$, $t \geq t_B$.

2.13 Un cuerpo es lanzado, desde la superficie de la Tierra, hacia arriba, en dirección vertical, con una cierta velocidad inicial. El aire ofrece una resistencia al movimiento que se expresa mediante una fuerza de rozamiento que se puede suponer constante. Calcule qué tiempo es mayor: El tiempo de subida o el bajada.

Solución: El tiempo de bajada es mayor que el tiempo de subida.

2.14 Un proyectil es lanzado con una velocidad inicial v_0 por un cañón que forma un ángulo α con el suelo (Ver la Figura 2.5). Calcule:

a) Las componentes horizontal $v_x(t)$ y vertical $v_y(t)$ de la velocidad.
Solución: $v_x(t) = v(0)cos(\alpha)$, $v_y(t) = v(0)sen(\alpha) - gt$.

b) Las componentes horizontal $x(t)$ y vertical $y(t)$ del vector de posición.
Solución: $x(t) = x(0 + v(0)tcos(\alpha)$, $y(t) = y(0) + v(0)tsen(\alpha) - gt^2/2$.

c) El alcance máximo de la trayectoria del proyectil como función de v_0 y α.

Solución: $\dfrac{v(0)^2}{g} sen(2\alpha)$.

d) La altura máxima de la trayectoria del proyectil en función de v_0 y α.

Solución: $\dfrac{v(0)^2}{2g}(sen(\alpha))^2$.

e) Si es posible conseguir el mismo alcance máximo empleando el mismo cañón, con un ángulo diferente. Calcule ese nuevo ángulo.

Solución: $\alpha + \beta = \dfrac{\pi}{2}$.

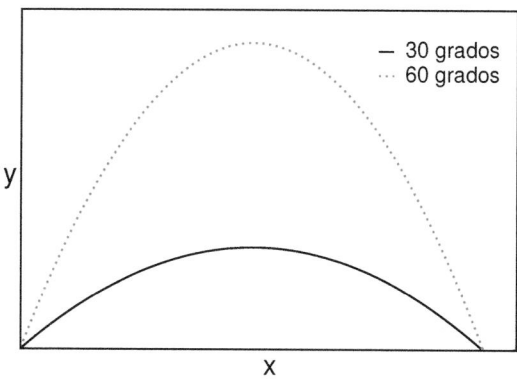

Figura 2.5: La trayectoria de un proyectil para dos ángulos complementarios.

2.15 Varias cuestiones sobre el lanzamiento de proyectiles o movimiento parabólico:

a) La masa y el ángulo de lanzamiento de dos proyectiles son iguales. Explique si llegará o no antes al suelo el proyectil que salga con mayor velocidad inicial.
Solución: Llegará antes el proyectil que salga con menor velocidad inicial.

b) La velocidad inicial y el ángulo de lanzamiento de dos proyectiles son iguales. Explique si llegará o no antes al suelo el proyectil con mayor masa.
Solución: Llegarán al mismo tiempo.

c) Explique si se puede alcanzar la misma altura máxima lanzando un proyectil con la misma velocidad inicial, pero con ángulos de lanzamiento diferentes.
Solución: Es posible, pero lanzando el proyectil en el sentido contrario.

d) Explique si el alcance máximo y la altura máxima dependen de la masa del proyectil o no.
Solución: Ninguno de los dos depende de la masa.

e) Explique si la posición $(x(t), y(t))$ del proyectil depende de la masa del proyectil o no.
Solución: No depende de la masa.

2.16 Un hombre recorre caminando un tramo de escalera mecánica estacionaria en 30 s. La escalera mecánica en funcionamiento recorre el mismo tramo en 20 s. Calcule cuánto tiempo

empleará el hombre en recorrer el tramo, con la escalera funcionando, y él caminando sobre la escalera.
Solución: 12 s.

2.17 Un pasajero corre con velocidad constante de 4 m/s para alcanzar un tren. Cuando está a una distancia d de la portezuela más próxima, el tren arranca con aceleración constante $a = 0.4$ m/s^2, alejándose del pasajero.

a) Si $d = 12$ m y el pasajero sigue corriendo, calcule en qué instante o instantes de tiempo, en segundos, alcanzará al tren.
Solución: 3.68 y 16.32 s.

b) Dibuje en un solo gráfico las posiciones $x(t)$ del tren y del pasajero.
Solución: Una recta que corta en dos puntos a una parábola en el plano *XT*.

c) Calcule la distancia crítica d_c, en metros, a partir de la cual el pasajero no alcanza al tren.
Solución: 20 m.

d) Calcule la velocidad del tren, en m/s, en el instante de tiempo en el que el pasajero alcanza el tren, para una distancia d entre pasajero y tren igual a la distancia crítica. Calcule la velocidad media del tren hasta ese instante.
Solución: 4 y 2 m/s.

2.18 Un lanzador de disco gira con aceleración angular $\alpha = 50$ rad/s^2, describiendo el disco una circunferencia de 80 cm de radio. Calcule la aceleración del disco y sus componentes intrínsecas cuando la velocidad angular sea de 10 rad/s.
Solución: a$_t$=40 m/s^2, a$_n$=80 m/s^2 y a=89.44 m/s^2.

2.19 Un satélite artificial gira circularmente alrededor de la Tierra, a una distancia de 35 km respecto de la superficie de la Tierra, con un periodo de 24 h. Calcule su frecuencia, velocidad angular y aceleración normal.
Solución: ɜ=1.16 10^{-5} s^{-1}, ω=7.27 10^{-5} rad/s y a$_n$=0.034 m/s^2.

2.20 Una nave aterrizará en la Luna en 2 horas. La nave se mueve a una velocidad de 18000 km/hora. Calcule la desaceleración, en km/s^2, que se necesita para que la nave aterrice a 0 km/hora, sin riesgos.
Solución: $a=$ - 0.694 10^{-3} km/s^2.

2.21 Un coche en reposo acelera a 10 m/s^2. Calcule la distancia, en metros, que recorrerá después de 5 segundos.
Solución: 125 m.

2.22 Calcule la distancia que recorrerá un objeto después de 12 segundos de caída en la superficie de la Tierra y en la superficie de la Luna. El objeto está inicialmente en reposo. g_{Luna}=1.63 m/s^2.
Solución: 705.6 m en la Tierra y 117.36 m en la Luna.

2.23 Un coche va a 60 km/hora y con una aceleración de 10 km/hora^2. Calcule la distancia que recorrerá después de una hora.
Solución: 65 km.

2.24 Una moto va a 60 km/hora y con una desaceleración de 60 km/hora^2. Calcule la distancia que recorrerá después de una hora.
Solución: 30 km.

2.25 Una bala es acelerada a lo largo de un rifle de un metro de largo con una aceleración de 500000 m/s^2. Calcule su velocidad final.
Solución: 1000 m/s.

2.26 Un objeto gira en movimiento circular completando tres círculos en 9 segundos. Calcule su velocidad angular.
Solución: $2\pi/3$ rad/s.

2.27 Un satélite orbita la Tierra a 8.7 10^{-4} radianes/s. Calcule cuánto tiempo tarda en dar una vuelta a la Tierra.
Solución: 7222.05 s.

2.28 Una bola del mundo gira a 2 radianes/s. Empujamos la bola y conseguimos que en 0.1 segundos la bola acelere hasta 5 radianes/s. Calcule su aceleración angular.
Solución: 30 rad/s^2.

2.29 Un objeto gira a 2.1 radianes/s. Calcule cuánto tiempo tardará en completar un círculo.
Solución: 2.99 s.

2.30 Dejamos caer un objeto. Calcule cuánto tiempo debe estar cayendo para que el espacio recorrido durante el último segundo sea 3/4 del espacio recorrido desde el punto de caída.
Solución: 2 s.

2.31 La aceleración de un objeto no es constante, depende del tiempo t. Su dependencia en t es $a = 5t$ m/s^2. Calcule su velocidad $v(t)$ para cualquier instante de tiempo t. Velocidad inicial del objeto: $v(0)$.
Solución: $v(t) = v(0) + 5t^2/2$ m/s.

2.32 Una nave espacial, en reposo, acelera a $3g$ durante 24 horas. Calcule su velocidad en m/s al cabo de las 24 horas. Compare su velocidad con la velocidad de la luz en el vacío. Calcule cuántos años tardará en recorrer cuatro años-luz, desde el instante en el que deja de acelerar. Velocidad de la luz $c = 300000$ km/s. Un año-luz es la distancia que recorre la luz durante un año. Todos los cálculos deben realizarse utilizando las ecuaciones de la Mecánica clásica.
Solución: 2 540 160 m/s, 0.0084672 c y 472.41 años.

2.33 Un tanque parado dispara un proyectil. A lo largo de la longitud del cañón del tanque, el proyectil está sometido a una aceleración dependiente del tiempo: $a(t) = \dfrac{8}{3}10^5 - \dfrac{32}{9}10^7 t$, en unidades del SI. El proyectil sale de la boca del cañón con una velocidad de 1000 m/s. Calcule la longitud del cañón.
Solución: 5 m.

2.34 Se lanza un proyectil desde un acantilado hacia arriba y en dirección al mar, con una velocidad inicial de 300 m/s y con una inclinación de +45 grados con respecto al eje X de la figura. El acantilado está a 50 metros de altura sobre la superficie del mar.

a) Calcule el tiempo que tardará el proyectil en llegar a la superficie del mar.
Solución: 43.53 s.

b) Calcule el alcance A en el eje X del proyectil al llegar al mar. Ver el alcance A en la figura 2.6.
Solución: 9233.4 m.

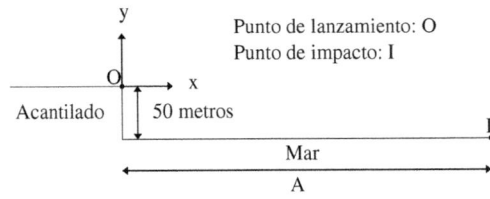

Figura 2.6: Una representación del acantilado.

2.35 El vector velocidad de un objeto móvil es, en unidades del SI, $\vec{v}(t) = (3t - 2)\vec{u}_x + 5\vec{u}_y$ m/s, donde t es el instante de tiempo en segundos. En el instante de tiempo $t = 2$ segundos, el vector de posición es $\vec{r}(2) = \vec{u}_x + 5\vec{u}_y$ m. Calcule la ecuación de la trayectoria, $f(x, y) = 0$, del objeto móvil.
Solución: $3\,y^2 + 10\,y$.

2.36 Un saltador de esquí inicia su salto con una velocidad de despegue $\vec{v}_0$ que forma un ángulo $\alpha=10$ grados con la horizontal y aterriza sobre una pendiente que forma 60 grados con la vertical (Ver la figura 2.7). Calcule el tiempo transcurrido entre el instante del despegue (el punto D de la figura) y el instante del aterrizaje (el punto A de la figura). Calcule

la distancia entre los puntos D y A. $v_0 = |\vec{v}_0| = 20$ m/s.
Solución: 3.0295 s y 68.9 m.

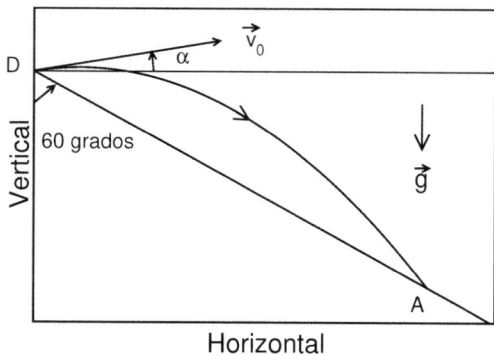

Figura 2.7: El saltador de esquí.

2.37 Un cañón, en la cima de un acantilado de altura 200 m, está cargado con pólvora y una bola de masa 10 kg. El cañón está inclinado un ángulo de 30 grados (Ver la figura 2.8). Al disparar, la pólvora proporciona 500 J de energía a la bola. Despreciando la resistencia con el aire, calcule el alcance de la bola al llegar al mar.
Solución: 59.92 m.

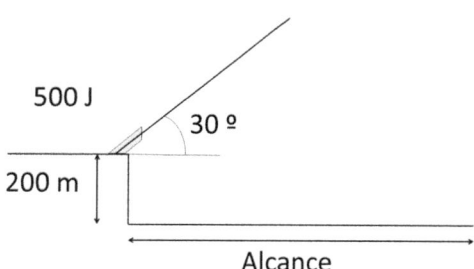

Figura 2.8: El cañón inclinado un ángulo de 30 grados y el acantilado.

2.38 Un tanque dispara un misil con un ángulo inicial de 45 grados respecto de la horizontal y dispara el misil en los sentidos positivos de los ejes x e y. El tanque se encuentra en el punto $(x, y) = (0, 0)$ metros. El eje horizontal es el eje X y el eje vertical es el eje Y. La gravedad actúa a lo largo del eje vertical. Aceleración de la gravedad:

a) Calcule la velocidad inicial del misil en m/s para que el misil pase por el punto $(x_a, y_a) = (1000, 400)$ metros, *sin calcular el valor numérico del tiempo que tarda en llegar a dicho punto.*
Solución: 127.8 m/s.

b) Explique si sería posible lanzar un misil con el mismo ángulo inicial de 45 grados y con alguna velocidad inicial y que pasara por el punto $(x_b, y_b) = (2000, 2200)$ metros, *sin calcular el valor numérico del tiempo que tardaría en llegar a dicho punto.*
Solución: No es posible alcanzar el punto (200, 2200) metros.

2.39 Una partícula se encuentra en movimiento. En el instante inicial (t=0), su velocidad es $\vec{v}_0 = (3,0,0)$ m/s y su posición $\vec{r}_0 = (1,1,1)$ m. Sobre la partícula actúa una aceleración constante, tal que en el instante inicial, la componente tangencial de la aceleración tiene módulo 1 m/s^2, y la componente normal tiene módulo 3 m/s^2 y dirección en el eje Z.

a) Calcule la velocidad y la posición de la partícula en cualquier instante de tiempo.
Solución: $\vec{v}(t) = (3+t)\vec{u}_x + 3t\vec{u}_z$ m/s, $\vec{r}(t) = (1+3t+t^2/2)\vec{u}_x + \vec{u}_y + (1+3t^2/2)\vec{u}_z$ m y t en segundos.

b) Para el instante $t = 1$ s, calcule las componentes vectoriales de la aceleración tangencial y normal.
Solución: $\vec{a}_t(1) = 52/25\vec{u}_x + 39/25\vec{u}_z$ m/s^2 y $\vec{a}_n(1) = -27/25\vec{u}_x + 36/25\vec{u}_z$ m/s^2.

c) Para el instante $t = 1$ s, calcule el radio de giro del movimiento y su velocidad angular.
Solución: $R(1)$=13.89 m y $\omega(1)$=0.36 rad/s.

Capítulo 3

La Dinámica

3.1. Una introducción a la Dinámica.

La palabra Dinámica proviene de la palabra griega δύναμις, dýnamis, que significa fuerza, potencia.

La Dinámica trata de las causas que producen el movimiento de los objetos, las fuerzas, y de las leyes o ecuaciones matemáticas que relacionan las fuerzas (las causas) con el movimiento de los objetos (los efectos).

Uno de los intentos más antiguos de entender las causas del movimiento fue la teoría del ímpetu, formulada por Jean Buridan en el siglo XIV:

"Después de dejar el brazo del lanzador, el proyectil sería movido por un ímpetu suministrado por el lanzador y continuaría moviéndose siempre y cuando ese ímpetu permaneciese más fuerte que la resistencia. Ese movimiento sería de duración infinita en caso de que no fuera disminuido y corrompido por una fuerza contraria resistente a él, o por algo que desvíe al objeto a un movimiento contrario."

Estas ideas fueron desconocidas por la ciencia de los siglos posteriores. Galileo formuló la ley de la inercia en 1632, en su libro "Diálogo sobre los dos grandes sistemas del mundo", que es igual que la teoría del ímpetu, pero con otro enunciado. Newton enunció y publicó la primera ley de la Mecánica en 1687 en su libro "Principios matemáticos de Filosofía Natural", que también es igual que la teoría del ímpetu y que la ley de la inercia, pero, de nuevo, con otro enunciado.

3.2. Las tres leyes de la Dinámica.

Estas tres leyes fueron publicadas por Newton en 1687 en su libro "Principios de Filosofía Natural".

La Primera Ley de la Dinámica.
Un cuerpo permanece en estado de reposo o de velocidad constante si no actúa ninguna

fuerza neta sobre él. Se conoce también, como Ley de la Inercia, de Galileo.

La Segunda Ley de la Dinámica.

La derivada del momento lineal de un objeto con respecto del tiempo es igual a la fuerza neta que actúa sobre él:

$$\vec{F} = \frac{d\vec{p}}{dt} \tag{3.1}$$

El momento lineal o cantidad de movimiento se define como $\vec{p} = m\vec{v}$ y su dimensión es $[p] = MLT^{-1}$. La dimensión de la fuerza es $[F] = MLT^{-2}$.

Si la masa no depende de t, entonces la segunda ley se escribe de tres maneras equivalentes:

$$\vec{F} = m\frac{d\vec{v}}{dt}$$
$$\vec{F} = m\frac{d\vec{v}}{dt} = m\vec{a} \tag{3.2}$$
$$\vec{F} = m\frac{d\vec{v}}{dt} = m\frac{d^2\vec{r}}{dt^2} \ .$$

La segunda ley es la ecuación que cumplen la fuerza neta sobre un objeto o sistema físico y la aceleración de dicho objeto.

Según la segunda ley, la fuerza es la causa y el efecto es el cambio o variación del momento lineal o cantidad de movimiento. Si no cambia la masa, entonces el efecto es la aceleración.

La segunda ley define la dimensión de la magnitud fuerza, pero no define la fuerza. La segunda ley es una ecuación, no una definición de la fuerza: Dada una fuerza, resolvemos la segunda ley (la ecuación) y obtenemos una forma matemática de la aceleración. Esto significa que, fijada una fuerza, no cualquier aceleración estará asociada a esa fuerza; solo estará asociada la aceleración que sea solución de la segunda ley. Fijada una fuerza, no cualquier aceleración cumplirá F=ma.

La Tercera Ley de la Dinámica.

Si un punto i de un cuerpo ejerce un fuerza sobre un punto j del mismo cuerpo o de otro cuerpo, entonces el punto j ejerce una fuerza igual y de sentido contrario sobre el punto i:

$$\vec{F}_{ij} = -\vec{F}_{ji} \tag{3.3}$$

No todas las fuerzas cumplen la tercera ley de la Dinámica. Por ejemplo, la fuerza de Lorentz no cumple la tercera ley.

3.3. La ley de conservación del momento lineal.

En el contexto de la Física, la conservación de una magnitud física significa que esa magnitud no depende del instante de tiempo t. También significa o se dice que es constante (que su valor es constante).

La ley de conservación del momento lineal se deduce de la segunda ley de la Dinámica. Si la fuerza neta es cero, entonces el momento lineal se conserva, no depende de t:

$$\vec{F} = \vec{0} \Rightarrow \frac{d\vec{p}}{dt} = \vec{0} \Rightarrow d\vec{p} = \vec{0} \Rightarrow \int_{\vec{p}(t_0)}^{\vec{p}(t)} d\vec{p} = \vec{0} \Rightarrow \vec{p}(t) - \vec{p}(t_0) = \vec{0} \Rightarrow \boxed{\vec{p}(t) = \vec{p}(t_0)} \, . \qquad (3.4)$$

3.4. La ley de conservación del momento angular.

Esta ley se deduce de la segunda ley de la Dinámica y de la definición de fuerza central. El momento angular se define como:

$$\vec{L} = \vec{r} \times \vec{p} \, . \qquad (3.5)$$

La dimensión del momento angular es $[L] = ML^2T^{-1}$.

Una fuerza es central si es paralela al vector de posición $\vec{r}$ y si solo depende de r:

$$\vec{F} = F(r)\vec{r} \, . \qquad (3.6)$$

Si la fuerza es central, entonces el momento angular se conserva, no depende de t, es constante:

$$\left. \begin{array}{l} \vec{F} = F(r)\vec{r} \Rightarrow \vec{r} \times \vec{F} = F(r)\vec{r} \times \vec{r} = \vec{0} \\[2mm] \vec{p} = m\vec{v} \Rightarrow \vec{v} \times \vec{p} = m\vec{v} \times \vec{v} = \vec{0} \\[2mm] \dfrac{d\vec{L}}{dt} = \dfrac{d\vec{r}}{dt} \times \vec{p} + \vec{r} \times \dfrac{d\vec{p}}{dt} = \vec{v} \times \vec{p} + \vec{r} \times \vec{F} \end{array} \right\} \Rightarrow \frac{d\vec{L}}{dt} = \vec{0} \Rightarrow \boxed{\vec{L}(t) = \vec{L}(t_0)} \qquad (3.7)$$

El momento angular es un vector. La conservación del momento angular significa que es **el vector momento angular el que se conserva**, no solo su módulo.

3.5. El oscilador armónico.

Supongamos un muelle en reposo. Alargamos el muelle en una dirección y lo soltamos. El muelle oscilará alrededor del punto de equilibrio. Si movemos el muelle en la dirección x, entonces la fuerza que actúa al soltar el muelle es $-Kx$, donde K es una constante de proporcionalidad cuya dimensión es $[K] = [F]/[x] = MT^{-2}$ y x es la posición del muelle respecto del punto de equilibrio. A un sistema que oscila debido a una fuerza $-Kx$ se le conoce como oscilador armónico.

La ecuación del movimiento del muelle u oscilador armónico es:

$$\left. \begin{array}{l} F = -Kx \\[2mm] ma = F \Rightarrow m\dfrac{d^2x}{dt^2} = F \end{array} \right\} \Rightarrow m\frac{d^2x}{dt^2} = -Kx \Rightarrow \frac{d^2x}{dt^2} + \frac{K}{m}x = 0 \, . \qquad (3.8)$$

En esta ecuación observamos que la derivada segunda de x es proporcional a x y con un signo menos delante. La derivada segunda de la función $cos(\omega t)$ también es proporcional a la propia función y con un signo menos delante. Lo mismo sucede con la función $sen(\omega t)$.

Vamos a comprobar si las funciones $cos(\omega t)$ y $sen(\omega t)$ son solución de la ecuación del muelle. ω es una velocidad angular (radianes/segundo). En este punto de la comprobación no conocemos una expresión de ω. Para comprobar si las funciones anteriores son solución, calculamos sus derivadas y calculamos la suma de la derivada segunda y de Kx/m. Los resultados están en la tabla 3.1.

Tabla 3.1: Oscilador armónico

$x(t)$	$x'(t)$	$x''(t)$	$x'' + Kx/m$
$cos(\omega t)$	$-\omega sen(\omega t)$	$-\omega^2 cos(\omega t)$	$(-\omega^2 + K/m)cos(\omega t)$
$sen(\omega t)$	$+\omega cos(\omega t)$	$-\omega^2 sen(\omega t)$	$(-\omega^2 + K/m)sen(\omega t)$

La ecuación del muelle es $x'' + Kx/m = 0$. En la última columna de la tabla vemos que $x'' + Kx/m$ es cero si ω^2 es igual a K/m. Por tanto, $cos(\omega t)$ y $sen(\omega t)$, con $\omega = \sqrt{K/m}$, son soluciones de la ecuación del muelle. ω es la velocidad angular del muelle u oscilador.

La solución más general de la ecuación del muelle es $x(t) = Acos(\omega t) + Bsen(\omega t)$. Las constantes A y B se calculan sabiendo la posición y velocidad en $t = 0$:

$$x(0) = Acos0 + Bsen0 \Rightarrow A = x(0)$$
$$dx/dt = -A\omega sen(\omega t) + \omega Bcos(\omega t) \Rightarrow v_x(0) = dx/dt|_{t=0} = \omega B \Rightarrow B = v_x(0)/\omega .$$

(3.9)

Incluimos las expresiones de A y B en $x(t)$ y obtenemos:

$$\boxed{x(t) = x(0)cos(\omega t) + \frac{v_x(0)}{\omega}sen(\omega t)}$$

(3.10)

3.6. La fuerza de rozamiento.

La fuerza de rozamiento es una fuerza que aparece cuando hay contacto entre dos objetos y se opone al movimiento. Existen dos casos importantes de rozamiento: Entre dos objetos sólidos y entre un objeto sólido y un fluido. Por ejemplo, el rozamiento entre un bolígrafo y una mesa y entre un paracaídas y el aire.

Según los experimentos, esta fuerza tiene las siguientes propiedades, cuando los dos objetos son sólidos:

a) No depende de la superficie de contacto de los dos objetos y sí depende del tipo de superficie (lisa, rugosa, etc.).

b) No depende de la velocidad a la que se deslizan los objetos.

c) Es de sentido opuesto a la velocidad.

d) Es proporcional a la fuerza normal que ejerce un objeto sobre el otro.

Todas estas propiedades se resumen en la siguiente forma matemática de la fuerza de rozamiento entre dos objetos sólidos:

$$\vec{F}_r = -\mu N \vec{v}/v \ , \tag{3.11}$$

donde μ es el coeficiente de rozamiento, N es el módulo de la fuerza normal, $\vec{v}$ es la velocidad y v es el módulo de la velocidad.

Hay dos tipos de fuerzas de rozamiento entre dos objetos sólidos: Estático y dinámico. La fuerza de rozamiento estático es la que surge cuando el objeto está bajo la acción de una fuerza que no le mueve. La fuerza de rozamiento estático es igual a la fuerza aplicada y de sentido contrario, y aparece cuando la fuerza aplicada es menor o igual que la fuerza máxima de rozamiento estático. La fuerza máxima de rozamiento estático es $F_{re,max} = \mu_e N$, donde μ_e es el coeficiente de rozamiento estático.

La fuerza de rozamiento dinámico es la que surge cuando uno de los objetos sólidos está en movimiento. Esta fuerza aparece cuando la fuerza aplicada es mayor que la fuerza máxima de rozamiento estático y viene dada por $F_{rd} = \mu_d N$, donde μ_d es el coeficiente de rozamiento dinámico. F_{rd} es menor que $F_{re,max}$ y por tanto, $\mu_d < \mu_e$.

La fuerza de rozamiento entre un objeto sólido y un fluido (aire, agua, etc.) tiene las siguientes propiedades:

a) Depende de la superficie de contacto con el fluido. Un ejemplo es la superficie de un paracaídas.

b) Depende de la velocidad del objeto.

c) Es de sentido opuesto a la velocidad.

3.7.   Las tres Leyes de Kepler.

Las leyes de Kepler describen el movimiento de los planetas en sus órbitas alrededor del Sol. El astrónomo y matemático alemán Johannes Kepler enunció y explicó las dos primeras leyes en el libro "Nueva astronomía" en 1609 y la tercera ley en el libro "La armonía de los mundos" en 1619. Kepler dedujo estas leyes de las mediciones de las posiciones de los planetas realizadas por el astrónomo danés Tycho Brahe.

a) La Primera Ley de Kepler.

Todos los planetas se mueven en órbitas elípticas con el Sol situado en uno de los focos de la elipse.

El Sol está situado en el foco F y tiene una masa M. El planeta se mueve en la elipse y tiene masa m (Ver la figura 3.1).

Una definición matemática de la elipse: Es el conjunto de puntos del plano que cumplen que la suma de las distancias d y d' a los respectivos focos F y F' es constante, es decir, $d+d'$

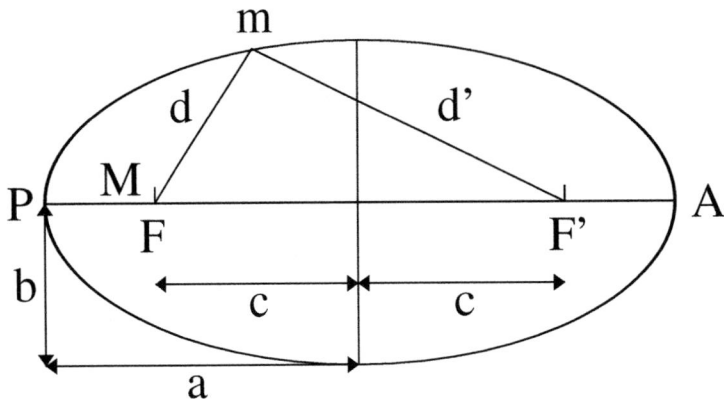

Figura 3.1: La elipse.

es constante (Ver la figura 3.1. Observando la figura citada se deduce que esa constante es $2a$, es decir, $d + d' = 2a$, donde $2a$ es el diámetro del eje mayor de la elipse.

b) La Segunda Ley de Kepler.

La recta que une un planeta con el Sol barre áreas iguales en tiempos iguales. Otro enunciado: La velocidad areolar de un planeta es constante. Los planetas no tienen la misma velocidad areolar. Cada planeta tiene un valor diferente de la velocidad areolar.

La velocidad areolar de un planeta es el área de su órbita alrededor del Sol dividida por el tiempo que tarda en recorrer dicha órbita. La velocidad areolar se representa mediante el símbolo σ y su dimensión es superficie/tiempo: $[\sigma] = L^2 T^{-1}$.

c) La Tercera Ley de Kepler.

La razón T^2/a^3 es constante para todos los planetas del sistema Solar: $T^2/a^3 = k$. T es el periodo de la órbita de un planeta y a es el semieje mayor de su órbita elíptica.

El semieje mayor de la órbita se mide desde el centro del planeta al centro del Sol.

La constante k de la tercera ley tiene el mismo valor para cualquier planeta. Esto significa que k (o T^2/a^3) vale lo mismo para los planetas Mercurio, Venus, Tierra, Marte, etc. En la tabla 3.2 hemos recopilado los datos necesarios para comprobar la tercera ley de Kepler:

La unidad astronómica, ua, es una unidad de longitud igual a unos 149.6 millones de km. Esta unidad es aproximadamente igual a la distancia media entre la Tierra y el Sol.

Estas leyes también son válidas para satélites que giran alrededor de un planeta y para planetas que giran alrededor de una estrella.

Tabla 3.2: La Tercera Ley de Kepler.

Planeta	T (en años)	a (en ua)	T^2/a^3 (en años^2/ua^3)
Mercurio	0.241	0.387	1.0021
Venus	0.615	0.723	1.0008
Tierra	1.000	1.000	1.0000
Marte	1.881	1.524	0.9996
Júpiter	11.860	5.203	0.9986
Saturno	29.420	9.537	0.9978

3.8. La ley de la gravitación universal.

Newton publicó y explicó esta ley en 1687 en el libro "Principios de Filosofía Natural". La fuerza que una masa M ejerce sobre una masa m viene dada por:

$$\vec{F}_{M->m} = -\frac{GMm}{r^2}\frac{\vec{r}}{r} \qquad |\vec{F}| = \frac{GMm}{r^2} , \tag{3.12}$$

donde G es la constante de gravitación universal y su valor en el SI es $6.67\ 10^{-11} Nm^2 kg^{-2}$. La fuerza que m ejerce sobre M tiene el mismo módulo y dirección, pero sentido contrario: $\vec{F}_{m->M} = -\vec{F}_{M->m}$ (Ver la figura 3.2).

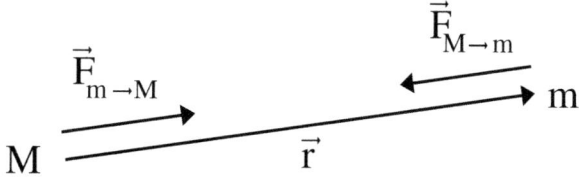

Figura 3.2: La ley de gravitación universal.

De la definición de la fuerza de la gravedad se deduce que la gravedad es una fuerza central: $\vec{F} = F(r)\vec{r}$.

Vamos a demostrar algunas leyes de Kepler usando la ley de la gravitación universal y las leyes de la dinámica.

3.9. Una demostración de la Segunda Ley de Kepler.

La velocidad areolar es $\sigma = \dfrac{dA}{dt}$ y su dimensión es $[\sigma] = L^2 T^{-1}$. En la figura 3.3 el Sol está en uno de los focos de la elipse y tiene masa M, y el área barrida por el vector $\vec{r}$ en un intervalo de tiempo dt es dA. El planeta que orbita alrededor del Sol tiene masa m. Según las propiedades del producto vectorial, el módulo del producto vectorial de $\vec{r}$ y $d\vec{r}$ es dos veces dA. Por lo tanto, $dA = \dfrac{|\vec{r} \times d\vec{r}|}{2}$.

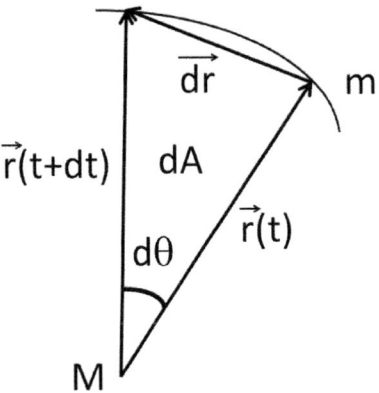

Figura 3.3: La velocidad areolar.

A partir de las definiciones de velocidad y momento lineal $\vec{p}$ podemos escribir la expresión de $d\vec{r}$:

$$\left.\begin{array}{l} \vec{v} = \dfrac{d\vec{r}}{dt} \Rightarrow d\vec{r} = \vec{v}dt \\[2mm] \vec{p} = m\vec{v} \Rightarrow \vec{v} = \vec{p}/m \end{array}\right\} \Rightarrow d\vec{r} = \vec{p}dt/m \Rightarrow dA = \dfrac{|\vec{r} \times d\vec{r}|}{2} = \dfrac{|\vec{r} \times \vec{p}|dt}{2m} . \tag{3.13}$$

Usando la definición de momento angular $\vec{L}$, tenemos:

$$\left.\begin{array}{l} dA = \dfrac{|\vec{r} \times \vec{p}|dt}{2m} \\[2mm] \vec{L} = \vec{r} \times \vec{p} \end{array}\right\} \Rightarrow dA = \dfrac{|\vec{L}|dt}{2m} \Rightarrow \sigma = \dfrac{dA}{dt} = \dfrac{|\vec{L}|}{2m} \tag{3.14}$$

La ecuación 3.14 nos indica que la velocidad areolar de un planeta depende del módulo del momento angular de su órbita, $|\vec{L}|$, y de su masa, m.

Finalmente, llegamos a:

$$\left.\begin{array}{l} \text{Fuerza gravedad es central} \Rightarrow \vec{L} = \vec{cte}. \\[2mm] \sigma = \dfrac{|\vec{L}|}{2m} \end{array}\right\} \Rightarrow \boxed{\sigma = constante} . \tag{3.15}$$

3.10. Una demostración de la Tercera Ley de Kepler para órbitas circulares.

Hemos dibujado la órbita circular de un planeta con masa m alrededor del Sol con masa M en la figura 3.4. Una órbita circular es una elipse cuyos ejes mayor a y menor b son iguales entre sí e iguales al radio r de la órbita. La fuerza de gravedad $\vec{F}$ que ejerce el Sol sobre la masa m tiene la misma dirección que la aceleración normal $\vec{a}_n$.

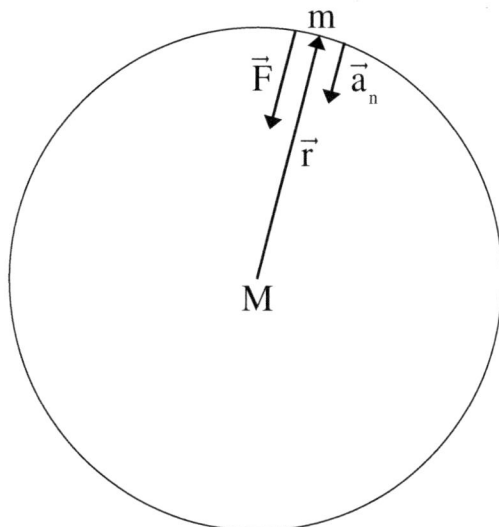

Figura 3.4: La demostración de la Tercera Ley de Kepler para órbitas circulares.

Aplicamos la segunda ley de la dinámica y la ley de la gravitación universal para obtener la aceleración:

$$\left.\begin{array}{l} \vec{F} = m\vec{a} \\[2mm] \vec{F} = -\dfrac{GMm}{r^2}\dfrac{\vec{r}}{r} \end{array}\right\} \Rightarrow \vec{a} = -\dfrac{GM}{r^2}\dfrac{\vec{r}}{r}\,. \tag{3.16}$$

Esta aceleración es la responsable del movimiento circular, es decir, es igual a la aceleración normal. Por tanto:

$$\left.\begin{array}{l} \vec{a} = -\dfrac{GM}{r^2}\dfrac{\vec{r}}{r} \\[3mm] \vec{a}_n = \dfrac{v^2}{r}\vec{n} = -\dfrac{v^2}{r}\dfrac{\vec{r}}{r} \\[3mm] \vec{a} = \vec{a}_n \end{array}\right\} \Rightarrow \dfrac{GM}{r} = v^2\,. \tag{3.17}$$

Finalmente, usamos las definiciones de la velocidad lineal v, la velocidad angular ω y el periodo T de un movimiento circular:

$$\left.\begin{array}{l} \dfrac{GM}{r} = v^2 \\[3mm] v = \omega r \\[3mm] \omega = \dfrac{2\pi}{T} \end{array}\right\} \Rightarrow \dfrac{GM}{r} = \dfrac{4\pi^2}{T^2}r^2 \Rightarrow \boxed{T^2 = \dfrac{4\pi^2}{GM}r^3}\,. \tag{3.18}$$

3.11. La gravedad y el peso.

El peso es una fuerza de atracción gravitatoria. El peso que siente una masa m situada en la superficie de un planeta es la fuerza de atracción gravitatoria producida por toda la masa M del planeta. Esa fuerza es $\dfrac{GMm}{R^2} = mg$, donde R es el radio del planeta y g es la aceleración de la gravedad en la superficie de ese planeta. De la expresión matemática anterior se deduce que $g = \dfrac{GM}{R^2}$.

La aceleración de la gravedad en la Tierra se calcule usando los valores de la masa y radio de la Tierra y se obtiene que g vale 9.8 m/s^2. De la misma manera, la aceleración de la gravedad en la Luna es 1.63 m/s^2.

El kilopondio o kilogramo-fuerza es una unidad de fuerza que se usa muy poco. No es una unidad del SI. Su símbolo es kp. El kilopondio es la fuerza ejercida sobre una masa de 1 kg por la gravedad en la superficie de la Tierra. Es lo que pesa 1 kg en la superficie de la Tierra. Un kilopondio son 9.8 N.

Habitualmente decimos que pesamos 70 kg y no solemos decir que nuestra masa es 70 kg, ni que pesamos 70 kp, ni que pesamos 686 N. Al decir que pesamos 70 kg, se sobreentiende que estamos hablando de un peso, de una fuerza, y no de una masa, y que pesamos 70 kp.

3.12. Cuestiones y Problemas.

3.1 Explique si es posible que un objeto describa una trayectoria curva sin que actúe fuerza alguna sobre él.
Solución: No es posible. Tiene que actuar una fuerza centrípeta para que la trayectoria sea curva.

3.2 Dos problemas breves sobre fuerzas.

a) Un cuerpo pesa 9800 N en la Tierra. Calcule cuánto pesará en la Luna.
Solución: 1630 N.

b) Sobre un objeto de 50 kg en reposo actúa una fuerza de 100 N durante 5 minutos. Calcule la velocidad que tendrá cuando deje de actuar la fuerza.
Solución: 600 m/s.

3.3 Un planeta esférico tiene un radio de 4000 km y una aceleración de la gravedad en su superficie de 7 m/s^2. Calcule la masa del planeta.
Solución: 16.79 10^{23} kg.

3.4 Un planeta tiene dos satélites. El periodo de revolución de un satélite alrededor del planeta es la octava parte del periodo del otro. Calcule la proporción de los radios de sus órbitas.
Solución: 1/4.

3.5 Si el radio de la Tierra se duplicara, calcule cuánto pesaría una masa de 70 kg a)

si la masa de la Tierra permaneciese constante y b) si la densidad media de la Tierra permaneciese constante.
Solución: a) 171.5 N y b) 1372 N.

3.6 Calcule la aceleración de la gravedad en la superficie de Júpiter, sabiendo que la masa de este planeta es 318 veces la de la Tierra y su radio es 11 veces el de la Tierra.
Solución: 25.76 m/s^2.

3.7 Calcule el valor de la gravedad en la superficie de la Tierra, g, en el SI.
Solución: 9.82 m/s^2.

3.8 Calcule la densidad de Júpiter sabiendo que su satélite Calisto describe una órbita completa en torno al planeta en 16.69 días y que la distancia media Júpiter-Calisto es 26.4 veces el radio de Júpiter.
Solución: 1250.31 kg/m^3.

3.9 Calcule la gravedad en la superficie de la Tierra utilizando el radio de la Tierra, el periodo T y el radio r de la órbita de la Luna alrededor de la Tierra, la Tercera ley de Kepler, la ley de la gravitación universal y la Segunda ley de la Dinámica. Solución: 9.9172 m/s^2.

3.10 Un automóvil tiene una masa de 1000 kg y circula en línea recta a 80 km/h. Acelera durante 5 s y alcanza 120 km/h. Calcule la fuerza, en unidades del SI, que ha producido el motor para conseguir ese cambio de la velocidad.
Solución: 2222.2 N.

3.11 Un velero de 200 kg se desplaza sin fricción sobre un lago. Calcule la fuerza, en unidades del SI, con la que debe soplar el viento para producir una aceleración de 30 cm/s^2 sobre el velero.
Solución: 60 N.

3.12 Lanzamos una piedra con una fuerza de 2 N y la piedra acelera a 4 m/s^2. Calcule su masa.
Solución: 0.5 kg.

3.13 Un bote de 80 kg está inicialmente en reposo. Empujamos el bote con una fuerza de 40 N, durante 10 segundos. Calcule hasta dónde llegó el bote.
Solución: 25 m.

3.14 Cerca del borde de un acantilado lanzamos una piedra hacia arriba con una velocidad de 20 m/s. Calcule su posición, con respecto al borde del acantilado, siete segundos más tarde.
Solución: -100.1 m.

3.15 a) Calcule la aceleración en m/s^2 que produce un objeto de 10 toneladas sobre un meteorito de 100000 toneladas a una distancia de 0.5 km.
Solución: 2.67 10^{-12} m/s^2.

b) Calcule el valor de m/r^2 que debería tener un objeto de masa m situado a una distancia r de un meteorito de 100000 toneladas para crear sobre el meteorito una gravedad de 10$^{-8}m/s^2$.
Solución: 150 kg/m^2.

3.16 Un meteorito se desplaza en línea recta a 10000 m/s hasta que empieza a sufrir una gravedad de 10^{-8} m/s^2, perpendicular a su trayectoria rectilínea inicial, que lo desvía lentamente. Calcule cuántos años tardará en desviarse 40000 km, suponiendo que el meteorito está sometido a esa gravedad constantemente.
Solución: 2.83 años.

3.17 Una gota de aceite con velocidad inicial v_0 se deja caer en el aire, el cual produce una fuerza proporcional a la velocidad, en la misma dirección que la velocidad, pero de sentido contrario a la velocidad. Halle la velocidad límite v_l de la gota sin calcular $v(t)$.
Solución: v$_l$ = mg/K.

3.18 Un paracaidista de masa m = 80 kg salta con velocidad inicial cero. El aire produce una fuerza en sentido contrario a la velocidad y proporcional al cuadrado de la velocidad, Kv^2. $K = \rho A\delta/2$=101.606 kg/m, ρ=1.29 kg/m^3 es la densidad del aire, δ=0.8 y A=196.911 m^2 es el área del paracaídas.

a) Calcule la velocidad límite o terminal del paracaidista en m/s, sin calcular $v(t)$.
Solución: 2.78 m/s.

b) Calcule el tiempo en minutos que tardaría en llegar al suelo si alcanzara la velocidad límite a 3 km de altura.
Solución: 18 minutos.

3.19 Una gota de aceite con velocidad inicial v_0 se deja caer en el aire, el cual produce una fuerza proporcional a la velocidad, en la misma dirección que la velocidad, pero de sentido contrario a la velocidad. Halle:

a) La velocidad de la gota, $v(t)$.

3.12. CUESTIONES Y PROBLEMAS.

Solución:

$$v(t) = \frac{mg}{K} + (v(0) - \frac{mg}{K})e^{-Kt/m} . \tag{3.19}$$

b) La velocidad límite v_l de la gota a partir de $v(t)$.
Solución: $v_l = mg/K$.

3.20 Calcule la densidad del Sol en kg/L utilizando la Tercera ley de Kepler y los siguientes datos: El periodo de la órbita de la Tierra alrededor del Sol, el radio de la órbita de la Tierra, el radio del Sol y la constante de gravitación universal G.
Solución: 1.4 kg/L.

3.21 Un paracaidista de masa m = 80 kg salta con velocidad inicial cero. El aire produce una fuerza en sentido contrario a la velocidad y proporcional al cuadrado de la velocidad, Kv^2. $K = \rho A\delta/2$=101.606 kg/m, ρ=1.29 kg/m^3 es la densidad del aire, δ=0.8 y A=196.911 m^2 es el área del paracaídas. Calcule la velocidad $v(t)$ y la velocidad límite del paracaidista en m/s, a partir de $v(t)$.
Solución: v_l = 2.78 m/s.

$$v(t) = v_l \frac{A + e^{-Bt}}{A - e^{-Bt}} \qquad A = \frac{v(0) + v_l}{v(0) - v_l} \qquad B = \frac{2v_l K}{m} \qquad v_l = \sqrt{\frac{mg}{K}} . \tag{3.20}$$

3.22 Demuestre la primera ley de Kepler: La trayectoria de un planeta es una elipse.
Solución: No se incluye la demostración.

3.23 Una canoa de masa m que lleva inicialmente una velocidad $v_0 > 0$ es frenada por una fuerza de rozamiento de módulo Be^{Av} y dirigida en sentido contrario a la velocidad. $A > 0$ y $B > 0$ son constantes. Halle a) el tiempo que tarda en pararse y b) la distancia que recorre hasta detenerse.
Solución:

$$t_p = \frac{m}{AB}(1 - e^{-Av(0)} \qquad d_p = \frac{m}{A^2 B}(1 - Av(0)e^{-Av(0)} - e^{-Av(0)}) . \tag{3.21}$$

3.24 Usando los datos del radio del planeta Marte y del periodo T y del radio r de la órbita de las dos lunas de Marte (Ver la tabla 3.3), la Tercera ley de Kepler, la ley de gravitación universal y la segunda ley de la dinámica, calcule la gravedad en la superficie de Marte. Para cada luna obtendrá un valor ligeramente diferente de la gravedad en la superficie de Marte. Se trata de las órbitas de los satélites o lunas de Marte. El radio R_{Marte} del planeta Marte es 3389.5 km.
Solución: 3.7258 y 3.7166 m/s^2, según Fobos y Deimos, respectivamente.

3.25 Usando los datos del radio del planeta Júpiter y del periodo T y del radio r de la órbita de cuatro lunas de Júpiter (Ver la tabla 3.4), la Tercera ley de Kepler, la ley de gravitación universal y la segunda ley de la dinámica, calcule la gravedad en la superficie de Júpiter. Para cada luna obtendrá un valor ligeramente diferente de la gravedad en la

Tabla 3.3: Periodo y radio de la órbita de las lunas de Marte.

Luna	Periodo órbita en horas	Radio órbita en km
Fobos	7.66	9377
Deimos	30.35	23460

superficie de Júpiter. Se trata de las órbitas de los satélites o lunas de Júpiter. El radio del planeta Júpiter es 71500 km.

Solución: 24.7861, 24.7710, 24.7849 y 24.7858 m/s^2, según Io, Europa, Ganimedes y Calisto, respectivamente.

Tabla 3.4: Periodo y radio de la órbita de las lunas de Júpiter.

Luna	Periodo órbita en días	Radio órbita en km
Io	1.7691	421700
Europa	3.5512	670900
Ganimedes	7.1546	1070400
Calisto	16.6890	1882700

3.26 Usando los datos del radio del planeta Saturno y del periodo T y del radio r de la órbita de cuatro lunas de Saturno (Ver la tabla 3.5), la Tercera ley de Kepler, la ley de gravitación universal y la segunda ley de la Dinámica, calcule la gravedad en la superficie de Saturno. Para cada luna obtendrá un valor ligeramente diferente de la gravedad en la superficie de Saturno. Se trata de las órbitas de los satélites o lunas de Saturno. El radio del planeta Saturno es 58200 km.

Solución: 11.2246, 11.2121, 11.2037 y 11.2026 m/s^2, según Minas, Encelado, Tetis y Titán, respectivamente.

Tabla 3.5: Periodo y radio de la órbita de las lunas de Saturno.

Luna	Periodo órbita	Radio órbita en km
Mimas	22 horas 37 minutos 5 s	185520
Encelado	32 horas 53 minutos	238000
Tetis	163106 segundos	294620
Titán	15 días 22 horas 41 minutos 27 s	1221900

Sobre los problemas 3.24-3.26. El radio de la órbita es la distancia del centro de una luna al centro del planeta. No se necesita el valor de G, la constante de gravitación universal, ni la masa del planeta.

3.27 Las gotas que salen de la boca cuando se estornuda o se tose, tienen una velocidad inicial de 14 m/s. La velocidad inicial de las gotas es paralela al suelo. La velocidad inicial de las gotas no tiene componente perpendicular al suelo. La altura de la boca con respecto al suelo es de 1.4 metros. Las gotas están sometidas a la fuerza de gravedad. El aire produce una fuerza de rozamiento sobre las gotas proporcional a la velocidad de las gotas, en la misma dirección que la velocidad y en sentido contrario: $\vec{F}_r(t) = -K\vec{v}(t)$.

Utilizando este modelo simplificado del movimiento de las gotas, calcule el tiempo aproximado que tardará una gota de 200 μm de diámetro en llegar al suelo y el alcance aproximado de la gota al llegar al suelo. No se necesita saber la masa de la gota, ni la constante K de la fuerza de rozamiento para resolver este problema. Haga la siguiente aproximación: Si $a > 10$, entonces e^{-a} es aproximadamente cero. Una gota de 200 μm de diámetro tiene una velocidad límite de caída de 0.7 m/s.
Solución: 2 s y 1m.

3.28 Demuestre que el momento angular $\vec{L}$ de un planeta es constante, sin calcular $d\vec{L}/dt$ y usando $\vec{r}$, $\vec{v}$, $\vec{a}$, la ley de la gravitación universal y $\vec{F} = m\vec{a}$ en coordenadas polares.
Solución: $\vec{L} = m\rho^2\dot{\varphi}\vec{u}_z$.

Los vectores en coordenadas polares:

$$\vec{r} = \rho\vec{u}_\rho \qquad \vec{v} = \dot{\rho}\vec{u}_\rho + \rho\dot{\varphi}\vec{u}_\varphi \qquad \vec{a} = (\ddot{\rho} - \rho\dot{\varphi}^2)\vec{u}_\rho + (\rho\ddot{\varphi} + 2\dot{\rho}\dot{\varphi})\vec{u}_\varphi$$

$$\vec{u}_z = \vec{u}_\rho \times \vec{u}_\varphi \qquad \vec{F} = -\frac{GMm}{\rho^2}\vec{u}_\rho$$

La notación de Newton de la derivada con respecto al tiempo:

$$\dot{\rho} = \frac{d\rho}{dt} \qquad \ddot{\rho} = \frac{d^2\rho}{dt^2} \qquad \dot{\varphi} = \frac{d\varphi}{dt} \qquad \ddot{\varphi} = \frac{d^2\varphi}{dt^2}$$

3.29 Calcule la masa de la Tierra en kilogramos, el radio de la Tierra en metros y, finalmente, la densidad de la Tierra en kg/L, usando la tercera ley de Kepler aplicada al sistema Tierra-Luna y la ecuación que relaciona la gravedad en la superficie de la Tierra con la masa y el radio de la Tierra.
Solución: Masa de la Tierra = 6.0331 10^{24} kg, radio de la Tierra = 6 407 977 m y densidad de la Tierra = 5473.82 kg/m^3 $\approx$ 5.5 kg/L.

3.30 Un tubo con mercurio líquido colocado en la superficie de un planeta alcanza una altura de 800 mm. El radio del planeta es 60000 km. Una luna o satélite natural orbita alrededor de este planeta. El periodo de la órbita del satélite natural alrededor del planeta es 16 días y la distancia media del satélite natural al planeta es 1220000 km. Calcule la presión de la atmósfera en la superficie del planeta en pascales.
Solución: 113286 Pa.

3.31 Una piedra es lanzada hacia arriba, en el instante $t = 0$, con una velocidad de 10 m/s. La piedra está sometida a la gravedad y a una fuerza de rozamiento con el aire proporcional a la velocidad, $|\vec{F}_r| = Kv$, y de sentido contrario a la velocidad. Calcule el instante de tiempo en el que la piedra alcanzará la máxima altura. $\dfrac{mg}{K} = 30$ m/s.

Solución: 0.88 s.

3.32 Sobre una canoa actúa una fuerza de rozamiento que se opone a su movimiento y que es proporcional a su velocidad. La velocidad inicial de la canoa es $v(0)$. La canoa se mueve solo a lo largo de una línea recta, a lo largo del eje X.

a) Calcule la velocidad de la canoa a lo largo del eje X en función del tiempo, $v_x(t)$.
Solución:

$$v_x(t) = v_x(0)e^{-Kt/m} \ . \tag{3.22}$$

b) Calcule la posición de la canoa a lo largo del eje X en función del tiempo, $x(t)$.
Solución:

$$x(t) = x(0) + \frac{mv_x(0)}{K}(1 - e^{-Kt/m}) \ . \tag{3.23}$$

3.33 La gravedad en la superficie de un asteroide es 0.01 m/s^2. La densidad del asteroide es de 5 g/cm^3. Suponiendo que el asteroide tiene forma esférica, calcule el radio del asteroide. Volumen de una esfera de radio R: $4\pi R^3/3$.

Solución: 7158.39 m.

3.34 Un proyectil es lanzado desde el punto $(0, 0, 1000)$ m con un vector velocidad inicial igual a $\vec{v}(0) = (\vec{u}_x + \vec{u}_y + \vec{u}_z)\dfrac{v(0)}{\sqrt{3}}$, donde $v(0) = 100$ m/s. Los ejes x e y están en el suelo, es decir, el suelo está en el plano $z = 0$. El eje Z es perpendicular al plano XY y apunta hacia arriba. Calcule el instante de tiempo del impacto en el suelo y las coordenadas (x, y) del punto de impacto en el suelo. Suponga que no hay rozamiento con el aire.

Solución: 21.34 s, (x,y)=(1232.07,1232.07) m.

3.35 Un paracaidista de masa $m = 80$ kg salta y abre su paracaídas con una velocidad inicial igual a cero y desde una altura z de 31000 metros. El aire produce una fuerza de rozamiento en sentido contrario a la velocidad y proporcional al cuadrado de la velocidad y a la presión a la altura z, $F_r = Kv^2 P(z)$. La velocidad del paracaidista aumentará, alcanzará un máximo y luego disminuirá hasta llegar al suelo. Calcule la velocidad máxima en m/s. Densidad del aire en la superficie, $\rho(0) = \rho(z = 0)$: 1.3 kg/m^3. Presión en la superficie, $P(0) = P(z = 0)$: 101300 Pa. $KP(0) = 0.3$ kg/m. Altura a la que alcanza la velocidad máxima: 27000 m. La velocidad del sonido en la superficie de la Tierra es 343 m/s. La velocidad del sonido entre 27000 y 31000 m es aproximadamente 303-310 m/s.

La presión a la altura z viene dada por la ecuación $dP/dz = -\rho(z)g$, donde $\rho(z)$ es la densidad del aire a la altura z y g es la aceleración de la gravedad en la superficie. La densidad del aire es proporcional a la presión.

Estos datos corresponden al salto que realizó el capitán Joseph W. Kittinger de las fuerzas aéreas de los EE.UU. el 16 de agosto de 1960.
Solución: 279.2 m/s.

3.36 Entre la Tierra y la Luna hay un punto donde la fuerza gravitacional neta es nula. Calcule la distancia en km entre el centro de la Tierra y dicho punto. No se debe usar el valor de la constante G de gravitación universal para resolver este problema.
Solución: 345655.95 km.

3.37 Calcule la velocidad de escape de la superficie de Saturno en km/s, usando los datos sobre Rea, un satélite de Saturno. La velocidad de escape es la velocidad mínima con la que debe ser despedido un objeto situado en la superficie de Saturno, para librarse de la fuerza gravitatoria de ese planeta. Librarse de dicha fuerza significa que el objeto está en reposo y a una distancia infinita de Saturno. Este problema debe resolverse sin usar el valor de la constante G de gravitación universal y sin calcular la masa de Saturno. Periodo de la órbita de Rea alrededor de Saturno: 4.518 días. Radio de la órbita de Rea alrededor de Saturno: 527000 km. Radio del planeta Saturno: 58200 km. Como referencia, la velocidad de escape de la superficie de la Tierra es aproximadamente 11.2 km/s.
Solución: 36.1 km/s.

3.38 Un tanque parado dispara un proyectil. La longitud del cañón del tanque es 6 metros. A lo largo de la longitud del cañón del tanque, el proyectil está sometido a una aceleración dependiente del tiempo de la siguiente forma: $a(t) = c + et$, donde c y e son constantes que no dependen del tiempo. El proyectil tarda 0.003 segundos en salir de la boca del cañón y sale con una velocidad de 1000 m/s. Calcule las constantes c y e en unidades del SI. Hay que calcular las constantes c y e con sus signos.
Solución: $e = -2 \cdot 10^9$ m/s^2 y $c = 0.3333 \cdot 10^7$ m/s^2.

3.39 Un paracaidista de masa m=60 kg salta con velocidad inicial cero. El aire produce una fuerza en sentido contrario a la velocidad y proporcional al cuadrado de la velocidad, Kv^2. $K = 100$ en unidades del SI.

a) Calcule la velocidad $v(t)$ y la velocidad límite del paracaidista en m/s, a partir de $v(t)$.
Solución: $v_l = 2.42$ m/s.

$$v(t) = \sqrt{\frac{mg}{K}}\frac{f(t) - 1}{f(t) + 1} \qquad f(t) = e^{2t\sqrt{\frac{gK}{m}}}. \qquad (3.24)$$

b) Si a 2 km de altura alcanza la velocidad límite, calcule cuánto tiempo tarda el paracaidista en recorrer esos 2 km y llegar al suelo.
Solución: 824.79 s.

Capítulo 4

El trabajo y la energía

4.1. El trabajo.

El trabajo físico W realizado por una fuerza $\vec{F}$ entre los puntos inicial $\vec{r}_i$ y final $\vec{r}_f$ es:

$$\boxed{W = -\int_C \vec{F} \cdot d\vec{r}}, \tag{4.1}$$

donde C es el camino de integración entre los puntos $\vec{r}_i$ y $\vec{r}_f$. La integral $\int_C$ es una integral de línea. La fuerza se aplica durante todo el camino o trayectoria entre los puntos inicial y final. Algunos autores utilizan el símbolo ΔW para designar el trabajo realizado entre los puntos o estados inicial y final.

La unidad del trabajo en el SI es el julio. Su símbolo es J. Un julio = un newton · metro. 1 J = 1 N · m. La dimensión del trabajo es: $[W] = [F][dr] = MLT^{-2}L = ML^2T^{-2}$.

Si la fuerza $\vec{F}$ no depende de la posición $\vec{r}$, entonces el trabajo es:

$$W = -\int_C \vec{F} \cdot d\vec{r} = -\vec{F} \int_C \cdot d\vec{r} = -\vec{F} \cdot \Delta\vec{r} = -F\Delta r \cos\theta, \tag{4.2}$$

donde θ es el ángulo entre la fuerza y el desplazamiento $\Delta\vec{r} = \vec{r}_f - \vec{r}_i$.

Si empuja una mesa sobre el suelo con una fuerza de 100 N y mientras empuja con esa fuerza consigue mover 3 metros la mesa, entonces el trabajo físico que ha hecho es 100 x 3 x cos 0 = 300 julios.

4.2. La energía cinética y la energía potencial.

a) La energía.
La energía y el trabajo tienen las mismas dimensiones y unidades. La energía es la capacidad para hacer un trabajo.

b) La energía cinética de un objeto.

Es la debida a la velocidad del objeto. Símbolos habituales: T y también E_c. La energía cinética es igual a:

$$\boxed{T = \frac{m\vec{v}^2}{2}}\,, \tag{4.3}$$

donde m y $\vec{v}$ son la masa y la velocidad, respectivamente, del objeto.

c) La energía potencial de un objeto.

Es la debida a la posición del objeto dentro de un campo de fuerzas. Símbolos habituales: V y también E_p.

En una región del espacio existe **un campo de fuerzas** cuando por el hecho de situar un cuerpo en cualquiera de sus puntos, instantáneamente ese cuerpo está sometido a una fuerza. Ejemplo: El campo gravitatorio terrestre.

La energía potencial de un objeto de masa m situado en el campo de fuerzas de la Tierra a una distancia r del centro de la Tierra es:

$$\boxed{V = -\frac{GM_Tm}{r}} \tag{4.4}$$

Si un objeto de masa m está cerca de la superficie de la Tierra, entonces la energía potencial se aproxima por la expresión: $V = mgh$, donde g es la aceleración de la gravedad en la superficie de la Tierra, 9.8 m/s^2, y h es la altura a la que se encuentra el objeto.

La energía potencial de un oscilador armónico viene dada por: $V = K\,x^2/2$.

d) La energía mecánica.

Es la suma de la energía cinética T y la energía potencial V. Se usa el símbolo E para representar la energía mecánica: $E = T + V$.

Las energías mecánica, cinética y potencial tienen la misma dimensión y las mismas unidades que el trabajo.

4.3. La fuerza conservativa y la energía potencial en el caso de una fuerza conservativa.

Un campo de fuerzas es **conservativo** si el trabajo realizado para desplazar un cuerpo entre dos puntos es independiente del camino de integración entre esos dos puntos. También se dice que la fuerza es conservativa.

Una fuerza conservativa cumple:

$$\boxed{\vec{F} = -\vec{\nabla}V}\,, \tag{4.5}$$

donde $V = V(x, y, z)$ es la energía potencial y $\vec{\nabla} V$ es el gradiente de V. La energía potencial V es un escalar y $\vec{\nabla} V$ es un vector.

En la tabla 4.1 hemos escrito tres ejemplos de fuerzas conservativas.

Tabla 4.1: Fuerzas conservativas

Campo	Fuerza	Energía potencial
Gravitatorio terrestre	$-\dfrac{GM_T m}{r^2}\dfrac{\vec{r}}{r}$	$-\dfrac{GM_T m}{r}$
Electrostático	$\dfrac{qQ}{4\pi\epsilon_0 r^2}\dfrac{\vec{r}}{r}$	$\dfrac{qQ}{4\pi\epsilon_0 r}$
Oscilador armónico en una dimensión	$-Kx\vec{u}_x$	$\dfrac{Kx^2}{2}$

El trabajo realizado por una fuerza no conservativa depende del camino entre los puntos inicial y final. Si el recorrido o longitud del camino es mayor, el trabajo realizado es mayor. Ejemplos de fuerzas no conservativas son las fuerzas de rozamiento y la fuerza de Lorentz.

No todos los campos de fuerza son conservativos. Un campo de fuerzas no conservativas $\vec{F}$ no puede ser derivado de una energía potencial $V(x, y, z)$, es decir, no cumple $\vec{F} = -\vec{\nabla} V$.

4.4. Las condiciones equivalentes de una fuerza conservativa.

Si una fuerza $\vec{F}$ cumple una sola de las tres siguientes condiciones, entonces es una fuerza conservativa. Estas condiciones son equivalentes: Esto significa que si se cumple una de ellas, entonces se cumplen las otras dos.

1) El trabajo realizado por la fuerza solo depende de los puntos inicial y final y no del camino C. Es la definición de campo conservativo o fuerza conservativa.

2) Existe un campo escalar $\Phi(\vec{r})$, que llamamos potencial, tal que $\vec{F} = -A\vec{\nabla}\Phi$ para cualquier $\vec{r}$. Otro enunciado de esta condición: Existe un campo escalar $V(\vec{r})$, que llamamos energía potencial, tal que $\vec{F} = -\vec{\nabla} V$ para cualquier $\vec{r}$.

3) $\vec{F}$ es continua y cumple $\vec{\nabla} \times \vec{F} = \vec{0}$ para cualquier $\vec{r}$.

Si el campo es conservativo, entonces $\oint_C \vec{F} \cdot d\vec{r} = 0$ para cualquier camino cerrado C. Un camino cerrado C es un camino en el que los puntos inicial y final coinciden.

Hay tres expresiones equivalentes de la fuerza de un campo conservativo:

$$\vec{F} = A\vec{E}, \quad \vec{F} = -A\vec{\nabla}\Phi \quad \text{y} \quad \vec{F} = -\vec{\nabla}V . \qquad (4.6)$$

4.5. La conservación de la energía mecánica.

La energía mecánica se conserva, es constante, en el caso de una fuerza conservativa. Vamos a demostrar este principio o ley de conservación. Consideramos un objeto que se encuentra inicialmente en $\vec{r}_i$ en el instante t_i dentro de un campo de fuerzas conservativo. Este objeto se desplaza hasta $\vec{r}_f$, donde llega en el instante t_f. Queremos demostrar que la energía mecánica del objeto en el instante inicial, $E_i = E(\vec{r}_i, t_i) = T_i + V_i$, es igual a la energía mecánica en el instante final, $E_f = E(\vec{r}_f, t_f) = T_f + V_f$. Para hacer esa demostración vamos a calcular dos expresiones diferentes de la integral

$$\int_i^f \vec{F} \cdot d\vec{r} . \qquad (4.7)$$

En el primer paso de la demostración vamos a usar la relación entre el gradiente y el diferencial exacto de $V(\vec{r})$ y que se trata de una fuerza conservativa:

$$\left.\begin{array}{l} dV = \vec{\nabla}V \cdot d\vec{r} \\ \vec{F} = -\vec{\nabla}V \Rightarrow \vec{F} \cdot d\vec{r} = -\vec{\nabla}V \cdot d\vec{r} \end{array}\right\} \Rightarrow \int_i^f \vec{F} \cdot d\vec{r} = -\int_i^f dV = -(V(\vec{r}_f) - V(\vec{r}_i)) = V_i - V_f . \quad (4.8)$$

A continuación calcularemos otra expresión de la integral de la ecuación 4.7. Usaremos la ley de Newton de la Dinámica y la definición de velocidad para escribir $\vec{F} \cdot d\vec{r}$ en función de la velocidad:

$$\left.\begin{array}{l} \left.\begin{array}{l} \vec{F} = m\vec{a} \\ \vec{a} = \dfrac{d\vec{v}}{dt} \end{array}\right\} \Rightarrow \vec{F} \cdot d\vec{r} = m\dfrac{d\vec{v}}{dt} \cdot d\vec{r} \\ \vec{v} = \dfrac{d\vec{r}}{dt} \Rightarrow d\vec{r} = \vec{v}\,dt \end{array}\right\} \Rightarrow \vec{F} \cdot d\vec{r} = m\vec{v} \cdot d\vec{v} \Rightarrow \qquad (4.9)$$

$$\int_i^f \vec{F} \cdot d\vec{r} = m\int_{\vec{v}(t_i)}^{\vec{v}(t_f)} \vec{v} \cdot d\vec{v} = \frac{m}{2}\vec{v}(t_f)^2 - \frac{m}{2}\vec{v}(t_i)^2 = T_f - T_i . \qquad (4.10)$$

Finalmente, tenemos en cuenta las dos expresiones de la integral de la ecuación 4.7 y la definición de energía mecánica, $E = T + V$:

$$\left.\begin{array}{l} \left.\begin{array}{l} \displaystyle\int_i^f \vec{F} \cdot d\vec{r} = T_f - T_i \\ \displaystyle\int_i^f \vec{F} \cdot d\vec{r} = V_i - V_f \end{array}\right\} \Rightarrow T_f - T_i = V_i - V_f \Rightarrow T_f + V_f = T_i + V_i \\ E = T + V \end{array}\right\} \Rightarrow \boxed{E_f = E_i} . \qquad (4.11)$$

4.6. La potencia.

La potencia es el trabajo efectuado por unidad de tiempo y se define como

$$P = \frac{dW}{dt} \,. \tag{4.12}$$

La dimensión de la potencia es: $[P] = [dW]/[dt] = ML^2T^{-2}/[dt] = ML^2T^{-2}T^{-1} = ML^2T^{-3}$. La unidad de potencia en el SI es el vatio. Su símbolo es W. Un vatio = julio/segundo. El kW es otra unidad de potencia, igual a 1000 W. No es una unidad del SI.

El kWh, kilovatio-hora, es una unidad de energía, **no** es una unidad de potencia. Tampoco es una unidad del SI. Un kWh es el máximo trabajo que puede hacer una máquina de un kW de potencia funcionando durante una hora: 1 kWh=1000 W 3600 s = 3.6 10^6 J.

4.7. Cuestiones y Problemas.

4.1 Empujamos un bloque aplicando una fuerza de 60 N a un ángulo de 60 grados. Calcule cuánto trabajo realizaremos empujando el bloque durante 10 metros.
Solución: - 300 J.

4.2 Aplicamos una fuerza de 600 N a un vehículo de 1000 kg que está en reposo. Calcule la velocidad final del vehículo si aplicamos esa fuerza mientras el coche recorre 100 metros.
Solución: 10.95 m/s.

4.3 Un patinador de 65 kg patina a 30 m/s. Calcule su energía cinética.
Solución: 29250 J.

4.4 Golpeamos una pastilla de hockey de 0.1 kg con una fuerza de 6000 N y la pastilla recorre 0.1 m durante el golpe. Calcule la velocidad final de la pastilla.
Solución: 109.54 m/s.

4.5 Un objeto cae desde una altura de 1 km. Calcule la velocidad del objeto al llegar al suelo.
Solución: 140 m/s.

4.6 Un paracaidista salta de un avión a 600 m y cae 300 m antes de abrir su paracaídas. Calcule su velocidad al abrir el paracaídas.
Solución: 76.68 m/s.

4.7 Un bloque tiene una velocidad de 36 km/h y cae desde una altura de 10 m. Calcule la

velocidad del bloque al llegar al suelo.
Solución: 17.20 m/s.

4.8 Una masa de 50 kg inicialmente en reposo cae desde una altura de 100 m. Calcule la energía cinética que tendrá al llegar al suelo.
Solución: 49000 J.

4.9 Calcule la energía potencial de una masa de 70 kg situada a 9000 m de altura.
Solución: 6 174 000 J.

4.10 El asteroide 2012 DA14, que pasó cerca de la Tierra el 15 de febrero de 2013, tenía una masa de 130000 toneladas y una velocidad de 7.8 km/s. Calcule a cuántas bombas de Hiroshima equivalía su energía cinética. La bomba de Hiroshima liberó una energía de 16 kilotones de TNT. Un kilotón de TNT son 4.18 TJ (Terajulios).
Solución: 59.13 bombas de Hiroshima.

4.11 El pico de demanda instantánea de potencia eléctrica en España se produjo el 17 de diciembre de 2007 y fue de 44.9 GW (Ver la figura 4.1). El pico de demanda diaria de energía eléctrica se produjo al día siguiente y fue de 901 GWh. Explique si es o no es una contradicción que el pico de demanda instantánea de potencia no se produjera el 18 de diciembre.
Solución: No es una contradicción.

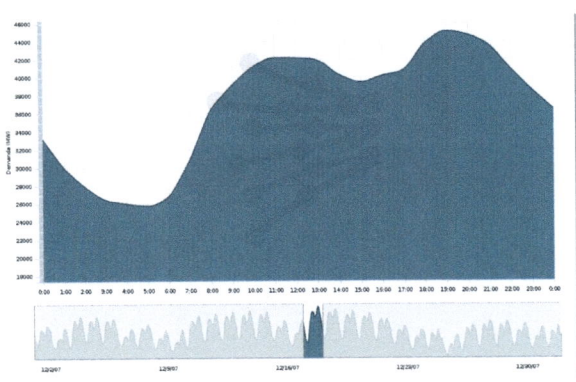

Figura 4.1: Demanda instantánea de potencia eléctrica durante el 17 de diciembre de 2007. Gráfica obtenida de la web de Red Eléctrica Española.

4.12 Calcule cuánto trabajo producirá un motor de una potencia de 5000 W funcionando durante una hora.
Solución: $1.8 \cdot 10^7$ J.

4.13 Un coche de 1000 kg acelera desde 88 m/s hasta 100 m/s en 30 segundos. Calcule la potencia que ha necesitado el coche.

Solución: 37 600 W.

4.14 Un corredor de 60 kg acelera desde 5 m/s hasta 7 m/s en 2 segundos. Calcule la potencia que ha necesitado el corredor.
Solución: 360 W.

4.15 La primera parte de la demostración de la Tercera ley de Kepler para órbitas elípticas. Demuestre varias propiedades geométricas de una elipse:

a) $a^2 = b^2 + c^2$.

b) $\dfrac{1}{r_P} - \dfrac{1}{r_A} = \dfrac{2c}{(a-c)(a+c)}$.

c) $\dfrac{1}{r_P^2} - \dfrac{1}{r_A^2} = \dfrac{4ac}{(a-c)^2(a+c)^2}$.

El Sol tiene masa M y está en el foco F. El planeta tiene masa m. Los puntos P y A están en los extremos del eje mayor de la elipse. El punto P es el punto de la órbita más cercano al Sol y se llama perihelio. El punto A es el punto de la órbita más alejado del Sol y se llama afelio. r_i es la distancia del punto i al Sol (i=P,A). c es la distancia de cualquiera de los dos focos al centro de la elipse. La longitud del semieje mayor de la elipse es a. La longitud del semieje menor de la elipse es b. Ver la figura 4.2.

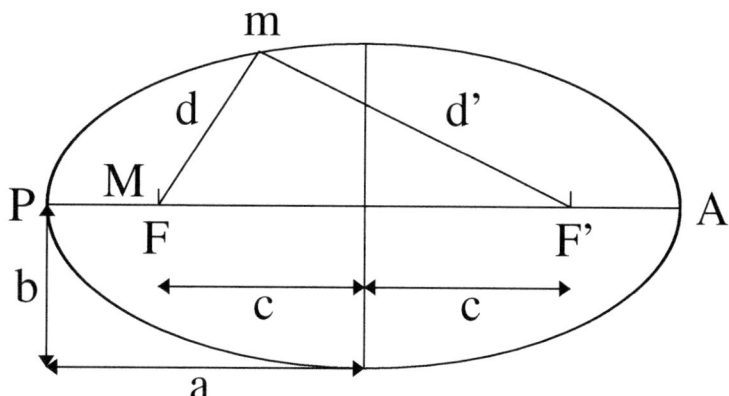

Figura 4.2: La trayectoria elíptica de un planeta alrededor del Sol.

4.16 La segunda parte de la demostración de la Tercera ley de Kepler para órbitas elípticas, usando las leyes de conservación:

a) A partir de la ley de conservación del momento angular, de la ley de conservación de la energía y de las propiedades geométricas b) y c) del problema 4.15, demuestre $r_A^2 v_A^2 = \dfrac{GM(a-c)(a+c)}{a}$.

b) A partir de la Segunda ley de Kepler demuestre $T^2 = \dfrac{4\pi^2 a^2 b^2}{r_A^2 v_A^2}$.

c) Demuestre la Tercera ley de Kepler utilizando la propiedad geométrica a) del problema 4.15 y las expresiones a) y b) de este problema: $T^2 = \dfrac{4\pi^2 a^3}{GM}$.

4.17 Demuestre que la energía potencial gravitatoria V de una masa m situada a una distancia r de una masa M es igual a $V = -GMm/r$.

4.18 La diferencia de energía potencial gravitatoria de una masa m situada a una altura h de la superficie de la Tierra se suele escribir como $\Delta V = mgh$. Se trata de la diferencia de energía potencial entre la altura h y la superficie. Demuestre que $\Delta V = mgh$ es una aproximación, válida para alturas pequeñas h, que proviene de la energía potencial exacta $V = -GM_T m/r$.

4.19 Un bloque de masa m, inicialmente en reposo, se deja caer sobre un muelle de constante de fuerza k que está a una distancia h del bloque. Se producirán dos elongaciones diferentes del muelle: Una hacia arriba y otra hacia abajo. Calcule las dos elongaciones y calcule cuál de las dos es la máxima elongación del muelle. Los muelles son sistemas conservativos y como tales verifican $\vec{F} = -\vec{\nabla} V$.
Solución:

$$e = \frac{mg}{K} \pm \frac{mg}{K}\sqrt{1 + \frac{2hK}{mg}}\,. \qquad (4.13)$$

La máxima elongación es:

$$e = \frac{mg}{K} + \frac{mg}{K}\sqrt{1 + \frac{2hK}{mg}}\,. \qquad (4.14)$$

4.20 La fuerza de un oscilador armónico tridimensional isotrópico es $\vec{F} = -K(x\vec{u}_x + y\vec{u}_y + z\vec{u}_z)$. Se trata de una fuerza conservativa. Calcule la energía potencial de este oscilador. $\vec{\nabla} V = \dfrac{\partial V}{\partial x}\vec{u}_x + \dfrac{\partial V}{\partial y}\vec{u}_y + \dfrac{\partial V}{\partial z}\vec{u}_z$.
Solución: $V(x, y, z) = K/2(x^2 + y^2 + z^2) + C$.

4.21 Una fuerza viene dada por $\vec{F} = -\dfrac{3zx^2}{2}\vec{u}_x - xy\vec{u}_y - \dfrac{x^3}{2}\vec{u}_z$. Determine si se trata de una fuerza conservativa o no.
Solución: No es una fuerza conservativa.

4.22 Calcule la velocidad de un planeta en función de G, M, r, y a. G es la constante de gravitación universal, M es la masa del Sol, r es la distancia del planeta al Sol en un punto de la trayectoria elíptica del planeta y a es el semieje mayor de la trayectoria elíptica (Ver el dibujo).

El punto F del dibujo es uno de los focos de la elipse. El Sol y el planeta están en los puntos F y m, respectivamente, del dibujo. Los puntos A y P del dibujo son el afelio y el perihelio, respectivamente, de la trayectoria elíptica. $r_A^2 v_A^2 = \dfrac{GM(a-c)(a+c)}{a}$, donde r_A es

la distancia entre el Sol y el afelio, v_A es la velocidad del planeta en el punto A y c es la distancia del foco F al centro de la elipse.
Solución:

$$v = \sqrt{2GM\left(\frac{1}{r} - \frac{1}{2a}\right)}\,. \tag{4.15}$$

4.23 Una fuerza viene dada por $\vec{F} = -a(x-y)\vec{u}_x - a(y-x)\vec{u}_y - bz\vec{u}_z$, donde $a > 0$ y $b > 0$. Demuestre si esta fuerza es conservativa o no de dos maneras:

a) Calculando su hipotética energía potencial.
Solución: Es una fuerza conservativa. $V(x,y,z) = a(x-y)^2/2 + bz^2/2 + C$.

b) Sin calcular su hipotética energía potencial.
Solución: Es una fuerza conservativa.

4.24 Un objeto en reposo de masa m y situado a 10000 km de altura, cae hacia la superficie de la Tierra.

a) Calcule la velocidad en m/s con la que llegará a la superficie.
Solución: 8741 m/s.

b) Calcule el tiempo en segundos que tardará en llegar a la superficie.
Solución: 3249.4 s.

4.25 Un submarino lanza un torpedo con velocidad inicial v_0. El sistema de propulsión del torpedo está estropeado, por lo que solo le afecta la fuerza de rozamiento con el agua, que es de la forma $F_r = Kv^3$. Calcule la expresión de la velocidad del torpedo en función del tiempo, $v(t)$, la distancia recorrida tras 10 s y el trabajo efectuado por la fuerza de rozamiento tras 10 s. No tenga en cuenta la fuerza de gravedad. El movimiento es en una dimensión. K= 0.05 kg m^{-2} s. Masa del torpedo, m= 225 kg. Velocidad inicial, $v_0 = 72$ km/h.
Solución: 150 m, 28 800 J y

$$v(t) = \frac{v(0)}{\sqrt{1 + \frac{2Kv(0)^2 t}{m}}}\,. \tag{4.16}$$

4.26 Una fuerza viene dada por $\vec{F} = \frac{2x^3 \cos z}{3}\vec{u}_x + \frac{ze^y}{3}\vec{u}_y + \left(\frac{e^y}{3} - \frac{x^4 \operatorname{sen} z}{6}\right)\vec{u}_z$. Determine si se trata de una fuerza conservativa o no:

a) Sin calcular su energía potencial.

Solución: La fuerza es conservativa.

b) Calculando su energía potencial.

Solución: La fuerza es conservativa. $V(x, y, z) = -x^4 cos z/6 - ze^y/3 + C$.

4.27 Una persona de masa 50 kg lleva una mochila de masa 5 kg y está subiendo una cuesta con una inclinación de 30 grados a una velocidad constante de 2 m/s. Calcule la potencia ejercida por la persona. g=10 m/s^2.

Solución: 550 W.

4.28 Un paracaidista de masa 50 kg está cayendo con una velocidad terminal de 75 m/s. Calcule la potencia que está ejerciendo el aire sobre el paracaidista.

Solución: 36750 W.

4.29 Una persona está empujando una caja de 20 kg por el suelo a una velocidad constante de 1.5 m/s. El coeficiente de rozamiento dinámico entre la caja y el suelo es $\mu_d = 0.2$. Calcule la potencia que está ejerciendo la persona.

Solución: 58.8 W.

4.30 Se usa una grúa con un motor de 2000 W para elevar una caja de 100 kg hasta una altura de 10 m. Calcule cuánto tiempo le llevará a la grúa elevar la caja.

Solución: 4.9 s.

4.31 Un saltador de natación profesional de masa 70 kg salta desde una plataforma a 20 m sobre la superficie del agua y se frena 0.4 s después de golpear el agua, a una profundidad de 1 m. Calcule la potencia media que ha ejercido el agua sobre el saltador.

Solución: 36015 W.

4.32 Una caja de 5 kg es empujada por un plano inclinado 30 grados. Calcule la potencia media necesaria para empujar la caja un metro en cuatro segundos. Suponga que la caja mantiene una velocidad constante durante todo el proceso.

Solución: 6.1250 W.

4.33 Una pelota de masa 30 g es lanzada hacia un objetivo. La bola golpea con una velocidad de 20 m/s y retorna con la misma velocidad. Determine el trabajo realizado sobre la pelota.

Solución: 0 J.

4.34 Una persona de masa 95 kg está montada en una noria de radio 10 m. La noria gira con velocidad angular constante de 1 rpm (rpm= revolución por minuto). Determine la potencia media que experimenta la persona durante la ascensión.

Solución: 620.67 W.

4.35 Un coche de 1500 kg acelera desde O m/s hasta 45 m/s en 4.5 s. Calcule cuánto tiempo le llevará al coche acelerar hasta 60 m/s, asumiendo la misma potencia.

Solución: 8 s.

4.36 Una máquina diseñada para proporcionar una potencia constante acelera un vehículo inicialmente en reposo. Calcule cómo varía la velocidad con el tiempo.
Solución:

$$v(t) = \sqrt{\frac{2Pt}{m}} \ . \tag{4.17}$$

4.37 Un trineo de masa m está en la parte superior de una colina de altura h, con una pendiente formando un ángulo α con la horizontal. Ver la figura 4.3.

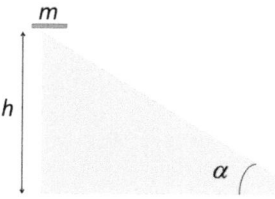

Figura 4.3: Un trineo sobre una colina de altura h.

Calcule la potencia que está ejerciendo la fuerza de rozamiento dinámico sobre un trineo de masa $m = 80$ kg que se desliza por una colina con una pendiente $\alpha = 20$ grados a una velocidad constante de 3 m/s. Desprecie la resistencia del aire y cualquier otra fuerza de rozamiento.
Solución: 804.43 W.

4.38 Determine si la fuerza $\vec{F} = e^{yz}\vec{u}_x + e^{xy}\vec{u}_y + e^{yz}xy\vec{u}_z$ N es o no es conservativa de dos maneras:

a) Calculando su hipotética energía potencial.
Solución: La fuerza no es conservativa.

b) Sin calcular su hipotética energía potencial.
Solución: La fuerza no es conservativa.

4.39 Sobre una canoa actúa una fuerza de rozamiento que se opone a su movimiento y que es proporcional a la raíz cuadrada de su velocidad, $K\sqrt{v}$. La velocidad inicial de la canoa es $v(0)$. La canoa se mueve sólo a lo largo de una línea recta y no actúa la gravedad. $K = 0.05$ en unidades del SI. Masa de la canoa, $m = 100$ kg. Velocidad inicial, $v(0) = 10$ m/s. Calcule:

a) El tiempo en segundos que tarda la canoa en pararse y la velocidad de la canoa en función del tiempo, $v(t)$, para cualquier $t \geq 0$.
Solución: $t_{max} = 12649.11$ s

$$v(t) = \begin{cases} (\sqrt{v(0)} - Kt/2m)^2 & t \leq t_{max} \\ 0 & t \geq t_{max} \end{cases} \tag{4.18}$$

b) La distancia en metros recorrida por la canoa tras cuatro horas.
Solución: 42163.70 m.

c) El trabajo en julios efectuado por la fuerza de rozamiento tras cuatro horas.
Solución: 5000 J.

d) Las unidades de K en el SI.
Solución: kg m$^{1/2}$ s$^{-3/2}$.

4.40 Un objeto en reposo de masa m y situado a 5000 km de altura, cae hacia la superficie de la Tierra. Calcule el tiempo en segundos que tardará en llegar a la superficie. Solución: 1659 s.

Capítulo 5

El calor y la temperatura

5.1. La Termodinámica.

La palabra Termodinámica proviene del griego, θέρμο, térmo, que significa "calor", y δύναμις, dýnamis, que significa fuerza, potencia.

La Termodinámica es la parte de la Física que estudia el calor y la temperatura, y su relación con la energía y el trabajo.

El comportamiento del calor, de la energía y del trabajo está gobernado por las cuatro leyes o principios de la Termodinámica. En esta asignatura estudiaremos brevemente el principio cero, el Primer Principio y el Segundo Principio de la Termodinámica. No estudiaremos el tercer principio de la Termodinámica.

5.2. El calor.

El calor es una forma de energía. Supongamos dos sistemas u objetos, A y B, a temperaturas T_A y T_B, con $T_A > T_B$. El calor es la energía que pasa del sistema A al B, debido a la diferencia de temperaturas de esos dos sistemas. El calor absorbido por un objeto se convierte en energía repartida entre todas las partículas que constituyen ese objeto.

El símbolo habitual para designar el calor es Q. Algunos autores y libros usan el símbolo ΔQ. Mediante el símbolo ΔQ esos autores quieren remarcar que el calor es una variación o cambio de energía y no el valor de la energía de un sistema en un estado o momento concreto. El calor, la energía y el trabajo tienen la misma dimensión: $[Q] = [E] = [W] = ML^2T^{-2}$. Cualquier unidad de energía puede utilizarse para medir cantidades de calor.

Se distinguen dos tipos de superficies en la Termodinámica:
a) Superficie diabática o diatérmica: la que conduce el calor.
b) Superficie adiabática: la que no conduce el calor.

El adjetivo diabático proviene del griego, διαβατικός, diabatikós, que significa "que puede ser atravesado o traspasado".

El adjetivo adiabático proviene del griego, ἀδιαβατικός, adiabatikós, que significa "que no puede ser atravesado o traspasado, impenetrable". En el contexto de la Termodinámica, adiabático significa que no puede ser atravesado por el calor.

5.3. El Principio Cero de la Termodinámica.

El Principio Cero de la Termodinámica: Dos sistemas aislados A y B, a temperaturas T_A y T_B, puestos en contacto prolongado alcanzan la misma temperatura.

La temperatura final de una mezcla de una masa A y de una masa B es una temperatura intermedia entre las temperaturas iniciales de masa A y la masa B. La temperatura final de la mezcla no puede ser inferior a la temperatura más baja de A y B. La temperatura final de la mezcla tampoco puede ser superior a la temperatura más alta de A y B.

Un ejemplo. Mezclamos A kilos de agua a 25 grados Celsius y B kilos de hielo a -5 grados Celsius. Hacemos los cálculos y obtenemos que la temperatura final de la mezcla es 26 grados Celsius. Esto no tiene sentido. La temperatura final de una mezcla de hielo y agua será una temperatura intermedia entre las temperaturas del hielo y del agua y, por tanto, no puede ser superior a la temperatura inicial del agua.

Otro ejemplo. Mezclamos agua a 50 grados Celsius y hielo a -20 grados Celsius. Queremos obtener la temperatura final en grados Fahrenheit. Hacemos los cálculos y obtenemos una temperatura final de -20 grados Fahrenheit. Una temperatura de -20 grados Fahrenheit es igual a -28.89 grados Celsius. No tiene sentido que sea inferior a -20 grados Celsius: La temperatura final de una mezcla de hielo y agua no puede ser inferior a la temperatura inicial del hielo.

5.4. La medida de la temperatura.

Los cambios de temperatura van acompañados de cambios de las propiedades de un objeto o sistema. Algunos sistemas tienen estados que dependen de la temperatura y que son fácilmente reconocibles y reproducibles en experimentos independientes. Esos sistemas se llaman sistemas patrón y los estados, estados patrón. Un ejemplo de sistema patrón es el agua y sus dos estados patrón: fusión del hielo y ebullición del agua.

Una escala de temperaturas asigna valores numéricos a la temperatura. Utiliza un sistema patrón, un termómetro y la dependencia de una propiedad f con la temperatura. Esa dependencia suele ser lineal. Un termómetro utiliza una propiedad f que depende de la temperatura. Tenemos tres ejemplos de termómetros en la tabla 5.1. Una escala asigna valores arbitrarios a los estados patrón. Por ejemplo, la escala Celsius asigna 0 a la fusión del hielo y 100 a la ebullición del agua y la relación lineal entre la longitud l de una columna

Tabla 5.1: Ejemplos de termómetros

Termómetro	Propiedad	Estado
Mercurio	Longitud de una columna de mercurio líquido	líquido
Metal	Longitud de una varilla sólida	sólido
Gas a volumen constante	Presión del gas	gaseoso

de mercurio y la temperatura t_C es:

$$t_C = 100\frac{l - l_0}{l_{100} - l_0} \ . \tag{5.1}$$

Tabla 5.2: Coeficientes de dilatación.

Tipo de dilatación	Propiedad	Coeficiente de dilatación
lineal	$l = l(t_a)(1 + \alpha(t_C - t_a))$	$\alpha = \left.\dfrac{1}{l}\dfrac{dl}{dt_C}\right|_{t_C=t_a}$
superficial	$S = S(t_a)(1 + \sigma(t_C - t_a))$	$\sigma = \left.\dfrac{1}{S}\dfrac{dS}{dt_C}\right|_{t_C=t_a}$
volumétrica o cúbica	$V = V(t_a)(1 + K(t_C - t_a))$	$K = \left.\dfrac{1}{V}\dfrac{dV}{dt_C}\right|_{t_C=t_a}$

Muchos termómetros se basan en la dependencia de la longitud l, la superficie S o el volumen V de un material (sólido, líquido o gas) con la temperatura. Esa dependencia tiene que ver con los llamados coeficientes de dilatación. En la tabla 5.2 tenemos los coeficientes de dilatación lineal, superficial y volumétrica o cúbica y la dependencia con la temperatura en Celsius, t_C, de la longitud, superficie y volumen.

La expresión que define el coeficiente de dilatación volumétrica,

$$\left.\frac{1}{V}\frac{dV}{dt_C}\right|_{t_C=t_a} , \tag{5.2}$$

está evaluada o calculada en $t_C = t_a$. Primero se hace la derivada y luego se calcula el valor de $V(t_C)$ y de la derivada en $t_C = t_a$. Lo mismo se aplica a las expresiones que definen

145

los coeficientes lineal y superficial. La temperatura t_a puede ser cualquier temperatura. Frecuentemente, t_a es 0 grados Celsius y se suele escribir $l_0 = l(0°C)$, $S_0 = S(0°C)$ y $V_0 = V(0°C)$.

5.5. Las escalas de temperatura más habituales.

Las tres escalas termométricas más utilizadas en la actualidad (Ver la Tabla 5.3) se basan en el agua y en sus estados de fusión y de ebullición.

Tabla 5.3: Las escalas termométricas más habituales.

Escala	símbolo grado	símbolo temperatura	fusión del hielo	ebullición del agua
Celsius	°C	t_C	0 °C	100 °C
Fahrenheit	°F	t_F	32 °F	212 °F
Absoluta de Kelvin	K	T	273.15 K	373.15 K

Las relaciones entre estas escalas vienen dadas por:

$$t_C = \frac{5}{9}(t_F - 32) \qquad t_C = T - 273.15 \qquad t_F = \frac{9}{5}(T - 273.15) + 32 \ . \tag{5.3}$$

Anders Celsius, un astrónomo, físico y matemático sueco, propuso en 1742 la escala Celsius de temperaturas. El ingeniero alemán Gabriel Fahrenheit diseñó en 1724 la escala que lleva su apellido. La escala Kelvin fue creada por el físico y matemático británico William Thomson, Lord Kelvin, en el año 1848.

La escala de Kelvin se llama escala absoluta de Kelvin porque en esa escala la temperatura de cualquier fenómeno de la naturaleza es positiva. El cero de esta escala, 0 K, no se puede alcanzar nunca. La cámara frigorífica que alcanza la temperatura más baja, llega a los -273.144 grados Celsius o 0.006 K. La temperatura más baja en un sistema se alcanzó en unos experimentos en 2021 y fue de 38 pK (38 pico kelvins) = 38 10^{-12} K.

La unidad de temperatura del SI de unidades es el kelvin (Los nombres de las unidades son nombres comunes y estos van en minúscula, salvo al comienzo de una frase). Se dice que la temperatura es x kelvin y no es x grados kelvin, ni tampoco x grados Kelvin.

La escala absoluta de Kelvin y la Celsius son diferentes, pero las dos tienen una diferencia de 100 grados entre la fusión y la ebullición del agua. Esto significa que una diferencia de x kelvin es igual que una diferencia de x grados Celsius.

5.6. La escala Fahrenheit.

Los valores numéricos de las temperaturas de fusión y ebullición del agua en esta escala pueden parecer muy arbitrarios y sin sentido: 32 y 212 °F, respectivamente. Para entender su sentido, vamos a explicar brevemente el origen de la escala Fahrenheit. No está claro el origen de esta escala y hay varias versiones de su origen. Explicaremos dos de las versiones.

El propio Fahrenheit escribió que tomó tres referencias o estados patrón para crear la escala: La primera referencia era la congelación de una mezcla de agua y cloruro de amonio, que se congela a una temperatura más baja que el agua. Asignó el valor de 0 °F a la temperatura de congelación de esa mezcla, porque pensó que era la temperatura más baja posible. En la actualidad sabemos que hay temperaturas más bajas que la temperatura de congelación de esa mezcla. La segunda referencia era el cuerpo humano. Asignó el valor de 96 °F a la temperatura del cuerpo humano. La tercera referencia era la fusión del hielo. Asignó el valor de 32 °F a su temperatura. Fahrenheit asignó 96 a la temperatura del cuerpo humano para que la escala tuviera 12 x 8 = 96 divisiones o grados entre el cero y la temperatura del cuerpo humano.

Según algunos historiadores, Fahrenheit usó dos referencias y no tres: La congelación de la mezcla de agua y cloruro de amonio y el cuerpo humano. Asignó los valores 0 y 96 °F, respectivamente, a las temperaturas de esas referencias. Después midió la temperatura de la fusión del agua y obtuvo que era 32 °F.

Podemos hacer varias críticas de esta escala. Primero, no es necesario tomar tres referencias. Con dos referencias se construye una escala de temperaturas con dependencia lineal. Segundo, la temperatura de un cuerpo humano sano, sin fiebre, no es constante y no es fácilmente reproducible por otros investigadores.

El origen del valor de 212 °F es el siguiente. Otros investigadores midieron la temperatura de la ebullición del agua en el siglo XVIII y encontraron que estaba aproximadamente a 180 grados °F por encima de la temperatura de fusión del agua, es decir, que la ebullición se producía aproximadamente a 212 °F. Esto llevó a redefinir la escala Fahrenheit, de manera que la diferencia de temperatura entre la fusión y la ebullición del agua fuera exactamente 180 °F.

En la escala redefinida se asignó 212 °F a la temperatura de ebullición del agua y se mantuvo la asignación de 32 °F a la temperatura de fusión del hielo. La temperatura del cuerpo humano es 98.6 °F en la escala redefinida, en lugar de los 96 °F de la escala original. La escala redefinida de Fahrenheit es la que se usa desde entonces.

5.7. La escala absoluta de Kelvin.

A finales del siglo XVII y principios del XVIII, el termómetro de aire medía las temperaturas en función de la altura a la que estaba una columna de mercurio, sostenida por un volumen de aire. La altura era proporcional a la temperatura: A mayor temperatura, mayor altura.

En 1702 Guillaume Amontons argumentó que la temperatura más baja posible, el frío absoluto, tendría que corresponder a un volumen de aire igual a cero en dicho termómetro. Este argumento es una extrapolación de la ley de los gases ideales al frío absoluto. Amontons dedujo de sus experimentos con el termómetro de aire que el frío absoluto correspondía a -240 °C. La escala Celsius es posterior a Amontons. Usó otra escala para hacer sus cálculos. Hemos escrito el valor que hubiera obtenido en la escala Celsius.

Vamos a explicar cómo se hace la extrapolación de la ley de los gases ideales al frío absoluto y cómo se calcule el valor de -273.15 °C para el frío absoluto. El volumen de un gas ideal (más precisamente, de un gas en condiciones ideales) a una temperatura de t Celsius viene dado por: $V(t) = V(t_a)(1 + K(t - t_a))$, donde $V(t_a)$ es el volumen de gas a t_a grados Celsius y K es el coeficiente de dilatación cúbica del gas en $(°C)^{-1}$ y $t \geq t_a$. Según los experimentos el coeficiente de dilatación cúbica de los gases ideales no depende de la composición química del gas, ni de la presión, ni de la temperatura. El valor promedio es de 0.003663 $(°C)^{-1}$.

Cuando la temperatura t tiende al frío absoluto, el volumen del gas ideal tiende a cero, según la extrapolación de la ley de los gases ideales. En la figura 5.1 hemos dibujado $V(t) = V(0)(1 + Kt)$ entre $t = $ -280 y +100 Celsius y entre $t = $ -280 y -250 Celsius, es decir, hemos dibujado la extrapolación a temperaturas menores que cero grados Celsius y hasta el frío absoluto. En dichas figuras se observa que a unos -273 grados Celsius el volumen es cero.

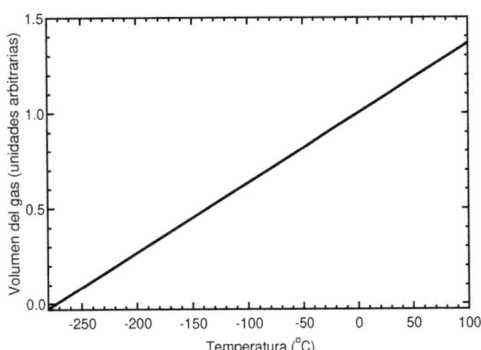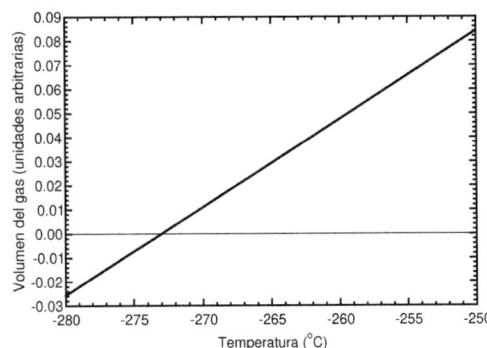

Figura 5.1: El cero absoluto.

Al resultado de la figura 5.1 también se llega sin dibujar $V(t)$, calculando el límite del frío absoluto:

$$\left. \begin{array}{l} V(t) = V(0)(1 + Kt) \\ V(t_{frío\ absoluto}) = 0 \end{array} \right\} \Rightarrow 1 + Kt_{frío\ absoluto} = 0 \Rightarrow t_{frío\ absoluto} = -1/K \,, \qquad (5.4)$$

donde $t_{frío\ absoluto}$ es la temperatura del frío absoluto en grados Celsius. Según los experimentos $K = 0.003663$ $(°C)^{-1}$ y por lo tanto, el frío absoluto está a -273 °C. Ese mismo valor numérico se puede observar, aproximadamente, en la figura 5.1. Las medidas y extrapolaciones más precisas dan el valor de -273.15 °C para la temperatura del frío absoluto en grados Celsius.

Hacia 1850 William Kelvin definió la escala absoluta de temperaturas asignando el valor de 0 K al frío absoluto y manteniendo una diferencia de 100 Kelvin entre la fusión y la ebullición del agua. Por tanto, 0 grados Celsius son 273.15 kelvin y $T = t_C + 273.15$, donde T es la temperatura en kelvins y t_C es la temperatura en grados Celsius. La temperatura de una habitación suele estar entre 5 y 30 grados Celsius o entre 278 y 303 K.

5.8. La medida del calor y el calor específico.

Según las medidas experimentales del calor, el calor absorbido o cedido, Q, por un objeto es proporcional a la masa m de ese objeto y a la diferencia entre las temperaturas final e inicial, $\Delta T = T_{final} - T_{inicial}$. Pero también depende del tipo de sustancia. Distintas sustancias con la misma masa y misma diferencia ΔT absorben o ceden distintas cantidades de calor Q. Esa dependencia de la sustancia se tiene en cuenta mediante el calor específico c_e de esa sustancia.

El calor específico c_e de una sustancia es la cantidad de calor necesaria para aumentar en una unidad de temperatura, la temperatura de una unidad de masa de esa sustancia. Con todo esto, el calor absorbido o cedido viene dado por:

$$\boxed{Q = mc_e\Delta T} \tag{5.5}$$

El calor absorbido es mayor que cero, porque $\Delta T > 0$ y el calor cedido es menor que cero porque $\Delta T < 0$.

El calor específico de una sustancia no es constante; depende del intervalo de temperatura. No obstante, esa dependencia es muy pequeña en el rango de temperaturas habituales. Por tanto, se considera que el calor específico es constante y se toma como valor del calor específico el que se obtiene en los experimentos a una temperatura de unos 14-15 grados Celsius.

La capacidad calorífica, C_e, es el producto de la masa m y el calor específico c_e:

$$C_e = mc_e . \tag{5.6}$$

El calor específico y la capacidad calorífica también se representan mediante la c minúscula y la c mayúscula, respectivamente, sin subíndice.

El calor específico puede ser a volumen constante o a presión constante. Si el calor se mide a volumen constante, entonces se trata del calor específico y de la capacidad calorífica a volumen constante, c_v y C_v, respectivamente. Si el calor se mide a presión constante, entonces se trata del calor específico y de la capacidad calorífica a presión constante, c_p y C_p, respectivamente.

Una caloría es el calor necesario para elevar la temperatura de un gramo de agua de 14.5 a 15.5 °C. Se suele utilizar el símbolo cal. 1 caloría = 4.18 julios. 1 J = 0.24 calorías.

La caloría es una unidad de calor y de energía, pero no es del SI.

La unidad habitual del calor específico es: cal/(g °C). La dimensión del calor específico: $[c_e] = [E]/(M\Theta) = L^2T^{-2}\Theta^{-1}$. La unidad habitual de la capacidad calorífica es: cal/°C. La dimensión de la capacidad calorífica: $[C_e] = [E]/\Theta = ML^2T^{-2}\Theta^{-1}$.

Según los experimentos, durante un cambio de estado de una sustancia, por ejemplo, durante una fusión o una ebullición, la temperatura no cambia y todo el calor absorbido o cedido se utiliza en cambiar el estado de la sustancia. La temperatura podrá cambiar una vez que toda la masa de esa sustancia haya cambiado de estado. El calor absorbido durante una fusión es $Q = mL_f$, donde L_f es el calor de fusión o calor latente de fusión. En el caso de la ebullición el calor absorbido es $Q = mL_v$, donde L_v es el calor latente de ebullición.

El calor cedido durante la congelación es igual, en valor absoluto, al calor latente de fusión. El calor cedido durante la condensación es igual, en valor absoluto, al calor latente de ebullición.

El calor absorbido por la parte o componente i de un sistema, Q_{absi}, es mayor que cero. El calor cedido por la parte o componente j de un sistema, Q_{cedj}, es menor que cero.

La ley de la conservación de la energía implica que la suma de los calores absorbidos y cedidos por un sistema debe ser cero:

$$\sum_{i=1}^{i=a} Q_{absi} + \sum_{j=1}^{j=b} Q_{cedj} = 0 . \tag{5.7}$$

Por ejemplo, la suma de los calores absorbidos y cedidos por una mezcla de agua y hielo debe ser cero. Otro ejemplo: La suma de los calores absorbidos y cedidos por el sistema formado por un recipiente de metal con agua y hielo debe ser cero. Esta ley de conservación de la energía se usa para obtener el estado y la temperatura final de una mezcla o de un sistema. El estado de una mezcla o un sistema consiste en describir si la mezcla o el sistema está formado, por ejemplo, solo por agua, por agua y hielo o solo por hielo.

5.9. Algunos ejemplos de cálculos de calores sin sentido.

Cuando se calculan calores absorbidos o cedidos es importante no mezclar las unidades de temperatura. Por ejemplo, si la temperatura inicial, t_i, de una cantidad de agua es 32 °F y la final es t_f en grados Celsius, entonces calcular la diferencia de temperaturas como $\Delta t = t_f - 32$ no tiene sentido, es un error, porque t_f está en grados Celsius y t_i está en grados Fahrenheit ($t_i = 32$ grados Fahrenheit). La diferencia de temperaturas debe ser entre temperaturas expresadas en las mismas unidades. En este ejemplo, la diferencia de temperaturas debe ser $\Delta t = t_f - 0$, en grados Celsius.

Si 100 gramos de agua se han convertido en 100 gramos de hielo a $t < 0$ grados Celsius, entonces es un sinsentido y un error escribir que los 100 gramos de agua ceden calor para enfriarse desde 0 °C hasta $t < 0$ °C. También es un sinsentido usar el calor específico del agua para calcular dicho calor. Se trata de hielo, no de agua. Lo correcto es escribir que los 100 gramos de hielo, que antes eran agua, ceden calor para enfriarse desde 0 °C hasta $t < 0$ °C y usar el calor específico del hielo para calcular dicho calor.

5.10. La ley de Newton del enfriamiento.

Esta ley fue determinada experimentalmente por Newton. También se puede aplicar al calentamiento. Experimentalmente observamos que un sistema a temperatura $T(t)$ en el instante t, puesto en contacto con un foco a temperatura T_{foco}, alcanza después de un tiempo infinito la temperatura del foco. Explicamos a continuación el significado termodinámico de foco.

Se llama foco a un sistema capaz de intercambiar calor con otros sistemas sin cambiar sus propiedades, es decir, sin cambiar su presión, volumen y temperatura. Es un concepto ideal, no existe en la realidad. Sin embargo, es una aproximación muy buena considerar algunos sistemas como focos. Por ejemplo: Si vertemos unos pocos gramos o kilos de una sustancia en un mar o en lago, el volumen, la temperatura y la presión del agua del mar o del lago prácticamente no cambiarán. Se dice que el mar o el lago es un foco. El aire de una habitación grande, comparada con una taza de café caliente, también es un foco.

Los experimentos nos revelan más propiedades de un enfriamiento o de un calentamiento:

a) Si $T_{foco} > T(t)$, entonces la temperatura $T(t)$ del sistema aumenta hasta alcanzar T_{foco}. Esto significa que $T(t)$ crece al aumentar el tiempo t, o dicho de otra manera dT/dt > 0.

b) Si $T_{foco} < T(t)$, entonces la temperatura $T(t)$ del sistema disminuye hasta alcanzar T_{foco}. Esto significa que $T(t)$ decrece al aumentar el tiempo t, o dicho de otra manera dT/dt < 0.

Las propiedades a) y b) significan que dT/dt y la diferencia $T_{foco} - T(t)$ tienen el mismo signo.

c) La velocidad a la que cambia la temperatura $T(t)$ es proporcional a la diferencia $|T_{foco} - T(t)|$.

Teniendo en cuenta estos resultados experimentales, una hipótesis sencilla sobre el cambio de la temperatura $T(t)$ con el tiempo es suponer que dT/dt es proporcional a $T_{foco} - T(t)$:

$$\boxed{\frac{dT}{dt} = a(T_{foco} - T(t))}. \tag{5.8}$$

Ésta es la ley de Newton del enfriamiento y su solución es:

$$\boxed{T(t) = T_{foco} + (T(0) - T_{foco})e^{-at}}. \tag{5.9}$$

5.11. La transmisión del calor.

El calor se transmite de tres maneras: Conducción, convección y radiación. La conducción y la convección se producen solo si hay una diferencia de temperatura entre dos medios y terminan cuando se igualan las temperaturas. La radiación se produce siempre; no depende de la existencia de una diferencia de temperatura.

a) La conducción.

Es la transmisión de calor que se produce por **contacto directo** entre dos objetos a distinta temperatura, sin intercambio de materia. El calor fluye desde el objeto de mayor temperatura al objeto de menor temperatura. Ejemplo: Un cubo de hielo en una taza de agua caliente. La cantidad de calor transmitida por conducción se rige por la **ley de Fourier**.

b) La convección.

Es la transmisión de calor por **transferencia de materia** portadora de calor entre dos objetos a distinta temperatura. Ejemplo: El café caliente que está en la base de una taza asciende, y el café de la superficie, que está más frío, desciende, ocupando el lugar del café caliente. La cantidad de calor transmitida por convección se rige por la **ley de Newton del enfriamiento**.

c) La radiación.

Es la transmisión de calor por medio de la **emisión de ondas electromagnéticas o fotones**, debido a la temperatura de un objeto. Todos los objetos emiten ondas electromagnéticas debido a su temperatura. No emiten ondas de una única frecuencia, sino que emiten ondas de diferentes frecuencias, que forman un espectro de frecuencias. La radiación se produce siempre: Cuando hay diferencia de temperatura y cuando no hay diferencia de temperatura. Ejemplo: Una barra de hierro al rojo vivo transmite calor principalmente por radiación. La cantidad de calor emitida por unidad de tiempo y de superficie se rige por la **ley de Stefan-Boltzmann**.

5.12. Cuestiones y Problemas.

5.1 Dos cuestiones sobre el equilibrio térmico:

a) Dos sistemas A y B están separados por una pared diatérmica. Se sabe que la presión del sistema A es mayor que la del sistema B. Explique si la temperatura del sistema A es mayor que la del sistema B.
Solución: Los dos sistemas alcanzarán la misma temperatura si permanecen en contacto durante un tiempo prolongado.

b) Tenemos dos objetos con una pared diatérmica entre ellos y en equilibrio térmico entre sí. Colocamos los dos objetos en contacto prolongado con un tercer objeto. Explique si la temperatura de los tres objetos será la misma o no.
Solución: No hay motivo para que sea la misma.

5.2 Dos barras metálicas yuxtapuestas y soldadas solamente por uno de sus extremos presentan a cualquier temperatura la misma diferencia de longitud. Sabiendo que los respectivos coeficientes de dilatación lineal son $1.7 \ 10^{-5}$ y $0.8 \ 10^{-5}$ $(°C)^{-1}$, halle el valor de l_1/l_2 para una temperatura de 300 °C.
Solución: 2.1190

5.3 Calcule la relación entre las masas de mercurio y de un metal a 0 °C, introducidos en un vaso de vidrio, para que la dilatación aparente de la mezcla sea nula de 0 °C a t °C.
Solución:

$$\frac{\rho_{mercurio}(0)}{\rho_{metal}(0)} \frac{K_{metal} - K_v}{K_v - K_{mercurio}} . \tag{5.10}$$

5.4 Un bloque de hielo de 20 g a 0 °C se calienta hasta que 15 g se han convertido en agua y el resto (5g) en vapor, ambos a 100 °C. Halle el calor que se ha necesitado en unidades del SI.
Solución: 26334 J.

5.5 Un horno solar utiliza como fuente de energía la radiación térmica solar, que es recogida con un espejo reflectante circular y plano, y dirigida hacia el objeto que debe ser calentado. La radiación solar que llega a la Tierra en invierno es de 100 W/m^2, en promedio. Se dispone de un horno solar de 30 cm de radio, que aprovecha el 40 % de la energía incidente. Calcule cuántas horas empleará el horno solar en vaporizar 0.5 L de agua inicialmente a 20 °C.
Solución: 31.83 horas.

5.6 Explique qué cuesta más energía: calentar un grado Celsius 100 kg de agua o 100 kg de barro. Calcule las energías correspondientes. Calor específico del barro $c_{barro} = 0.22$ cal/(g °C).
Solución: cuesta más energía calentar 100 kg de agua.

5.7 Un recipiente de vidrio a 10 °C está lleno con 60 cm^3 de mercurio. Calcule el volumen de mercurio que se derramará al calentar el conjunto a 30 °C. Coeficientes de dilatación cúbica del recipiente de vidrio y del mercurio: $K_{recipiente} = 27 \ 10^{-6}$ y $K_{mercurio} = 1.8 \ 10^{-4}$ $(°C)^{-1}$.
Solución: 0.1832 cm^3.

5.8 Un reloj de péndulo de cobre, funciona correctamente a 15 °C. Sabiendo que si el reloj funciona en un lugar cuya temperatura es 86 °F, se retrasa 15 segundos cada día, calcule el coeficiente de dilatación lineal del cobre. El periodo T de un péndulo de longitud l viene dado por $T = 2\pi\sqrt{l/g}$.
Solución: $2.3160 \ 10^{-5}$ $(°C)^{-1}$.

5.9 Un recipiente metálico de 30 kg de masa contiene 100 kg de hielo a -20 °C y se añaden 15 kg de agua a 100 °C.

a) Explique en qué condiciones térmicas se encuentra el recipiente con su contenido, en el equilibrio.
Solución: 30 kg de recipiente metálico a 0 °C, 95.25 kg de hielo a 0 °C y 19.75 kg de agua a 0 °C.

b) Calcule cuánta masa de vapor de agua a 100 °C debe añadirse en la mezcla anterior para que la temperatura de todo el conjunto, mezcla más recipiente, sea de 25 °C. Calor específico del metal c_m=0.2 cal/(g °C).
Solución: 17309 g de vapor de agua.

5.10 Se mezclan 1 kg de agua a 368 K y 1 kg de hielo a 268 K. Calcule:

a) El estado y temperatura final de la mezcla.
Solución: 2 kg de agua a 279.29 K = + 6.14 °C.

b) El estado y temperatura final de la mezcla si la masa de hielo fuera de 2 kg.
Solución: 273.15 K, 2.12 kg de agua y 0.88 kg de hielo.

5.11 Se necesitan 25000 calorías para calentar 600 g de una sustancia desde 15 °C hasta 25 °C. Calcule el calor específico de esa sustancia. Calcule la capacidad calorífica de esa masa de sustancia.
Solución: 4.17 cal/(g °C) y 2500 cal/°C.

5.12 Un trozo de plata de 10 g a 22 °C se calienta hasta fundirlo. Calcule el calor en calorías que se ha necesitado. Calor específico de la plata $c_{Ag} = 0.056$ cal/(g °C), calor de fusión de la plata $L_f = 21.1$ cal/g. La temperatura de fusión de la plata es 961 °C.
Solución: 736.84 cal.

5.13 Un problema sobre la escala Fahrenheit:

a) Derive la relación entre la escala absoluta de Kelvin y la escala Fahrenheit: $T = mt_F + n$.
Solución: $T = 5(t_F\text{-}32)/9 + 273.15 = 5t_F/9 + 255.372222$.

b) Calcule cuántos grados Fahrenheit son 0 K.
Solución: -459.67 °F.

c) Explique si es posible o no alcanzar una temperatura de -500 °F.
Solución: No es posible.

5.14 Dos cuestiones sobre la dilatación de un vaso de vidrio:

a) Explique por qué se rompe un vaso de vidrio al llenarlo bruscamente de agua muy caliente o de agua muy fría.
Solución: Unas zonas del vaso se dilatan o comprimen antes que otras.

b) Explique qué vaso se romperá con más facilidad al llenarlo bruscamente de agua muy caliente o muy fría: Un vaso de vidrio delgado o un vaso de vidrio grueso.
Solución: Se romperá con más facilidad el vaso de vidrio grueso.

5.15 Explique por qué al soplar sobre la superficie de un líquido caliente se consigue enfriar dicho líquido.
Solución: Las moléculas 'calientes' tienen más velocidad y escapan con más probabilidad de la superficie del líquido, dejando en el líquido las moléculas con menor velocidad, que son 'frías'.

5.16 Mezclamos 100 kg de hielo a -4 °F (menos cuatro grados Fahrenheit) y 1 kg de agua a $+212$ °F. Calcule la temperatura final de la mezcla en grados Celsius, en grados Fahrenheit y en kelvin.
Solución: -16.2376 °C, $+$ 2.7723 °F y 256.9124 K.

5.17 Un investigador obtiene en sus experimentos de dilatación del aire que el volumen de aire a 32 °F es 100.0 cm^3 y a 212 °F es 140.0 cm^3. A partir de estos resultados experimentales, calcule la temperatura del cero o frío absoluto en grados Celsius.
Solución: -250 °C.

5.18 Derive la relación entre la escala Fahrenheit y la escala Celsius: $t_F = mt_C + n$.
Solución: $t_F = 9t_C/5 + 32$.

5.19 Derive la relación entre la escala absoluta de Kelvin y la escala Celsius: $T = mt_C + n$.
Solución: $T = t_C + 273.15$.

5.20 Existe una temperatura cuyo valor numérico es el mismo en grados Fahrenheit y en kelvin. Calcule dicha temperatura.
Solución: $t_F = 574.5875$ °F $= 574.5875$ K $= T$.

5.21 La escala Réaumur es una escala de temperaturas. La temperatura de fusión del hielo es 0 °R en la escala Réaumur y la temperatura de ebullición del agua es 80 °R en la escala Réaumur. Derive la relación entre la escala Celsius y la escala Réaumur: $t_C = mt_R + n$.
Solución: $t_C = 5t_R/4$.

5.22 Derive la relación entre la escala Fahrenheit y la escala Réaumur: $t_F = mt_R + n$.
Solución: $t_F = 9t_R/4 + 32$.

5.23 Un problema sobre la escala Réaumur:

a) Derive la relación entre la escala absoluta de Kelvin y la escala Réaumur: $T = mt_R + n$.
Solución: $T = 5t_R/4 + 273.15$.

b) Calcule cuántos grados Réaumur son 0 K.
Solución: -218.52 °R.

c) Explique si es posible o no alcanzar una temperatura de -220 °R.
Solución: No es posible alcanzar -220 °R.

5.24 Mezclamos siete gramos de hielo a -5 °C, un gramo de agua a +10 °C y un gramo de vapor de agua a +110 °C. Calcule la temperatura final de la mezcla en grados Celsius.
Solución: 8.5777 °C.

5.25 Mezclamos 70 kg de hielo a -5 °C y 250 gramos de vapor de agua a +212 °F. Calcule la temperatura final de la mezcla y el estado final de la mezcla.
Solución: 0 °C, 70187.5 g de hielo y 62.5 g de agua.

5.26 Mezclamos 100 kg de hielo a +14 °F y 1 kg de agua a +212 °F. Calcule la temperatura final de la mezcla en grados Fahrenheit.
Solución: +20.59 °F.

5.27 La escala Rankine (símbolo R) es una escala de temperaturas absolutas, construida sobre la escala Fahrenheit. En esta escala, el cero absoluto, 0 R, es igual a - 459.67 °F, y el intervalo de grados es igual que el intervalo de grados Fahrenheit. Mezclamos 57.6 kg de hielo a + 446.67 R y 1 kg de vapor de agua a + 671.67 R.

a) Convierta + 446.67 R y + 671.67 R a grados Celsius.
Solución: -25 y +100 °C, respectivamente.

b) Calcule el estado final de la mezcla y la temperatura final de la mezcla en grados Celsius, sabiendo que + 446.67 R y + 671.67 R son - 25 °C y + 100 °C, respectivamente.
Solución: 58.6 kg de hielo a 0 °C.

5.28 Mezclamos x gramos de hielo a +5 °F y 2000 gramos de vapor de agua a +213.8 °F. Calcule el valor de x en gramos para que la mezcla final sea todo agua a 0 grados Célsius.
Solución: 14639.3140 gramos.

5.29 Un problema sobre la dilatación térmica:

a) Pruebe que el coeficiente de dilatación superficial, σ, es dos veces el coeficiente de dilatación lineal, α. $\alpha = \dfrac{1}{l}\dfrac{dl}{dt_C}\bigg|_{t_C=t_0}$ $\qquad$ $\sigma = \dfrac{1}{S}\dfrac{dS}{dt_C}\bigg|_{t_C=t_0}$
Solución: No se incluye la demostración.

b) Pruebe que el coeficiente de dilatación volumétrica o cúbica, K, es tres veces el coeficiente de dilatación lineal, α. $\alpha = \dfrac{1}{l}\dfrac{dl}{dt_C}\bigg|_{t_C=t_0}$ $\qquad$ $K = \dfrac{1}{V}\dfrac{dV}{dt_C}\bigg|_{t_C=t_0}$
Solución: No se incluye la demostración.

c) El diámetro de una esfera de acero es 3 cm a 20 °C. Calentamos la esfera hasta una temperatura t_a, de manera que el diámetro a esa temperatura es 3.01 cm. El coeficiente de dilatación *lineal* del acero es $12\ 10^{-6}\ (\text{°C})^{-1}$. Calcule la temperatura t_a en grados Celsius.
Solución: 298.9054 °C.

5.30 La ley de Newton del cambio de temperatura que experimenta un objeto en contacto con un foco viene dada por:

$$\boxed{\frac{dT}{dt} = a(T_{foco} - T(t))},$$

donde T_{foco} es la temperatura del foco y $T(t)$ es la temperatura del objeto en el instante de tiempo t. Calcule $T = T(t)$ según dicha ley o ecuación.
Solución:

$$T(t) = T_{foco} + (T(0) - T_{foco})e^{-at}\ . \tag{5.11}$$

5.31 En un recipiente metálico se encuentran 2 litros de agua líquida con 500 g de hielo en equilibrio térmico. Calcule cuántos gramos de vapor de agua a 400 K se deben añadir a la mezcla anterior para que la situación final de equilibrio esté a 25 °C. Masa del recipiente metálico, m=1 kg. $c_{metal} = 0.2$ cal/(g °C).
Solución: 171.28 g de vapor de agua.

Capítulo 6

El Primer Principio de la Termodinámica

6.1. Varios conceptos de la Termodinámica.

Antes de enunciar y explicar el Primer Principio de la Termodinámica, vamos a explicar algunos conceptos o ideas de la Termodinámica.

a) Los tipos de sistemas según cómo intercambian energía con su entorno.
1) Sistema abierto: El que intercambia masa y energía con su entorno.
2) Sistema cerrado: El que intercambia energía con su entorno, pero no masa.
3) Sistema aislado: El que no intercambia ni masa ni energía con su entorno.

b) Las magnitudes o variables termodinámicas.
El estado termodinámico de un sistema se especifica por los valores de las magnitudes o variables termodinámicas. En el equilibrio termodinámico los valores de las magnitudes termodinámicas no cambian. La presión, el volumen, la temperatura y el número de moles, entre otras magnitudes, son magnitudes termodinámicas.

c) La ecuación de estado.
Es la relación matemática entre las variables termodinámicas en el equilibrio termodinámico de un sistema (gas, líquido, mezcla de gases, sólido, etc.). Suele ser una relación entre P, V, T y n. Por ejemplo: $P = P(n, V, T)$ o $V = V(n, P, T)$, etc. Un ejemplo es la ecuación de estado del gas ideal: $PV = nRT$.

d) Una función de estado.
Una magnitud termodinámica que caracteriza el estado termodinámico de un sistema en equilibrio. El valor de una función de estado solo depende del estado termodinámico actual del sistema y no de cómo llegó a ese estado. Por tanto, el cambio o cambio de una función de estado solo depende de los estados inicial y final del sistema y no depende del camino seguido entre esos dos estados. Si f es una función de estado, entonces $\Delta f = f_{final} - f_{inicial}$. Ejemplos de funciones de estado: P, V, T y n. El calor y el trabajo no son funciones de estado porque dependen del camino o trayectoria entre los estados inicial y final.

6.2. Las transformaciones o procesos.

En una transformación o proceso termodinámico, el sistema (el gas) pasa de un estado inicial a un estado final termodinámico. Existen dos clasificaciones principales de los procesos: a) Según la posibilidad de revertir fácilmente la dirección de un proceso y b) según la magnitud termodinámica que permanece constante durante un proceso.

a) Un proceso o transformación reversible.

En un proceso reversible un ligero cambio de las magnitudes termodinámicas es suficiente para cambiar el sentido del proceso, para revertir el proceso. Los estados inicial y final y los infinitos estados intermedios de un proceso reversible son estados de equilibrio. La ecuación de estado del sistema es válida para todos los estados del proceso porque todos son estados de equilibrio.

b) Un proceso o transformación irreversible.

Los procesos irreversibles de un sistema (un gas) son procesos físicos o químicos que se producen en el sistema en una sola dirección, siendo imposible revertir el sistema a su estado inicial, sin aportar una gran cantidad de energía.

Los estados inicial y final de un proceso irreversible son estados de equilibrio. Los estados intermedios no son estados de equilibrio y por tanto, no existe una ecuación de estado que describa dichos estados intermedios. El sistema (el gas) no está en equilibrio con la presión externa en cada estado intermedio del proceso.

c) Los principales procesos, en función de la magnitud termodinámica que permanece constante.

Según el tipo de magnitud termodinámica que permanece constante durante un proceso, tenemos cuatro procesos principales: isotermo, isobaro, isócoro y adiabático.

La palabra isoterma proviene del griego, ἴσος, ísos, que significa "igual", y de θέρμο, térmo, que significa "calor". Una transformación isoterma es a temperatura constante.

La palabra isobara proviene del griego, ἴσος, ísos, que significa "igual", y de βάρος, báros, que significa "peso". Una transformación isobara o isóbara es a presión constante.

La palabra isócora proviene del griego, ἴσος, ísos, que significa "igual", y de χώρος, kóros, que significa "espacio" o "volumen". Una transformación isócora es a volumen constante. Una transformación isócora también se llama isocórica, isovolumétrica o isométrica.

La palabra adiabática proviene del griego, ἀδιαβατικός, adiabatikós, que significa "que no puede ser atravesado o traspasado, impenetrable". Una transformación adiabática es una transformación en la que no se produce cambio o variación de calor, $Q = 0$.

Durante una transformación isoterma (isobara) [isócora] la temperatura (presión) [volumen] es constante. Esto significa que las temperaturas (presiones) [volúmenes] de los estados inicial, final y de los infinitos estados intermedios son iguales.

Una transformación o proceso isotermo, isobaro, isócoro o adiabático de un gas puede ser reversible o irreversible.

6.3. El trabajo, el calor y la energía interna.

a) El trabajo.

Es la energía en tránsito entre dos o más sistemas producida por fuerzas. Se representa mediante la letra W, del inglés 'work'.

En el caso de un gas, el trabajo realizado por o sobre un gas durante un proceso desde el estado inicial i hasta el estado final f es:

$$W = \int_i^f \delta W = \int_i^f P_{ext} dV \,. \tag{6.1}$$

donde P_{ext} es la presión externa que soporta el gas durante el proceso. Esta definición del trabajo se utiliza en cualquier proceso, reversible o irreversible.

Los productos PV y PdV tienen dimensiones de energía: $[PV] = [PdV] = [P][dV] = [F/S][dV] = [F][dV]/[S] = MLT^{-2}L^3/L^2 = ML^2T^{-2}$.

b) El calor.

Es la energía en tránsito entre dos o más sistemas producida por una diferencia de temperaturas entre los sistemas. Se representa mediante la letra Q.

El calor Q cedido o absorbido por el sistema durante un proceso desde el estado inicial i hasta el estado final f se define como:

$$Q = \int_i^f \delta Q \,. \tag{6.2}$$

Las integrales de las ecuaciones 6.1 y 6.2 sí dependen del camino de integración entre i y f. δQ y δW son diferenciales inexactos porque sus respectivos cambios, Q y W, dependen del camino de integración. Para simbolizar un diferencial inexacto se usa el símbolo δ.

El calor Q y el trabajo W son cambios o variaciones entre dos estados. Q no es el valor del calor en un estado, sino el cambio o variación de calor entre dos estados. W no es el valor del trabajo en un estado, sino el trabajo realizado por o sobre el sistema para pasar de un estado a otro.

c) La energía interna.

Es la suma de las energías cinética y potencial de cada uno de los componentes de un sistema. La energía interna puede cambiar porque el sistema intercambia calor o trabajo. La energía interna es una función de estado. Se representa mediante la letra U, de la palabra alemana 'Umwandlung', que significa "transformación", "cambio".

La energía interna de un gas es la suma de las energías cinéticas y potencial de las unidades que componen el gas. Las unidades pueden ser átomos o moléculas. Si el gas es monoatómico, entonces las unidades son átomos. Por ejemplo: el gas argón está formado por átomos de argón. Si el gas es diatómico, entonces las unidades son moléculas formadas por dos átomos. Por ejemplo: El gas nitrógeno está formado por moléculas de nitrógeno, N_2.

6.4. El convenio de signos del calor y del trabajo.

El convenio de signos del calor Q y del trabajo W es el siguiente (Ver la figura 6.1): El calor Q es positivo cuando el sistema lo absorbe de su entorno. El calor Q es negativo cuando el sistema lo cede a su entorno. El trabajo W es positivo cuando el sistema realiza ese trabajo sobre su entorno. El trabajo W es negativo cuando su entorno realiza ese trabajo sobre el sistema.

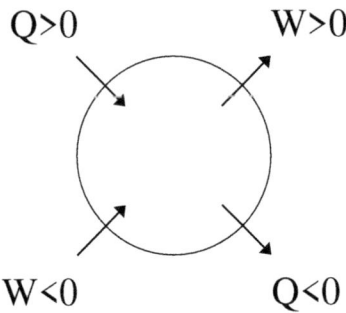

Figura 6.1: El convenio de signos del calor y del trabajo.

6.5. Los enunciados del Primer Principio.

Existen varios enunciados del Primer Principio:

a) La energía interna de un sistema aislado es constante.

b) La energía interna de un sistema aislado ni se crea ni se destruye, solo se transforma.

c) El cambio de la energía interna de un sistema cerrado es igual a la diferencia entre el calor y el trabajo intercambiados con su entorno.

d) La máquina o móvil perpetuo de primera especie. No existe una máquina aislada del exterior que produzca más trabajo que la energía que consume, pudiendo funcionar eternamente una vez encendida.

6.6. Las formas matemáticas del Primer Principio para sistemas cerrados y aislados.

La forma integral:

$$\boxed{\Delta U = Q - W}.$$
(6.3)

La forma diferencial:

$$\boxed{dU = \delta Q - \delta W} \; . \tag{6.4}$$

El cambio de la energía interna viene dado por

$$\Delta U = \int_i^f dU = U_{final} - U_{inicial} \; . \tag{6.5}$$

La integral de la ecuación 6.5 no depende del camino de integración, solo depende de los estados inicial y final. El diferencial dU es un diferencial exacto porque su cambio ΔU no depende del camino de integración. Como hemos explicado en una sección anterior, δQ y δW son diferenciales inexactos porque sus respectivos cambios, Q y W, dependen del camino de integración.

Si el estado inicial y final coinciden, entonces:

$$U_{inicial} = U_{final} \Rightarrow \Delta U = 0 \Rightarrow Q = W \; . \tag{6.6}$$

Si el sistema es un sistema aislado, entonces $Q = 0$ y $W = 0$ y, por lo tanto, $\Delta U = 0$.

6.7. El gas ideal.

a) La definición de gas ideal.

Un gas ideal es un gas cuyas partículas no interaccionan entre sí. Las partículas del gas ideal no tienen energía potencial porque no interaccionan entre sí y por tanto, solo tienen energía cinética. La energía interna U de un gas ideal es la suma de las energías cinéticas de las partículas que lo componen.

Un gas ideal es un modelo aproximado de gas para estudiar los gases reales. Si las moléculas de un gas real están lo suficientemente alejadas entre sí, entonces sus moléculas interaccionarán entre sí muy poco o nada y por lo tanto la aproximación de gas ideal se podrá utilizar para estudiar ese gas.

Los gases reales se comportan como gases ideales en determinadas condiciones de presión y temperatura. A bajas presiones y temperaturas moderadas o altas las moléculas están muy alejadas unas de otras y la aproximación de gas ideal es muy apropiada para describir el comportamiento de un gas en esas condiciones. A altas presiones y a cualquier temperatura sucede lo contrario y la aproximación de gas ideal describe muy mal el comportamiento de un gas a altas presiones. A altas temperaturas y presiones bajas o moderadas también las moléculas están muy alejadas unas de otras y por tanto el gas ideal sirve para describir un gas en esas condiciones. A bajas temperaturas y a cualquier presión sucede lo contrario.

b) Las leyes del gas ideal.

Son leyes deducidas de experimentos.

1) La ley de Boyle-Mariotte: A temperatura constante se cumple $PV =$constante. Esta ley fue descubierta independientemente por Robert Boyle en 1662 y por Edme Mariotte en 1676.

2) La leyes de Gay-Lussac: A presión constante V/T =constante; a volumen constante P/T =constante.

3) La ley de Avogadro: A presión y temperatura constantes V/n =constante. $v = V/n$ se llama volumen molar y es el volumen ocupado por un mol. Se utiliza el símbolo v_0 para representar el volumen molar a 1 atm y 0 °C. También se lo conoce como volumen molar normal. $v_0 = 22.415$ L/mol para todos los gases.

4) La ley de Poisson: Si Q=0, entonces PV^γ=constante, con $\gamma > 1$. El valor concreto de γ depende del gas.

La ley PV=constante implica $P_i V_i = P_f V_f$=constante y viceversa:

$$PV = \text{constante} \Leftrightarrow P_i V_i = P_f V_f \; . \tag{6.7}$$

Lo mismo sucede con las otras leyes del gas ideal.

c) La ecuación de estado del gas ideal.
La ecuación de estado del gas ideal comprende o incluye las leyes del gas ideal deducidas de los experimentos. La ecuación es:

$$\boxed{PV = nRT} \; . \tag{6.8}$$

El número de moles del gas es n y R es la constante universal de los gases ideales. Las tres primeras leyes se deducen fácilmente a partir de $PV = nRT$. Demostrar la ley de Poisson es más complicado. Demostraremos esa ley en una de las siguientes secciones.

La constante R tiene los siguientes valores numéricos y unidades: $R = 8.3145$ J/(mol K) $= 0.082$ atm L/(mol K) ≈ 2 cal/(mol K). La dimensión de R es $[R] = ML^2T^{-2}\Theta^{-1}N^{-1}$.

d) Los calores molares de un gas ideal.
Hay dos tipos de calores molares: El calor molar a volumen constante, C_V, y el calor molar a presión constante, C_P. El calor molar a volumen constante de un gas es la cantidad de calor necesaria para aumentar en una unidad de temperatura, la temperatura de un mol de ese gas, manteniendo constante el volumen del gas. El calor absorbido o cedido por n moles de un gas, a volumen constante, es:

$$\boxed{Q = nC_V\Delta T} \; . \tag{6.9}$$

El calor molar a presión constante de un gas es la cantidad de calor necesaria para aumentar en una unidad de temperatura, la temperatura de un mol de ese gas, manteniendo constante la presión del gas. El calor absorbido o cedido por n moles de un gas, a presión constante, es:

$$\boxed{Q = nC_P\Delta T} \; . \tag{6.10}$$

Los calores molares C_V y C_P tienen las mismas unidades y dimensiones que R. Sus unidades en el SI son julios/(mol kelvin) y su dimensión es $[C_V] = [C_P] = [R] = [E]/(N\Theta) = ML^2T^{-2}\Theta^{-1}N^{-1}$. El calor molar a presión constante es mayor que el calor molar a volumen constante.

El exponente γ de la ley de Poisson, PV$^\gamma$=constante, es igual al cociente del calor molar a presión constante y el calor molar a volumen constante: $\gamma=C_P/C_V$. γ es mayor que la unidad.

Los calores molares y γ dependen del tipo de gas. Los calores molares y γ de un gas ideal monoatómico son C_V=3R/2, C_P=5R/2 y γ=5/3, y los de un gas ideal diatómico son C_V=5R/2, C_P=7R/2 y γ=7/5.

La relación matemática entre C_V, C_P y R se llama relación de Mayer:

$$\boxed{C_P - C_V = R} \, . \tag{6.11}$$

El calor intercambiado por un gas a volumen constante, viene dado por $mc_e\Delta T$ y también por $nC_V\Delta$. Esto significa que

$$mc_e = nC_V \, . \tag{6.12}$$

En un capítulo anterior, definimos mc_e como la capacidad calorífica. La ecuación 6.12 es la relación entre el calor específico y el calor molar.

En el estudio de gases, es habitual utilizar la expresión 'condiciones normales' de presión y temperatura. No hay una definición universal de 'condiciones normales'. La definición depende del contexto, de los autores y del país. Para algunos autores, las condiciones normales son una presión de una atmósfera y una temperatura de 0 °C. Para otros autores, las condiciones normales son una presión de una atmósfera y una temperatura de 15 °C. Por lo tanto, es necesario saber con exactitud a qué llama cada autor 'condiciones normales'.

También se usa la expresión 'condiciones estándar' de presión y temperatura. Se trata de una presión de una atmósfera y una temperatura de 25 °C (298.15 K).

6.8. La energía interna de un gas ideal.

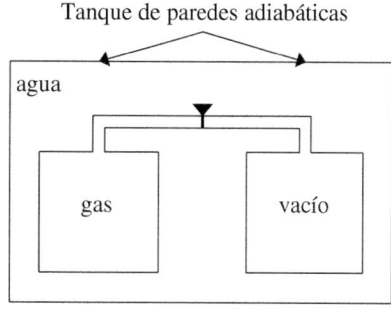

Figura 6.2: Un esquema del experimento de Joule.

a) El experimento de Joule.

Este experimento consistió en una expansión isoterma, es decir, a temperatura constante, de un gas ideal sin trabajo externo. Las dos cámaras están sumergidas en un tanque de agua cuyas paredes no conducen el calor. El gas ideal se deja expansionar hacia la cámara vacía abriendo la válvula entre las dos cámaras. Ver la figura 6.2.

El gas no realiza un trabajo durante esta expansión $\Rightarrow W = 0$. No se detecta un cambio de la temperatura del agua del tanque durante la expansión, por tanto no hay intercambio de calor entre el tanque y el gas, es decir, $Q = 0$. El agua y el gas tienen la misma temperatura en este experimento.

El calor y el trabajo son nulos: $Q = 0$ y $W = 0$. Esto implica que $\Delta U = 0 \Rightarrow U_i = U_f$. Por tanto, según los experimentos $T_i = T_f$ y $U_i = U_f$ para distintas presiones y volúmenes del gas. Esto significa que U podría depender solo de la temperatura T.

La Ley de Joule: La energía interna de un gas ideal se mantiene constante en una expansión isoterma sin trabajo externo.

Los gases reales se enfrían al expansionarse aunque no realicen un trabajo sobre su entorno. No se comportan como los gases ideales.

b) Calentamiento de un gas ideal a volumen constante.
Según los experimentos, si calentamos un gas ideal a volumen constante, producimos un aumento ΔT de su temperatura.

Un volumen constante implica:

$$V_i = V_f \Rightarrow W = \int_{V_i}^{V_f} P\,dV = 0 \,. \tag{6.13}$$

Teniendo en cuenta que $\Delta U = Q - W$ y que $W = 0$, resulta que $\Delta U = Q$. Al tratarse de una transformación a volumen constante $Q = nC_V\Delta T$ y, por tanto, $\Delta U = nC_V\Delta T$.

Por lo tanto, según estos dos experimentos, U solo depende de T. El diferencial de U es: $dU = nC_V dT$. C_V es el calor molar a volumen constante. U es una función de estado, por tanto ΔU y dU son iguales a $nC_V\Delta T$ y $nC_V dT$, respectivamente, en cualquier proceso, no solo en los procesos a volumen constante.

La forma matemática de la ley de Joule:
Forma integral:

$$\boxed{\Delta U = nC_V\Delta T} \,. \tag{6.14}$$

Forma diferencial:

$$\boxed{dU = nC_V dT} \,. \tag{6.15}$$

6.9. Las transformaciones reversibles del gas ideal.

Calcularemos ΔU, Q y W para las cuatro principales transformaciones o procesos reversibles.

Se trata de procesos o transformaciones reversibles y por tanto a) la ecuación de estado del gas es válida para todos los estados de la transformación, el inicial, el final y los intermedios y b) la presión del gas es igual a la presión externa en cada estado de la transformación (inicial, intermedios y final). Esto significa que $P_{ext} = P(V, T, n)$ durante todo el proceso, donde $P(V, T, n)$ es una ecuación de estado.

Sustituimos P_{ext} por $P(V, T, n)$ en la integral que define el trabajo y calculamos el trabajo realizado durante el proceso reversible. En este caso se trata del gas ideal y por tanto usaremos $PV = nRT$. Si se tratara de un gas real, entonces tendríamos que usar otra ecuación de estado.

Explicaremos más en profundidad los procesos reversibles e irreversibles en el capítulo sobre el Segundo Principio de la Termodinámica.

a) Una transformación isoterma.

Un gas ideal cumple PV = nRT. Por lo tanto, PdV = nRT/dV. El trabajo de una transformación isoterma es:

$$W = \int_i^f P dV = \int_i^f nRT/V dV = nRT ln\left(\frac{V_f}{V_i}\right) . \tag{6.16}$$

Por otra parte, una temperatura constante implica que $\Delta T = 0$ y el cambio de la energía interna es:

$$\Delta U = nC_V \Delta T \Rightarrow \Delta U = 0 \Rightarrow Q = W . \tag{6.17}$$

b) Una transformación isobara.

El calor de una transformación isobara se calcula usando el calor molar específico a presión constante, C_P:

$$Q = nC_P \Delta T . \tag{6.18}$$

Puesto que la presión es constante, la integral de PdV será P multiplicando el cambio de volumen, ΔV:

$$W = \int_i^f P dV = P \int_i^f dV = P(V_f - V_i) . \tag{6.19}$$

Sabemos que $\Delta U = nC_V \Delta T$ en cualquier proceso, porque U es una función de estado, pero podemos demostrar que esa ecuación se cumple para un proceso isobaro a partir del Primer Principio:

$$\left.\begin{array}{l} \Delta U = Q - W = nC_P \Delta T - P(V_f - V_i) \\ PV = nRT \Rightarrow P(V_f - V_i) = nR\Delta T \end{array}\right\} \Rightarrow \Delta U = n(C_P - R)\Delta T . \tag{6.20}$$

Mediante la relación de Mayer, $C_P - C_V = R$, la ecuación 6.20 se convierte en

$$\Delta U = nC_V \Delta T , \tag{6.21}$$

como queríamos demostrar.

También se puede demostrar la relación de Mayer, partiendo de $\Delta U = nC_V \Delta T$:

$$\left.\begin{array}{l} \Delta U = Q - W = nC_P \Delta T - P(V_f - V_i) = n(C_P - R)\Delta T \\ \Delta U = nC_V \Delta T, \text{ porque U es una función de estado} \end{array}\right\} \Rightarrow C_P - C_V = R , \tag{6.22}$$

como queríamos demostrar.

c) Una transformación isócora.

El calor de una transformación isócora se calcula usando el calor molar a volumen constante, C_V:

$$Q = nC_V\Delta T . \qquad (6.23)$$

El volumen es constante en una transformación isócora y, por tanto, $dV = 0$ y el trabajo es nulo:

$$dV = 0 \Rightarrow PdV = 0 \Rightarrow W = \int_i^f PdV = \int_i^f 0 = 0 . \qquad (6.24)$$

Finalmente, el cambio de la energía interna es igual a:

$$\Delta U = Q - W = nC_V\Delta T - 0 = nC_V\Delta T , \qquad (6.25)$$

como ya sabíamos, puesto que la energía interna es una función de estado y el cambio de energía interna de cualquier proceso es $nC_V\Delta T$.

d) Una transformación adiabática.

En una transformación adiabática $\delta Q = 0$ y por lo tanto, $Q = \int_i^f \delta Q = 0$. Vamos a calcular dos expresiones del trabajo de un proceso adiabático. La primera expresión se calcula de la siguiente manera:

$$\left.\begin{array}{l} W = \int_i^f PdV = a \int_i^f dV/V^\gamma = \dfrac{a}{1-\gamma}(V_f^{1-\gamma} - V_i^{1-\gamma}) \\[2mm] PV^\gamma = a \Rightarrow P_iV_i^\gamma = P_fV_f^\gamma = a \Rightarrow a(V_f^{1-\gamma} - V_i^{1-\gamma}) = P_fV_f - P_iV_i \end{array}\right\} \Rightarrow W = \dfrac{P_fV_f - P_iV_i}{1-\gamma} . \quad (6.26)$$

La segunda expresión del trabajo de un proceso adiabático se calcula de la siguiente manera:

$$\left.\begin{array}{l} PV = nRT \Rightarrow P_fV_f - P_iV_i = nR\Delta T \\[2mm] W = \dfrac{P_fV_f - P_iV_i}{1-\gamma} \end{array}\right\} \Rightarrow W = \dfrac{nR\Delta T}{1-\gamma} . \qquad (6.27)$$

Vamos a comprobar que en un proceso adiabático reversible se cumple $\Delta U = nC_V\Delta T$:

$$\left.\begin{array}{l} \Delta U = Q - W = -\dfrac{nR\Delta T}{1-\gamma} = \dfrac{nR\Delta T}{\gamma-1} \\[2mm] C_P = C_V + R \Rightarrow \gamma = C_P/C_V = R/C_V + 1 \Rightarrow \dfrac{R}{\gamma-1} = C_V \end{array}\right\} \Rightarrow \Delta U = nC_V\Delta T . \quad (6.28)$$

En la tabla 6.1 hemos recogido las expresiones del calor, del trabajo y de la energía interna de las cuatro principales transformaciones reversibles del gas ideal.

6.10. El trabajo de un gas ideal en una transformación irreversible.

En una sección anterior hemos calculado el trabajo y otras magnitudes en cuatro procesos reversibles del gas ideal. En un proceso irreversible, los estados intermedios no son

Tabla 6.1: Resumen de las transformaciones del gas ideal

Transformación	Significado	Q	W	ΔU
isoterma	$T =$cte	$Q = W$	$nRT\ln\left(\dfrac{V_f}{V_i}\right)$	0
isobara	$P =$cte	$nC_P\Delta T$	$P(V_f - V_i)$	$nC_V\Delta T$
isócora	$V =$cte	$nC_V\Delta T$	0	$nC_V\Delta T$
adiabática	$Q = 0$	0	$\dfrac{P_fV_f - P_iV_i}{1 - \gamma}$	$nC_V\Delta T$

de equilibrio y, por tanto, no se puede igualar la presión externa a la presión dada por una ecuación de estado para los estados intermedios del proceso irreversible, es decir, P_{ext} no es igual a $P(V, T, n)$ para los estados intermedios, y no se puede sustituir el integrando P_{ext} por $P(V, T, n)$ en la integral que define el trabajo. Por tanto, el trabajo realizado en un proceso irreversible se calcula partiendo de la definición de trabajo, explicada en una sección anterior: $W = \displaystyle\int_i^f P_{ext}dV$, utilizando el valor de la presión externa durante el proceso irreversible.

Si el proceso se realiza en varias etapas con una presión externa diferente en cada etapa, entonces hay que calcular el trabajo en cada etapa con la correspondiente presión externa y calcular la suma de los trabajos.

6.11. Las demostraciones de la ley de Poisson.

La ley de Poisson es la relación matemática entre la presión, la temperatura y el volumen en un proceso adiabático de un gas ideal. Hay tres formas o ecuaciones de la ley de Poisson: $PV^\gamma =$ constante, $TV^{\gamma-1} =$ constante y $P^{1-\gamma}T^\gamma =$ constante. La forma o ecuación más habitual es $PV^\gamma =$ constante. Vamos a calcular o demostrar las tres formas de la ecuación a partir del Primer Principio de la Termodinámica, la ley de Joule y la ley de los gases ideales.

a) Una demostración de $PV^\gamma =$ constante.
Buscamos una ecuación diferencial que dependa de dP y dV. La integración de esa ecuación nos dará $P = P(V)$. Partiendo de la ley de Joule, del Primer Principio y de la definición de proceso adiabático, obtenemos:

$$\left.\begin{array}{l} dU = nC_V dT \text{ Ley de Joule} \\ dU = \delta Q - PdV \text{ Primer Principio} \\ \delta Q = 0 \text{ Proceso adiabático} \end{array}\right\} \Rightarrow nC_V dT = -PdV \Rightarrow ndT = -PdV/C_V . \quad (6.29)$$

169

$$PV = nRT \Rightarrow PdV + VdP = nRdT \left.\begin{array}{l} \\ \\ \end{array}\right\} \Rightarrow PdV + VdP = -RPdV/C_V \Rightarrow \tag{6.30}$$
$$ndT = -PdV/C_V$$

$$C_V PdV + C_V VdP = -RPdV \Rightarrow (C_V + R)PdV + C_V VdP = 0 . \tag{6.31}$$

Calculamos $C_V + R$ en función de C_V y de γ:

$$C_P - C_V = R \Rightarrow C_V + R = C_P \left.\begin{array}{l} \\ \\ \end{array}\right\} \Rightarrow C_V + R = \gamma C_V . \tag{6.32}$$
$$\gamma = C_P/C_V \Rightarrow C_P = \gamma C_V$$

Introducimos la expresión de $C_V + R$ en el resultado de 6.31:

$$(C_V + R)PdV + C_V VdP = 0 \left.\begin{array}{l} \\ \\ \end{array}\right\} \Rightarrow \gamma PdV + VdP = 0 \Rightarrow dP/P = -\gamma dV/V \Rightarrow \tag{6.33}$$
$$C_V + R = \gamma C_V$$

Integramos el resultado de 6.33:

$$\int_i^f dP/P = -\gamma \int_i^f dV/V \Rightarrow lnP_f - lnP_i = -\gamma(lnV_f - lnV_i) \Rightarrow \tag{6.34}$$

$$lnP_f + \gamma lnV_f = lnP_i + \gamma lnV_i \Rightarrow lnP_f + lnV_f^\gamma = lnP_i + lnV_i^\gamma \Rightarrow \tag{6.35}$$

Obtenemos:

$$lnP_f V_f^\gamma = lnP_i V_i^\gamma \Rightarrow P_f V_f^\gamma = P_i V_i^\gamma \Rightarrow PV^\gamma = \text{constante}, \tag{6.36}$$

como queríamos demostrar.

b) Una demostración de $TV^{\gamma-1} = $ constante.

Otra forma de la ley de Poisson es $TV^{\gamma-1} = $ constante. Vamos a demostrar esta forma de la ley de Poisson como en la demostración anterior:

$$dU = nC_V dT \text{ Ley de Joule} \left.\begin{array}{l} \\ \\ \\ \end{array}\right\}$$
$$dU = \delta Q - PdV \text{ Primer Principio} \Rightarrow nC_V dT = -PdV . \tag{6.37}$$
$$\delta Q = 0 \text{ Proceso adiabático}$$

$$nC_V dT = -PdV \left.\begin{array}{l} \\ \\ \end{array}\right\} \Rightarrow nC_V dT = -\frac{nRTdV}{V} \Rightarrow \frac{dT}{T} = -\frac{R}{C_V}\frac{dV}{V} . \tag{6.38}$$
$$PV = nRT \Rightarrow P = nRT/V$$

Calculamos el cociente R/C_V:

$$C_P - C_V = R \Rightarrow \frac{R}{C_V} = \frac{C_P - C_V}{C_V} \left.\begin{array}{l} \\ \\ \end{array}\right\} \Rightarrow \frac{R}{C_V} = \gamma - 1 . \tag{6.39}$$
$$\gamma = C_P/C_V$$

Introducimos el cociente R/C_V en el resultado de 6.38 e integramos:

$$\frac{R}{C_V} = \gamma - 1 \left.\begin{array}{l} \\ \\ \end{array}\right\} \Rightarrow \frac{dT}{T} = (1 - \gamma)\frac{dV}{V} \Rightarrow \int_i^f dT/T = (1 - \gamma)\int_i^f dV/V \Rightarrow \tag{6.40}$$
$$\frac{dT}{T} = -\frac{R}{C_V}\frac{dV}{V}$$

$$(lnT_f - lnT_i) = (1-\gamma)(lnV_f - lnV_i) \Rightarrow lnT_f + (\gamma-1)lnV_f = lnT_i + (\gamma-1)lnV_i \Rightarrow \quad (6.41)$$

Obtenemos:

$$T_f V_f^{\gamma-1} = T_i V_i^{\gamma-1} \Rightarrow TV^{\gamma-1} = \text{ constante}, \quad (6.42)$$

como queríamos demostrar.

c) Una demostración de $P^{1-\gamma}T^\gamma =$ constante.

La tercera forma de la ley de Poisson es $P^{1-\gamma}T^\gamma =$ constante. Vamos a demostrar esta forma de la ley de Poisson de una manera similar a las dos demostraciones anteriores.

A partir de la ley de Joule, el primer principio de la Termodinámica y la definición de un proceso adiabático deducimos:

$$\left.\begin{array}{l} dU = nC_V dT \text{ Ley de Joule} \\ dU = \delta Q - PdV \text{ Primer Principio} \\ \delta Q = 0 \text{ Proceso adiabático} \end{array}\right\} \Rightarrow nC_V dT = -PdV . \quad (6.43)$$

El objetivo es obtener una ecuación que relaciona P con T. Por lo tanto, buscamos una ecuación diferencial que dependa de T y P (T, P, dT y dP). Al integrar esa ecuación diferencial, encontraremos la relación matemática entre P y T. Estos motivos nos conducen a calcular PdV en función de dT y dP, a partir de la ley del gas ideal:

$$\left.\begin{array}{l} PV = nRT \text{ Ley del gas ideal} \Rightarrow d(PV) = nRdT \\ \text{Producto PV} \Rightarrow d(PV) = PdV + VdP \end{array}\right\} \Rightarrow PdV + VdP = nRdT \Rightarrow PdV = nRdT - VdP .$$

$$(6.44)$$

Introducimos 6.45 dentro del resultado de 6.43:

$$\left.\begin{array}{l} nC_V dT = -PdV \\ PdV = nRdT - VdP \end{array}\right\} \Rightarrow nC_V dT = -nRdT + VdP . \quad (6.45)$$

Buscamos expresar VdP en función de T y P. Para ello, introducimos la ley del gas ideal en 6.45 y hacemos los siguientes cálculos:

$$\left.\begin{array}{l} nC_V dT = -nRdT + VdP \\ V = \dfrac{nRT}{P} \end{array}\right\} \Rightarrow nC_V dT = -nRdT + nRT\dfrac{dP}{P} \Rightarrow \quad (6.46)$$

$$C_V dT = -RdT + RT\dfrac{dP}{P} \Rightarrow (C_V + R)dT = RT\dfrac{dP}{P} \Rightarrow \dfrac{C_V + R}{R}\dfrac{dT}{T} = \dfrac{dP}{P} . \quad (6.47)$$

Hemos obtenido una ecuación diferencial que depende T y P. Ahora tenemos que expresar esa ecuación en función de γ. Para ello, calculamos el cociente $(C_V + R)/R$ en función de γ:

$$\frac{C_V + R}{R} = \frac{C_P}{R} = \frac{C_P}{C_P - C_V} = \frac{\gamma}{\gamma - 1} . \quad (6.48)$$

Introducimos el cociente $(C_V + R)/R$ en el resultado de los pasos 6.47:

$$\left.\begin{array}{l} \dfrac{C_V + R}{R}\dfrac{dT}{T} = \dfrac{dP}{P} \\[2mm] \dfrac{C_V + R}{R} = \dfrac{\gamma}{\gamma - 1} \end{array}\right\} \Rightarrow \dfrac{\gamma}{\gamma - 1}\dfrac{dT}{T} = \dfrac{dP}{P} \Rightarrow \gamma\dfrac{dT}{T} = (\gamma - 1)\dfrac{dP}{P} \tag{6.49}$$

Integramos el resultado de los pasos o cálculos de 6.49:

$$\gamma ln\left(\dfrac{T_f}{T_i}\right) = (\gamma - 1)ln\left(\dfrac{P_f}{P_i}\right) \Rightarrow \left(\dfrac{T_f}{T_i}\right)^{\gamma} = \left(\dfrac{P_f}{P_i}\right)^{\gamma - 1} \Rightarrow \tag{6.50}$$

Finalmente, obtenemos:

$$P_f^{1-\gamma}T_f^{\gamma} = P_i^{1-\gamma}T_i^{\gamma} \Rightarrow P^{1-\gamma}T^{\gamma} = \text{constante}, \tag{6.51}$$

como queríamos demostrar.

6.12. La teoría cinética del gas ideal.

Esta teoría relaciona la presión y la temperatura con la velocidad o la energía cinética de las partículas del gas ideal. Demostraremos que la velocidad está relacionada con la presión y la temperatura.

a) La interpretación cinética de la presión.

Supongamos un gas dentro de un cubo de lado l y formado por N átomos o moléculas del mismo tipo. En general, las moléculas tienen velocidades diferentes. La molécula j tiene una velocidad $\vec{v}_j$. Las moléculas tienen la misma masa m. El movimiento de las moléculas produce choques de éstas contra las paredes del cubo (Ver la figura 6.3).

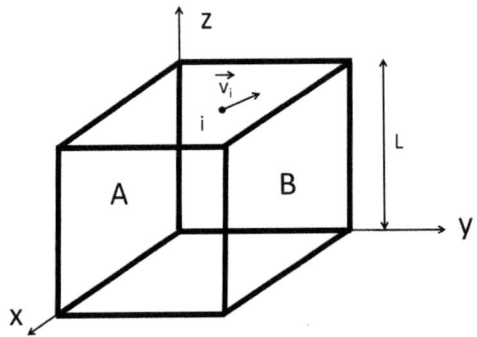

Figura 6.3: La teoría cinética de los gases.

Al chocar contra la cara B se produce el siguiente cambio del momento lineal de la molécula j, p_{jy}:

$$\Delta p_{jy} = p_{jy_{final}} - p_{jy_{inicial}} = -mv_{jy} - mv_{jy} = -2mv_{jy} \ . \tag{6.52}$$

$$|\vec{v}_j| = |\vec{v}_{j\,inicial}| = |\vec{v}_{j\,final}| \ . |v_{jy}| = |v_{jy_{inicial}}| = |v_{jy_{final}}| \ . \tag{6.53}$$

El tiempo que emplea la molécula j en hacer el trayecto cara A - cara B - cara A es $\Delta t = 2l/v_{jy}$. Este cambio de momento lineal es transmitido al cubo durante el choque y produce una fuerza sobre él:

$$F_{jy} = |\Delta p_{jy}|/\Delta t = mv_{jy}^2/l \ . \tag{6.54}$$

Sumando todas las fuerzas sobre el cubo, obtenemos:

$$F_y = \sum_{j=1}^{N} F_{jy} = \frac{m}{l} \sum_{j=1}^{N} v_{jy}^2 = \frac{m}{l} N < v_y^2 > \ . \tag{6.55}$$

donde $< v_y^2 >$ es el promedio de v_y^2 para una sola molécula. La presión sobre la cara B debida a los choques de las moléculas en la dirección y es P_y:

$$\left. \begin{aligned} P_y &= \frac{F_y}{S_{caraB}} = \frac{F_y}{l^2} = \frac{mN}{l^3} < v_y^2 \ge \frac{mN}{V} < v_y^2 > \\ < v_x^2 &\ge < v_y^2 \ge < v_z^2 > \Rightarrow < v_y^2 \ge < v^2 > /3 \\ P &= P_x = P_y = P_z \end{aligned} \right\} \Rightarrow \boxed{P = \frac{mN}{3V} < v^2 >} \ . \tag{6.56}$$

b) La interpretación cinética de la temperatura.

A partir de la ley del gas ideal y de la expresión anterior de PV podemos hacer una interpretación cinética de la temperatura:

$$\left. \begin{aligned} PV &= nRT \\ PV &= \frac{mN}{3} < v^2 > \end{aligned} \right\} \Rightarrow nRT = \frac{mN}{3} < v^2 > \ . \tag{6.57}$$

El número de moles n es, por definición, $n = N/N_A$, donde N_A es el número de Avogadro. Teniendo en cuenta esta definición de n, obtenemos:

$$\frac{RT}{N_A} = \frac{m}{3} < v^2 > \ . \tag{6.58}$$

La constante de Boltzmann k_B es, por definición, $k_B = R/N_A$. Por tanto:

$$\boxed{\frac{3}{2} k_B T = \frac{m}{2} < v^2 >} \ . \tag{6.59}$$

Esta ecuación relaciona la energía cinética promedio de una molécula, $\frac{m}{2} < v^2 >$, con la temperatura del gas.

Se llama velocidad cuadrática media (rms=root mean square) a la expresión:

$$v_{rms} = \sqrt{< v^2 >} \ . \tag{6.60}$$

6.13. Las unidades de presión.

La unidad de presión en el SI es el pascal, Pa. $1\ Pa = N/m^2$ (1 pascal = 1 newton/metro cuadrado). El bar y la atmósfera son unidades de presión utilizadas frecuentemente, pero no son unidades del SI.

La palabra bar proviene del griego, βάρος, báros, que significa peso. Un bar son 100000 pascales y una atmósfera es un poco más de 100000 pascales: $1\ atm = 1.013 \cdot 10^5\ Pa = 1.013$ bares = 1013 milibares. Por tanto, una presión de una atmósfera es ligeramente mayor que una presión de un bar. La presión de una habitación es la presión atmosférica, 1 atmósfera = 1.0130 bares = 0.10130 MPa = 101300 pascales.

La presión gauge es la presión con respecto a la presión atmosférica del lugar. La presión absoluta es la presión con respecto al vacío absoluto. El barg es la unidad de presión gauge y el bar o bara es la presión con respecto al vacío absoluto. Barg proviene de bar gauge. Bara proviene de bar absoluto. Una presión de x barg es igual a x bar + presión atmosférica local en bares. Si la presión local es 1013 milibares, entonces x barg = (x + 1.013) bar.

Otra unidad de presión usada habitualmente y que no es del SI es el mmHg o Torr. Un milímetro de mercurio, mmHg, es la presión ejercida por la atmósfera terrestre, a nivel del mar, en la base de una columna de mercurio de un milímetro de altura. Una atmósfera son 760 mmHg.

6.14. Cuestiones y Problemas.

6.1 Una cierta cantidad de un gas ideal se expansiona isotérmicamente a 300 K, triplicándose el volumen inicial y produciendo un trabajo de 1 kWh. Calcule cuántos moles realizan esta expansión.
Solución: 1314 moles.

6.2 Un gas ideal diatómico se expansiona de modo adiabático hasta que su temperatura se divide por tres. Calcule en qué proporciones o factores varían a) el volumen y b) la presión.
Solución: $V_f/V_i = 15.6250$ y $P_f/P_i = 0.0233$.

6.3 Se tienen dos recipientes vacíos. Cada uno de ellos se llena con un gas ideal distinto, con iguales presiones y temperaturas. Explique si las siguientes afirmaciones son ciertas o falsas. a) $N_1 = N_2$, b) $m_1 = m_2$, c) $M_1 = M_2$ y d) $v_{rms,1} = v_{rms,2}$. La masa de una molécula del gas k es m_k y la masa total del gas k es M_k (k=1,2).
Solución: a) La afirmación es cierta si $V_1 = V_2$ y falsa si $V_1 \neq V_2$. b) La afirmación es falsa. c) La afirmación es cierta si $N_1/N_2 = m_2/m_1$. d) La afirmación es falsa.

6.4 Un ejemplo simple sobre cómo funciona el modelo microscópico de presión de un gas

ideal: Un flujo de diez pelotas de tenis por segundo, cada una de 200 g y moviéndose a v=10 m/s, choca contra una pared lisa de un m^2 de área, formando un ángulo de 60 grados con respecto de la vertical de la pared, y rebota. Calcule la presión que ejercen las pelotas sobre la pared.
Solución: 20 Pa.

6.5 La velocidad cuadrática media del helio. m_{He}=6.64 10^{-27} kg/átomo de helio. Calcule:

a) A qué temperatura la velocidad cuadrática media de los átomos de helio es de 600 m/s.
Solución: 57.71 K.

b) La velocidad cuadrática media de esos átomos en la superficie del Sol, cuya temperatura es de aproximadamente 5800 K, de dos maneras.
Solución: 6015 m/s.

6.6 Se tiene un mol de oxígeno a 25 °C y 770 mm de Hg de presión. Calcule:

a) El número de átomos de oxígeno que contiene.
Solución: 12.0440 10^{23}.

b) Su densidad en g/L, sin usar el número de átomos de oxígeno, ni el número de moléculas de oxígeno.
Solución: 1.3240 g/L.

c) La velocidad media de agitación de sus moléculas.
Solución: 482 m/s.

6.7 En un recinto vacío de volumen 20 cm^3 se introduce 1 mg de gas hidrógeno a 17 °C. A continuación se disminuye la temperatura a 10 °C y se hace un vacío parcial hasta reducir su presión a la centésima parte de su valor.

a) Calcule la presión inicial y final del recinto, antes de hacer el vacío parcial, en mm de Hg.
Solución: $P_i = 452.5$ mm Hg, $P_f = 441.56$ mm Hg.

b) Calcule la masa de hidrógeno que fue extraída del recinto.
Solución: 9.8966 10^{-7} kg de $H_2 \approx 1$ mg de H_2.

6.8 Un décimo de mol de un gas ideal se encuentra en la parte inferior de un recinto y a 273 K. El pistón tiene una superficie de 50 cm^2, pesa 100 kg y se encuentra a una altura h. Se calienta el gas y sube el pistón 10 cm. Calcule la altura h, la temperatura final, el cambio

de energía interna y el calor suministrado. C_v=5 cal/(mol K).
Solución: 0.2316 m, 391 K, $\Delta U = 246.86$ J y $Q = 345.27$ J.

6.9 Setenta gramos de helio, un gas ideal monoatómico, se comprimen adiabáticamente desde el estado inicial A (P_A=1 atm, V_A=80 dm^3) al estado final B tal que V_B=40 dm^3. La masa de un átomo de helio es 6.64 10^{-27} kg. El helio se comporta como un gas ideal a las presiones y temperaturas de este problema. A una presión de una atmósfera, el helio se condensa a 4.2 K. Calcule:

a) La temperatura T_B del estado final.
Solución: 88.4 K.

b) El trabajo realizado para comprimir el gas.
Solución: -7173.8 J.

c) El cambio de la energía interna.
Solución: +7173.8 J.

6.10 A nivel del mar la presión de la atmósfera es igual al peso de una columna de mercurio de 760 mm de Hg y área S. Calcule la presión de la atmósfera, 1 atm, en unidades del SI.
Solución: 1 atm = 1.0130 10^5 Pa.

6.11 Un matraz contiene 1 g de oxígeno a 10 atm y 320 K. Pasado un cierto tiempo se encuentra que, a causa de una fuga, la presión ha descendido a 5/8 veces su valor inicial y la temperatura ha bajado a 300 K. Calcule:

a) El volumen del matraz.
Solución: 8.2 10^{-5} m^3.

b) La masa de oxígeno que ha quedado dentro del recipiente.
Solución: 6.7 10^{-4} kg.

6.12 Calcule el trabajo realizado en la expansión isoterma de un mol de gas ideal a T=300 K desde 10 atm hasta 1 atm a en los siguientes procesos no reversibles:

a) El gas se expansiona en una etapa, frente a una presión exterior constante de 1 atm.
Solución: 2.24 kJ.

b) La expansión se realiza en dos etapas: en la primera se expansiona de 10 a 5 atm, con una presión exterior constante de 5 atm. En la segunda, el gas se expansiona de 5 a 1 atm con presión exterior constante de 1 atm.
Solución: 3.24 kJ.

c) La expansión tiene lugar en tres etapas: en la primera, de 10 a 5 atm, con presión exterior de 5 atm. En la segunda, de 5 a 2 atm, con presión exterior de 2 atm. En la tercera de 2 a 1 atm, con presión exterior de 1 atm.
Solución: 3987 J.

6.13 Una masa de hidrógeno de 6.5 g a T=300 K se dilata, a presión constante, hasta ocupar un volumen doble debido al calor que recibe del exterior. C_v hidrógeno = 4.88 cal/(mol K). Halle:

a) El trabajo de expansión.
Solución: 8.1 kJ.

b) El cambio que experimenta la energía interna del gas.
Solución: 19.9 kJ.

c) La cantidad de calor suministrada al gas.
Solución: 28 kJ.

6.14 Cuando se lleva un sistema desde el estado (a) hasta el estado (b) a lo largo de un camino (acb), se entrega al sistema una cantidad de calor de 80 J y el sistema realiza 30 J de trabajo.

a) Calcule el calor que recibirá el sistema a lo largo de otro camino (adb) si realiza un trabajo de 10 J.
Solución: +60 J.

b) El sistema vuelve desde (b) hasta (a) por otro camino (bea); en este proceso se realiza un trabajo de 20 J sobre el sistema. Calcule el calor intercambiado por el sistema.
Solución: -70 J.

6.15 Un mol de un gas ideal monoatómico está contenido en un cilindro provisto de un pistón, ambos no conductores del calor, el cual se mantiene inicialmente en una posición fija, de manera que la presión del gas es de 2 atm y su temperatura de 300 K. La presión exterior es la atmosférica. A continuación se suelta el pistón y se alcanza el estado final de equilibrio. No es un proceso reversible. Calcule:

a) La temperatura final.
Solución: 240 K.

b) El volumen final.
Solución: 0.0197 m^3.

c) El trabajo realizado y el cambio de energía interna en la expansión.
Solución: W = + 747.59 J y ΔU = - 747.59 J.

6.16 Un recipiente cilíndrico, cerrado y de paredes adiabáticas está dividido por un émbolo móvil también adiabático, en dos partes iguales de 5 L de volumen cada una. En cada parte hay un gas ideal diatómico e inicialmente ambos están a una presión de 0.93 atm y a 300 K. El compartimiento de la izquierda lleva un sistema de calefacción que permite calentar el gas que contiene. Se acciona este sistema y se alcanza 500 K en el compartimiento de la izquierda y de 329 K en el de la derecha. Calcule:

a) La presión y el volumen finales en ambos compartimientos.
Solución: $P_f = 1.2850$ atm en los dos compartimientos y $V_f = 3.97$ y 6.03 L.

b) La cantidad de calor recibida por el gas de la izquierda.
Solución: 898.7 J.

6.17 Un gas ideal a 300 K y 12 atm ocupa 4.1 L. A partir de este estado el gas experimenta las siguientes transformaciones reversibles: 1) Se calienta a volumen constante hasta duplicar la presión, 2) se expande a temperatura constante hasta la presión inicial y 3) se comprime a presión constante hasta el estado inicial. C_v= 5 cal/(mol K).

a) Dibuje el proceso en un diagrama P-V.
Solución: No se incluye la gráfica.

b) Calcule el calor y el trabajo intercambiados por el gas en cada proceso y el cambio de energía interna para cada uno de ellos.
Solución:
$W_1 = 0$ J, $\Delta U_1 = 12552$ J y $Q_1 = 12552$ J.
$W_2 = 6916$ J, $\Delta U_2 = 0$ J y $Q_2 = 6916$ J.
$W_3 = $ -4988 J, $\Delta U_3 = $ -12552 J y $Q_3 = $ -17541 J.

c) Calcule el calor, el trabajo y el cambio de energía interna para todo el ciclo.
Solución: $Q = +1927$ J, $W = + 1927$ J y $\Delta U = 0$ J.

6.18 Un mol de un gas ideal monoatómico, confinado en un recipiente cilíndrico con un pistón móvil, se encuentra inicialmente en el punto A y sigue el ciclo reversible indicado en la figura 6.4. El tramo A-B es isotermo y el D-A adiabático. Las presiones, temperaturas y volúmenes de los puntos A, B, C y D son: P_A=1 atm, T_A=300 K, $V_B=V_A/2$ y P_C=2.5 P_A. $V_B=V_C$ y $P_C=P_D$. Calcule el trabajo, el cambio de energía interna y el calor para cada uno de los tramos.
Solución:
$Q_{AB} = $ - 1729 J, $W_{AB} = $ - 1729 J y $\Delta U_{AB} = 0$ J.
$Q_{BC} = 934.49$ J, $W_{BC} = 0$ J y $\Delta U_{BC} = 934.49$ J.
$Q_{CD} = 1202.94$ J, $W_{CD} = 481.18$ J y $\Delta U_{CD} = 721.76$ J.
$Q_{DA} = 0$ J, $W_{DA} = 1653$ J y $\Delta U_{DA} = $ - 1653 J.

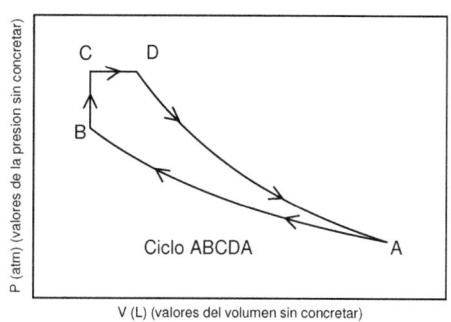

Figura 6.4: El ciclo reversible formado por cuatro procesos.

6.19 Una cierta masa de aire se encuentra encerrada en un pistón en las siguientes condiciones iniciales: P_A=1 atm, V_A=0.01 m^3 y T_A=273 K. Se somete al gas a una serie de transformaciones representadas en la figura 6.5 por el rectángulo ABCDA. Las unidades y valores de las presiones y volúmenes están en la figura. Calor específico del aire a presión constante = 0.237 cal/(g K), densidad del aire a una atmósfera y 273 K = 1.293 kg/m^3 y γ del aire=1.42. Calcule:

a) El trabajo realizado por el gas en el ciclo ABCDA en julios.
Solución: 1013 J.

b) La temperatura del gas en los estados B, C y D en kelvin.
Solución: T_B = 546 K, T_C = 1092 K y T_D = 546 K.

c) El calor absorbido o cedido durante las transformaciones AB, BC, CD y DA en calorías.
Solución: Q_{AB} = 589.1 cal, Q_{BC} = 1673.2 cal, Q_{CD} = -1178.3 cal y Q_{DA} = -836.6 cal.

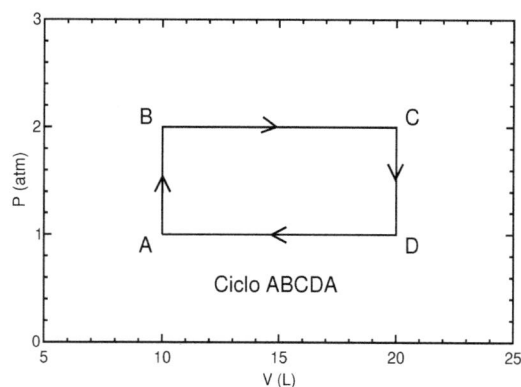

Figura 6.5: El ciclo reversible rectangular.

6.20 Un gas se encuentra en un recipiente de paredes fijas. Calentamos el gas:

a) Explique qué tipo de proceso se producirá.

Solución: Es un proceso a volumen constante.

b) Explique si aumentará o disminuirá la temperatura del gas.
Solución: Aumentará la temperatura del gas.

c) Explique si aumentará o disminuirá la presión del gas.
Solución: Aumentará la presión del gas.

6.21 Tenemos dos isotermas de un gas en un diagrama PV. El número de moles es el mismo en las dos isotermas. Una isoterma está arriba y otra abajo en el diagrama PV. Explique cuál de las dos isotermas es la isoterma de mayor temperatura: La isoterma que está arriba o la que está abajo en el diagrama PV.
Solución: La isoterma de arriba es la de mayor temperatura.

6.22 Demuestre que en una transformación adiabática (expansión o compresión) el trabajo es proporcional al cambio de la temperatura.
Solución: No se incluye la demostración.

6.23 Demuestre, sin usar diferenciales ni integrales, que en una transformación adiabática se cumple:

a) $TV^{\gamma-1}$ es constante.
Solución: No se incluye la demostración.

b) $P^{1-\gamma}T^{\gamma}$ es constante.
Solución: No se incluye la demostración.

6.24 Demuestre que la ecuación de estado del gas ideal es PV=nRT, utilizando a) la ley de Poisson, PV^{γ}=constante, b) el Primer Principio de la Termodinámica en su forma diferencial, $dU=\delta Q - \delta W$, c) la relación de Mayer, $C_P - C_V = R$ y d) la ley de Joule en su forma diferencial, $dU=nC_V dT$. Para hacer estas demostraciones, calcule el diferencial de PV^{γ}. δW = PdV en el caso de un gas. El diferencial de PV es $d(PV) = PdV + VdP$.
Solución: No se incluyen las demostraciones.

6.25 Tenemos dos adiabáticas de un gas ideal en un diagrama PV. El número de moles es el mismo en las dos adiabáticas. Una adiabática está arriba y otra abajo en el diagrama PV. Los estados A y B están en la adiabática de abajo. Los estados C y D están en la adiabática de arriba. Los estados A y C tienen el mismo volumen: $V_A = V_C$. Los estados B y D tienen el mismo volumen: $V_B = V_D$. El volumen del estado A es menor que el volumen del estado B: $V_A < V_B$. El trabajo del proceso adiabático de A hacia B es W_{AB}. El trabajo del proceso adiabático de C hacia D es W_{CD}. Calcule cuál magnitud es mayor: $|W_{AB}|$ o $|W_{CD}|$.
Solución: $|W_{AB}| < |W_{CD}|$.

6.26 Un gas ideal se encuentra inicialmente en el estado A. Sufre un proceso a volumen constante hasta el estado B. La presión en B es mayor que la presión en A. Luego sufre una expansión a presión constante hasta el estado C.

a) Calcule qué temperatura es mayor, la del estado A o la del estado B.
Solución: $T_A < T_B$.

b) Calcule qué temperatura es mayor, la del estado B o la del estado C.
Solución: $T_B < T_C$.

Capítulo 7

El Segundo Principio de la Termodinámica

7.1. La transformación de la energía.

Una energía se puede transformar en calor, en trabajo y en otro tipo de energía. Pero hay dos preguntas básicas sobre esa transformación:

a) Una transformación tiene dos sentidos. ¿Cuál de los dos sentidos es el espontáneo?

b) ¿Se transforma toda la energía o hay una parte que no puede transformarse? Estas dos preguntas no cuestionan el Primer Principio, la conservación de la energía. Estas mismas preguntas nos las podemos hacer sobre el trabajo y sobre el calor.

Con respecto a la primera pregunta, sabemos que el calor pasa espontáneamente de los sistemas calientes a los fríos. Con respecto a la segunda pregunta, es posible convertir todo el trabajo en calor, pero no es posible convertir todo el calor en trabajo, en un proceso cíclico. Sí es posible convertir todo el calor en trabajo en un proceso en el que el estado inicial y el final no coinciden, por ejemplo, en una expansión isoterma. El Segundo Principio de la Termodinámica contesta a estas dos preguntas.

7.2. La máquina térmica.

Esta máquina (Ver figura 7.1) está en contacto con un foco caliente, llamado hogar, a temperatura T_c y con un foco frío, llamado refrigerante, a temperatura T_f. Toma calor del foco caliente y cede una parte al foco frío y otra parte la convierte en trabajo. El calor pasa espontáneamente del foco caliente al frío y este sentido espontáneo se puede aprovechar para convertir una parte del calor en trabajo. Las ecuaciones de una máquina térmica son:

$$Q_c > 0 \qquad W > 0 \qquad Q_c > |Q_f| \qquad Q_f < 0 \qquad Q_c = W + |Q_f| \,. \tag{7.1}$$

El rendimiento, η, de esta máquina es el cociente entre la energía útil y la energía utilizada. En este caso, la energía útil es el trabajo W y la energía utilizada es el calor absorbido, Q_c:

$$\boxed{\eta = \frac{W}{Q_c} = \frac{Q_c - |Q_f|}{Q_c} = \frac{Q_c + Q_f}{Q_c} = 1 - \frac{|Q_f|}{Q_c} = 1 + \frac{Q_f}{Q_c} < 1} \,. \tag{7.2}$$

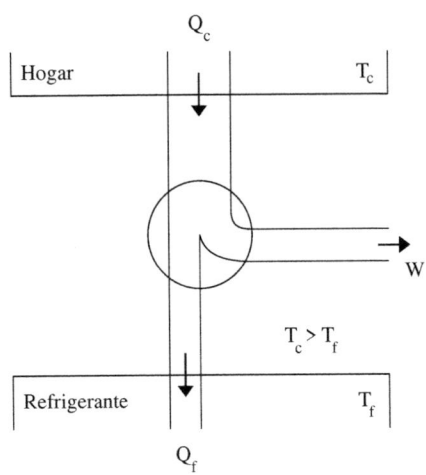

Figura 7.1: La máquina térmica.

El rendimiento, ecuación 7.2, es mayor que cero y menor que la unidad. Un mayor rendimiento significa, por tanto, que la máquina convierte más proporción de calor absorbido en trabajo.

Es importante darse cuenta de que Q_f es menor que cero en el caso de una máquina térmica (Ver las expresiones de 7.1). Por lo tanto, $|Q_f| = -Q_f$ y por lo tanto, es correcto escribir $Q_c - |Q_f| = Q_c + Q_f$ en la expresión del rendimiento, ecuación 7.2.

7.3. La máquina frigorífica.

Es una máquina térmica que funciona en el sentido inverso: Toma calor del foco frío y lo cede al foco caliente, utilizando un trabajo exterior (Ver la figura 7.2). Este transporte de calor no sucede espontáneamente y es necesario un trabajo exterior para que suceda. Las ecuaciones de la máquina frigorífica son:

$$Q_c < 0 \qquad W < 0 \qquad |Q_c| > Q_f \qquad Q_f > 0 \qquad |Q_c| = |W| + Q_f \,. \qquad (7.3)$$

El rendimiento de una máquina frigorífica se llama eficiencia, E_f, y también es el cociente entre la energía útil y la energía utilizada. En este caso, la energía útil es el calor Q_f extraído del congelador y la energía utilizada es el trabajo en valor absoluto, $|W|$:

$$\boxed{E_f = \frac{Q_f}{|W|} = \frac{Q_f}{|Q_c| - Q_f} = \frac{-Q_f}{Q_c + Q_f}} \,. \qquad (7.4)$$

La eficiencia puede ser mayor que la unidad. Es importante darse cuenta de que Q_c es menor que cero y Q_f es mayor que cero en el caso de una máquina frigorífica (Ver las expresiones de 7.3). Por lo tanto, $|Q_c| = -Q_c$ y es correcto escribir $\dfrac{Q_f}{|Q_c| - Q_f} = \dfrac{-Q_f}{Q_c + Q_f}$ en

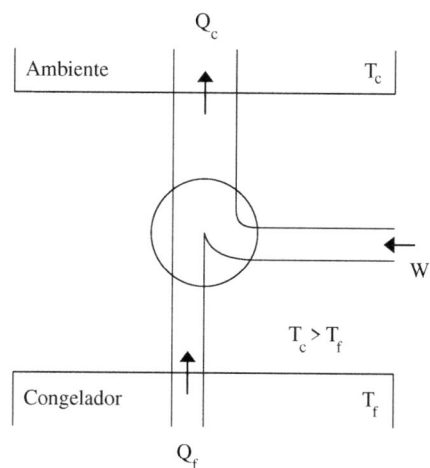

Figura 7.2: La máquina frigorífica.

la expresión de la eficiencia, ecuación 7.4.

La máquina térmica y la frigorífica son dos tipos de motor termodinámico. Hay varios enunciados del Segundo Principio de la Termodinámica relacionados o inspirados en estos motores o máquinas. Estudiaremos estos enunciados en la sección sobre los enunciados de dicho Principio.

7.4. El ciclo de Carnot.

a) La definición del ciclo de Carnot.
El ciclo de Carnot es un ciclo ideal y reversible de transformaciones, diseñado por el ingeniero francés Sadi Carnot hacia 1824. Este ciclo recorrido en sentido positivo u horario es el de una máquina térmica, y recorrido en sentido negativo o antihorario es el ciclo de una máquina frigorífica.

El ciclo de Carnot está formado por dos procesos isotermos y dos adiabáticos alternados: isotermo-adiabático-isotermo-adiabático. La figura 7.3 muestra un ciclo de Carnot recorrido en el sentido positivo u horario: Un ciclo de Carnot de una máquina térmica.

El trabajo W es el área encerrada dentro del ciclo en el plano PV. Si el ciclo se recorre en sentido horario, entonces el trabajo es positivo y si se recorre en sentido antihorario, entonces el trabajo es negativo. El sistema que sigue el ciclo de Carnot puede ser sólido, líquido o gaseoso.

b) El cálculo del rendimiento del ciclo de Carnot de una máquina térmica.
Usamos un gas ideal para realizar dicho cálculo. El rendimiento de una máquina térmica es (Ver la ecuación 7.2):

$$\eta_{\text{Carnot}} = \frac{Q_c + Q_f}{Q_c} \ . \tag{7.5}$$

Calcularemos primero los calores Q_c y Q_f en el ciclo de Carnot de una máquina térmica.

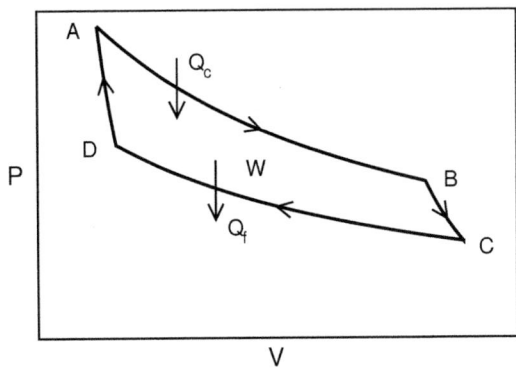

Figura 7.3: El ciclo de Carnot de una máquina térmica.

El calor Q_c es el calor absorbido por el foco caliente. Es el calor absorbido durante el proceso de A a B, la expansión isoterma a T_c:

$$Q_c = Q_{AB} = nRT_c ln\left(\frac{V_B}{V_A}\right).$$ (7.6)

El calor Q_f es el calor cedido por el foco frío. Es el calor cedido durante el proceso de C a D, la compresión isoterma a T_f:

$$Q_f = Q_{CD} = nRT_f ln\left(\frac{V_D}{V_C}\right).$$ (7.7)

Incluimos los dos calores en la ecuación 7.5 y obtenemos que el rendimiento del ciclo de Carnot es igual a:

$$\eta_{Carnot} = \frac{T_c ln(V_B/V_A) + T_f ln(V_D/V_C)}{T_c ln(V_B/V_A)}.$$ (7.8)

En segundo lugar, para simplificar esta expresión, buscaremos una relación entre los cocientes o razones V_B/V_A y V_D/V_C. Para ello, vamos a hacer dos comparaciones: Las adiabáticas entre sí y las isotermas entre sí.

Comparamos las dos adiabáticas. El proceso de D a A es una compresión adiabática $\Rightarrow P_A V_A^\gamma = P_D V_D^\gamma$. El proceso de B a C es una expansión adiabática $\Rightarrow P_B V_B^\gamma = P_C V_C^\gamma$.

Dividiendo las dos expresiones de las adiabáticas, obtenemos:

$$\frac{P_A}{P_B}\left(\frac{V_A}{V_B}\right)^\gamma = \frac{P_D}{P_C}\left(\frac{V_D}{V_C}\right)^\gamma.$$ (7.9)

Comparamos las dos isotermas. El proceso de A a B es una expansión isoterma a T_c:

$$\Rightarrow P_A V_A = P_B V_B \Rightarrow \frac{P_A}{P_B} = \frac{V_B}{V_A}.$$ (7.10)

El proceso de C a D es una compresión isoterma a T_f:

$$\Rightarrow P_C V_C = P_D V_D \Rightarrow \frac{P_D}{P_C} = \frac{V_C}{V_D}.$$ (7.11)

Combinamos las tres expresiones anteriores para encontrar una relación entre los cocientes o razones V_B/V_A y V_D/V_C:

$$\left.\begin{array}{l} \dfrac{P_A}{P_B}\left(\dfrac{V_A}{V_B}\right)^\gamma = \dfrac{P_D}{P_C}\left(\dfrac{V_D}{V_C}\right)^\gamma \\[3mm] \dfrac{P_A}{P_B} = \dfrac{V_B}{V_A} \\[3mm] \dfrac{P_D}{P_C} = \dfrac{V_C}{V_D} \end{array}\right\} \Rightarrow \dfrac{V_B}{V_A}\left(\dfrac{V_A}{V_B}\right)^\gamma = \dfrac{V_C}{V_D}\left(\dfrac{V_D}{V_C}\right)^\gamma \Rightarrow \dfrac{V_A}{V_B} = \dfrac{V_D}{V_C} \ . \tag{7.12}$$

Incluimos en 7.8 esa relación entre los volúmenes y encontramos que el rendimiento de una máquina térmica funcionando con el ciclo de Carnot es:

$$\boxed{\eta_{\text{Carnot}} = \frac{T_c - T_f}{T_c}} \ . \tag{7.13}$$

Este resultado es muy importante y significa que el rendimiento de un ciclo de Carnot, η_{Carnot}, solo depende de las temperaturas de los focos y es independiente del tipo de sistema o sustancia que recorre el ciclo de Carnot.

c) El teorema de Carnot para una máquina térmica.

El máximo rendimiento que puede tener una máquina térmica es el rendimiento de una máquina térmica de Carnot, η_{Carnot}. Cualquier máquina funcionando con otro ciclo tendrá un rendimiento menor. La forma matemática de este teorema:

$$\boxed{\eta_{\text{Carnot}} = \frac{T_c - T_f}{T_c} \geq \frac{Q_c - |Q_f|}{Q_c} = \eta} \ . \tag{7.14}$$

d) El cálculo de la eficiencia del ciclo de Carnot de una máquina frigorífica.

La eficiencia de una máquina frigorífica es (Ver la ecuación 7.4):

$$E_{f\text{Carnot}} = \frac{-Q_f}{Q_c + Q_f} \ . \tag{7.15}$$

El cálculo de la eficiencia de la máquina frigorífica de Carnot es parecido al cálculo del rendimiento de la máquina térmica de Carnot. En una máquina frigorífica el ciclo funciona en el sentido contrario: D→C→B→A. Por tanto, el calor Q_c es el calor cedido durante el proceso de B a A, la compresión isoterma a T_c:

$$Q_c = Q_{BA} = nRT_c ln\left(\frac{V_A}{V_B}\right) \ . \tag{7.16}$$

El calor Q_f es el calor absorbido durante el proceso de D a C, la expansión isoterma a T_f:

$$Q_f = Q_{DC} = nRT_f ln\left(\frac{V_C}{V_D}\right) \ . \tag{7.17}$$

Introducimos estos dos calores en la ecuación 7.15 y obtenemos que la eficiencia es igual a:

$$E_{f\text{Carnot}} = \frac{-Q_f}{Q_c + Q_f} = \frac{-T_f ln(V_C/V_D)}{T_c ln(V_A/V_B) + T_f ln(V_C/V_D)} \ . \tag{7.18}$$

Según las propiedades de los logaritmos, $ln(V_C/V_D) = -ln(V_D/V_C)$. Si incluimos esa igualdad en 7.18, obtenemos:

$$E_{f\text{Carnot}} = \frac{T_f ln(V_D/V_C)}{T_c ln(V_A/V_B) - T_f ln(V_D/V_C)} . \tag{7.19}$$

Incluimos $\dfrac{V_A}{V_B} = \dfrac{V_D}{V_C}$ en 7.19 y obtenemos la eficiencia de la máquina frigorífica de Carnot:

$$\boxed{E_{f\text{Carnot}} = \frac{T_f}{T_c - T_f}} . \tag{7.20}$$

Hemos obtenido que la eficiencia de la máquina frigorífica de Carnot depende de las temperaturas de los focos.

e) El teorema de Carnot para una máquina frigorífica.

La máxima eficiencia que puede tener una máquina frigorífica es la eficiencia de la máquina frigorífica de Carnot, $E_{f\text{Carnot}}$. Cualquier máquina funcionando con otro ciclo tendrá una eficiencia menor. La forma matemática de este teorema es:

$$\boxed{E_{f\text{Carnot}} = \frac{T_f}{T_c - T_f} \geq \frac{Q_f}{|Q_c| - Q_f} = E_f} . \tag{7.21}$$

7.5. Los procesos reversibles y los procesos irreversibles.

a) Las propiedades de un proceso reversible.

1) Un ligero cambio de las magnitudes termodinámicas es suficiente para cambiar el sentido del proceso, para **revertir** el proceso.

2) Los estados inicial y final y los infinitos estados intermedios son estados de equilibrio.

3) Es infinitamente lento.

b) Las propiedades de un proceso irreversible.

1) Un ligero cambio de las magnitudes termodinámicas no es suficiente para cambiar el sentido del proceso, para **revertir** el proceso. Hace falta grandes cambios.

2) Solo los estados inicial y final son de equilibrio.

3) Sucede en un tiempo finito.

La mayoría de los procesos reales son irreversibles. Los procesos reversibles son útiles para calcular las variaciones de las funciones de estado entre los estados inicial y final, porque los resultados de los cálculos son aplicables a cualquier transformación real entre esos dos estados.

En los procesos reversibles un ligero cambio de las magnitudes termodinámicas es suficiente para cambiar el sentido del proceso. En los procesos reales, un sentido suele ser el espontáneo y el otro sentido ha de ser provocado mediante trabajo o es totalmente imposible. El sentido espontáneo suele ser irreversible.

7.6. La entropía.

Rudolf Clausius estudió las ideas de Carnot y en 1854 propuso el Segundo Principio de la Termodinámica y la definición de entropía. En 1856, 1862 y 1865 publicó mejores definiciones del Segundo Principio y de la entropía. Usó el símbolo S para la entropía. Se cree que eligió esa letra porque es la primera letra del nombre de Carnot, Sadi.

Clausius llamó "valor equivalente" a la entropía hasta 1865. Ese año propuso el nombre de entropía, del griego εντροπία, entropía, que significa evolución, transformación. Eligió deliberadamente la palabra entropía para que fuera lo más parecida posible a la palabra energía.

Clausius encontró que en todo proceso reversible la integral $\int_i^f \delta Q/T$ solo depende de los estados inicial y final. La temperatura T de la integral es una **temperatura absoluta**. Esto significa que existe una función que solo depende de los estados inicial y final, una función de estado. Clausius llamó entropía a esa función de estado y definió el cambio de la entropía, ΔS, como:

$$\boxed{\Delta S = S_f - S_i = \int_{i \text{ reversible}}^{f} \frac{\delta Q}{T}} \quad \boxed{dS = \frac{\delta Q}{T}}. \tag{7.22}$$

Clausius encontró que en los procesos irreversibles se cumplen las siguientes desigualdades:

$$\boxed{\Delta S = \int_{i \text{ reversible}}^{f} \frac{\delta Q}{T} > \int_{i \text{ irreversible}}^{f} \frac{\delta Q}{T}} \quad \boxed{dS > \left(\frac{\delta Q}{T}\right)_{\text{irreversible}}}. \tag{7.23}$$

Estos resultados se resumen en:

$$\boxed{\Delta S \geq \int_i^f \frac{\delta Q}{T}} \quad \boxed{dS \geq \frac{\delta Q}{T}}, \tag{7.24}$$

donde la igualdad se cumple para los procesos reversibles y la desigualdad para los irreversibles. Si aplicamos estas expresiones a un sistema sometido a un ciclo, entonces obtenemos el llamado teorema de Clausius:

$$\boxed{\oint \frac{\delta Q}{T} \leq 0}, \tag{7.25}$$

donde la igualdad se cumple para un ciclo formado por procesos reversibles y la desigualdad se cumple para un ciclo formado por procesos irreversibles.

Como la entropía es una función de estado, el cambio o variación de la entropía entre dos estados i y f, $\Delta S = S_f - S_i$, no depende del proceso o transformación entre esos dos estados. El cambio de la entropía, ΔS, nos indica cuál de los dos sentidos de un proceso es el irreversible o espontáneo.

La entropía y el cambio de entropía, según la ecuación 7.22, tienen dimensión de energía/temperatura. Esto significa que la dimensión de la entropía es $[S] = [E]/\Theta = ML^2T^{-2}$. La unidad de entropía en el SI es el julio/kelvin, J/K.

189

El significado físico de la entropía es el siguiente. La entropía es proporcional a la parte de la energía que no puede transformarse ni en trabajo ni en otras energías después de una transformación. La energía se conserva, no se destruye después de una transformación, pero hay una parte de esa energía que ya no puede ser transformada ni en trabajo ni en otras energías en posteriores transformaciones, debido a la entropía generada durante esa transformación.

Para finalizar esta sección, vamos a explicar el cambio de la entropía de algunos casos interesantes:

a) El cambio de la entropía de un proceso reversible no es necesariamente cero. Puede ser cero, positivo o negativo.

b) Si el proceso es reversible y la temperatura no cambia durante el proceso, entonces $\Delta S = Q/T$ y $Q = \int_{reversible} \delta Q$ para cualquier sistema. Si Q es negativo, entonces $\Delta S < 0$. Si Q es positivo, entonces $\Delta S > 0$.

c) Si el sistema es un sistema aislado y el proceso es reversible, entonces $\Delta S = 0$, y si es irreversible, entonces $\Delta S > 0$. Por tanto, la entropía de un sistema aislado o se mantiene o aumenta.

d) Si el proceso es adiabático y reversible, entonces $\Delta S = 0$, y si es adiabático e irreversible, entonces $\Delta S > 0$.

Si es adiabático, entonces $\delta Q = 0$ y para un proceso reversible tenemos:

$$\delta Q = 0 \Rightarrow dS = \delta Q/T = 0 \Rightarrow \Delta S = 0 \,. \tag{7.26}$$

e) El Universo es un sistema aislado y el cambio de su entropía es:

$$\Delta S_{Universo} = \Delta S_{sistema} + \Delta S_{entorno} \geq 0 \,. \tag{7.27}$$

Si el proceso es reversible, entonces el cambio de la entropía del Universo es cero, $\Delta S_{Universo} = 0$ y si es irreversible, entonces el cambio de la entropía del Universo es mayor que cero, $\Delta S_{Universo} > 0$.

7.7. El cambio de la entropía de los procesos reversibles de un gas ideal.

Calcularemos dos expresiones del cambio o variación de la entropía de un gas ideal, válidas para cualquier transformación o proceso reversible de un gas ideal. La primera expresión o ecuación será el cambio de la entropía en función de T y V y la segunda será el cambio en función de T y P. Después aplicaremos una de esas expresiones a las cuatro transformaciones básicas reversibles.

Calculamos la primera expresión, el cambio de la entropía en función de T y V, partiendo del Primer Principio y de la ley del gas ideal:

$$\left.\begin{aligned} \delta Q = dU + \delta W = nC_V dT + PdV \Rightarrow dS = \delta Q/T = nC_V dT/T + PdV/T \\ PV = nRT \Rightarrow P/T = nR/V \end{aligned}\right\} \Rightarrow \tag{7.28}$$

7.7. EL CAMBIO DE LA ENTROPÍA DE LOS PROCESOS REVERSIBLES DE UN GAS IDEAL.

$$dS = nC_V dT/T + nRdV/V \Rightarrow \tag{7.29}$$

Integrando la ecuación 7.29, obtenemos el cambio de la entropía en función de T y V:

$$\boxed{\Delta S = \int_i^f dS = nC_V ln\left(\frac{T_f}{T_i}\right) + nRln\left(\frac{V_f}{V_i}\right)}. \tag{7.30}$$

A continuación calculamos la segunda expresión general, la entropía en función de T y P, partiendo de la ecuación 7.30, de la ley del gas ideal, $PV = nRT$, y de la relación de Mayer, $C_P - C_V = R$:

$$C_P - C_V = R \Rightarrow C_V = C_P - R \Rightarrow nC_V ln\left(\frac{T_f}{T_i}\right) = nC_P ln\left(\frac{T_f}{T_i}\right) - nRln\left(\frac{T_f}{T_i}\right). \tag{7.31}$$

Calculamos una expresión de $nRln\left(\dfrac{T_f}{T_i}\right)$ en función de las presiones y volúmenes:

$$T = PV/nR \Rightarrow nRln\left(\frac{T_f}{T_i}\right) = nRln\left(\frac{P_f V_f}{P_i V_i}\right) = nRln\left(\frac{P_f}{P_i}\right) + nRln\left(\frac{V_f}{V_i}\right) \tag{7.32}$$

Incluimos el resultado de 7.32 en el resultado de 7.31 y obtenemos:

$$nC_V ln\left(\frac{T_f}{T_i}\right) = nC_P ln\left(\frac{T_f}{T_i}\right) - nRln\left(\frac{P_f}{P_i}\right) - nRln\left(\frac{V_f}{V_i}\right) \tag{7.33}$$

Finalmente, incluimos el resultado de 7.33 en la ecuación 7.30 y obtenemos:

$$\boxed{\Delta S = \int_i^f dS = nC_P ln\left(\frac{T_f}{T_i}\right) - nRln\left(\frac{P_f}{P_i}\right)}. \tag{7.34}$$

Por último, también se podría calcular el cambio de la entropía en función de P y V.

Explicaremos dos maneras de calcular el cambio de la entropía de un proceso isotermo, de un proceso isóbaro y de un proceso isócoro del gas ideal. La segunda manera consistirá en utilizar una de las ecuaciones 7.30 y 7.34.

a) El cambio de la entropía de un proceso isotermo reversible.

La primera manera de calcular el cambio consiste en utilizar las definiciones de proceso isotermo, de calor y de trabajo en sus formas diferenciales, el primer principio de la Termodinámica y la ley de Joule en sus formas diferenciales y la ley del gas ideal.

A partir de la definición de proceso isotermo y de la ley de Joule deducimos:

$$\left.\begin{array}{l} \text{Isotermo} \Rightarrow T_i = T_f \Rightarrow dT = 0 \\ dU = nC_V dT \end{array}\right\} \Rightarrow dU = 0. \tag{7.35}$$

El cambio de la energía interna obtenido en 7.35 y la definición del trabajo se introducen en la ecuación del primer principio de la Termodinámica, para obtener δQ:

$$\left.\begin{array}{l} dU = 0 \\ dU = \delta Q - \delta W \\ \delta W = PdV \end{array}\right\} \Rightarrow \delta Q = PdV. \tag{7.36}$$

El calor δQ obtenido en 7.36 se introduce en la definición del cambio de la entropía:

$$\left.\begin{array}{l} \delta Q = PdV \\ \Delta S = \displaystyle\int_i^f \delta Q/T \end{array}\right\} \Rightarrow \Delta S = \int_i^f PdV/T \;. \tag{7.37}$$

Finalmente, usamos la ley del gas ideal para obtener el cambio de la entropía en función de los volúmenes:

$$\left.\begin{array}{l} P/T = nR/V \\ \Delta S = \displaystyle\int_i^f PdV/T \end{array}\right\} \Rightarrow \Delta S = \int_i^f nRdV/V = nR\ln\left(\frac{V_f}{V_i}\right)\;. \tag{7.38}$$

La segunda manera de calcular el cambio consiste en aplicar la ecuación 7.30 a un proceso a temperatura constante:

$$\left.\begin{array}{l} \text{Isotermo} \Rightarrow T_i = T_f \\ \Delta S = \displaystyle\int_i^f dS = nC_V\ln\left(\frac{T_f}{T_i}\right) + nR\ln\left(\frac{V_f}{V_i}\right) \end{array}\right\} \Rightarrow \Delta S = nR\ln\left(\frac{V_f}{V_i}\right)\;. \tag{7.39}$$

b) El cambio de la entropía de un proceso isóbaro reversible.

La primera manera de calcular el cambio consiste en tener en cuenta que en un proceso a presión constante, el calor intercambiado es $Q = nC_P\Delta T$. El calor infinitesimal intercambiado es $\delta Q = nC_P dT$. Introducimos δQ en el cambio de la entropía:

$$\left.\begin{array}{l} \text{Isóbaro} \Rightarrow \delta Q = nC_P dT \\ \Delta S = \displaystyle\int_i^f \delta Q/T dS \end{array}\right\} \Rightarrow \Delta S = \int_i^f nC_P dT/T = nC_P\ln\left(\frac{T_f}{T_i}\right)\;. \tag{7.40}$$

La segunda manera de calcular el cambio consiste en aplicar la ecuación 7.34 a un proceso a presión constante:

$$\left.\begin{array}{l} \text{Isóbaro} \Rightarrow P_f = P_i \\ \Delta S = nC_P\ln\left(\frac{T_f}{T_i}\right) - nR\ln\left(\frac{P_f}{P_i}\right) \end{array}\right\} \Rightarrow \Delta S = nC_P\ln\left(\frac{T_f}{T_i}\right)\;. \tag{7.41}$$

c) El cambio de la entropía de un proceso isócoro reversible.

La primera manera de calcular el cambio consiste en tener en cuenta que en un proceso a volumen constante, el calor intercambiado es $Q = nC_V\Delta T$. El calor infinitesimal intercambiado es $\delta Q = nC_V dT$. Introducimos δQ en el cambio de la entropía:

$$\left.\begin{array}{l} \text{Isócoro} \Rightarrow \delta Q = nC_V dT \\ \Delta S = \displaystyle\int_i^f \delta Q/T dS \end{array}\right\} \Rightarrow \Delta S = \int_i^f nC_V dT/T = nC_V\ln\left(\frac{T_f}{T_i}\right)\;. \tag{7.42}$$

7.7. EL CAMBIO DE LA ENTROPÍA DE LOS PROCESOS REVERSIBLES DE UN GAS IDEAL.

La segunda manera de calcular el cambio consiste en aplicar la ecuación 7.30 a un proceso a volumen constante:

$$\left.\begin{array}{l} \text{Isócoro} \Rightarrow V_f = V_i \\[2mm] \Delta S = nC_V ln\left(\dfrac{T_f}{T_i}\right) + nRln\left(\dfrac{V_f}{V_i}\right) \end{array}\right\} \Rightarrow \Delta S = nC_V ln\left(\dfrac{T_f}{T_i}\right) . \qquad (7.43)$$

Hemos calculado unas expresiones concretas del cambio de la entropía para los procesos isotermo, isócoro e isóbaro. Esas expresiones no son únicas. El cambio de la entropía de un proceso isotermo también se podría escribir en función de la presión, el de un proceso isóbaro se podría escribir en función del volumen y el de un proceso isócoro se podría escribir en función de la presión, usando la ecuación del gas ideal $PV = nRT$.

d) El cambio de la entropía de un proceso adiabático reversible.

Hemos demostrado y explicado en una sección anterior que el cambio de la entropía de un proceso adiabático y reversible es cero. Vamos a demostrarlo de otra manera para un gas ideal, usando la ecuación 7.30:

$$TV^{\gamma-1} = \text{cte.} \Rightarrow T_i V_i^{\gamma-1} = T_f V_f^{\gamma-1} \Rightarrow \frac{T_f}{T_i} = \frac{V_i^{\gamma-1}}{V_f^{\gamma-1}} = \left(\frac{V_i}{V_f}\right)^{\gamma-1} \Rightarrow ln\left(\frac{T_f}{T_i}\right) = (\gamma-1)ln\left(\frac{V_i}{V_f}\right) .$$

$$(7.44)$$

Calculamos una expresión de $(\gamma - 1)$ en función de R y C_V:

$$\gamma = \frac{C_P}{C_V} \Rightarrow \gamma - 1 = \frac{C_P}{C_V} - 1 = \frac{C_P - C_V}{C_V} . \qquad (7.45)$$

Incluimos la relación de Mayer en la ecuación 7.45:

$$\left.\begin{array}{l} \gamma - 1 = \dfrac{C_P - C_V}{C_V} \\[3mm] C_P - C_V = R \text{ Relación de Mayer} \end{array}\right\} \Rightarrow \gamma - 1 = \frac{R}{C_V} . \qquad (7.46)$$

Incluimos el resultado de 7.46 en el resultado de 7.44:

$$\left.\begin{array}{l} \gamma - 1 = \dfrac{R}{C_V} \\[3mm] ln\left(\dfrac{T_f}{T_i}\right) = (\gamma-1)ln\left(\dfrac{V_i}{V_f}\right) \end{array}\right\} \Rightarrow ln\left(\frac{T_f}{T_i}\right) = \frac{R}{C_V}ln\left(\frac{V_i}{V_f}\right) . \qquad (7.47)$$

A continuación incluimos el resultado de 7.47 en la ecuación 7.30:

$$\left.\begin{array}{l} ln\left(\dfrac{T_f}{T_i}\right) = \dfrac{R}{C_V}ln\left(\dfrac{V_i}{V_f}\right) \\[3mm] \Delta S = nC_V ln\left(\dfrac{T_f}{T_i}\right) + nRln\left(\dfrac{V_f}{V_i}\right) \end{array}\right\} \Rightarrow \Delta S = nC_V\frac{R}{C_V}ln\left(\frac{V_i}{V_f}\right) + nRln\left(\frac{V_f}{V_i}\right) \Rightarrow \qquad (7.48)$$

$$\Delta S = nRln\left(\frac{V_i}{V_f}\right) + nRln\left(\frac{V_f}{V_i}\right) = nRln1 = 0 , \qquad (7.49)$$

como queríamos demostrar.

7.8. El cambio de la entropía de los procesos irreversibles.

No se puede calcular el cambio o variación de la entropía de un proceso irreversible a partir del propio proceso irreversible. Debido a que la entropía es una función de estado, sí se puede calcular el cambio de la entropía de un proceso irreversible a partir de **cualquier proceso reversible imaginado o ideado** entre el estado inicial y el final del proceso irreversible.

El cambio de la entropía de un proceso irreversible se calcula siguiendo los siguientes pasos:

1) Se calculan las variables termodinámicas en los estados inicial y final.

2) El cambio de la entropía sólo depende de los estados inicial y final, y no depende del proceso entre esos dos estados. Por tanto, nos olvidamos de que se trata de un proceso irreversible y nos centramos en los estados inicial y final.

3) Buscamos un proceso reversible o una sucesión de procesos reversibles entre el estado inicial y el final.

4) Calculamos $\int_i^f \dfrac{\delta Q}{T}$ para ese proceso o sucesión de procesos reversibles. Esta integral será el cambio de la entropía para el proceso irreversible que estamos estudiando entre los estados i y f.

Vamos a aplicar estos pasos del caso general a varios casos particulares de procesos irreversibles.

a) Una expansión adiabática irreversible.

Tenemos un recipiente aislado térmicamente del exterior. El recipiente tiene dos partes separadas por una membrana (o por un pistón móvil). En una parte está un gas, ocupando un volumen V_g, y en la otra hemos hecho el vacío. La parte vacía tiene un volumen V_v. El sistema que estudiamos es el gas.

Se rompe la membrana (o abrimos la válvula que fijaba el pistón) y el gas se expande en un tiempo finito y rápidamente por todo el recipiente (es decir, se expande irreversiblemente).

Puesto que el gas está aislado térmicamente del exterior, no intercambia calor y por tanto $Q = 0$. La presión exterior durante la expansión es cero, porque la otra parte del recipiente está vacía. Por tanto, el trabajo realizado por el gas es $W = 0$.

El cambio de la energía interna es $\Delta U = Q - W = 0$. Por tanto, el cambio de la temperatura también es cero. Vamos a llamar T a la temperatura del gas.

El estado inicial del gas es P_i, $V_i = V_g$ y T y el estado final del gas es P_f, $V_f = V_g + V_v$ y T.

Un proceso reversible entre el estado inicial y final consiste en un proceso isotermo

7.8. EL CAMBIO DE LA ENTROPÍA DE LOS PROCESOS IRREVERSIBLES.

reversible entre esos dos estados. La entropía de ese proceso entre esos dos estados es:

$$\Delta S = nRln\left(\frac{V_f}{V_i}\right) = nRln\left(\frac{V_g + V_v}{V_g}\right) . \tag{7.50}$$

Finalmente, tenemos que $ln\left(\frac{V_g + V_v}{V_g}\right) > ln(1) = 0$. Esto implica que $\Delta S > 0$, como esperábamos, por tratarse de un proceso irreversible.

b) Una compresión adiabática irreversible.

Siguiendo con el recipiente anterior, en este caso el gas estaría en equilibrio con la presión ejercida por el peso de un pistón sobre el gas. Inyectamos líquido u otro material en el pistón. Esto aumenta el peso del pistón y la presión exterior sobre el gas. El gas se comprime rápidamente.

El calor intercambiado por el gas es Q=0 y el trabajo será $W = P_{ext}\Delta V$. Por tanto, el cambio de la energía interna será $\Delta U = Q - W = -P_{ext}\Delta V$. Por otra parte, el cambio de la energía interna siempre es $\Delta U = nC_v\Delta T$, porque la energía interna es una función de estado. De aquí deducimos que

$$nC_v\Delta T = -P_{ext}\Delta V . \tag{7.51}$$

Al tratarse de una compresión, ΔV será menor que cero. Por lo tanto, según la ecuación 7.51, $\Delta T>0$. Esto implica que $T_f > T_i$, que a su vez, significa que

$$ln\left(\frac{T_f}{T_i}\right) > 0 . \tag{7.52}$$

Un proceso reversible entre los estados inicial y final de este proceso irreversible consiste en un proceso isóbaro. Por tanto, el cambio de la entropía de este proceso irreversible es el cambio de un proceso isóbaro reversible entre esos dos estados inicial y final:

$$\Delta S = nC_Pln\left(\frac{T_f}{T_i}\right) . \tag{7.53}$$

Teniendo en cuenta las ecuaciones 7.52 y 7.53 obtenemos que $\Delta S > 0$, como esperábamos.

c) El cambio de temperatura de un cuerpo de masa m.

Se trata de un proceso irreversible. En el estado inicial la temperatura es T_i y en el final es T_f. Un proceso reversible entre esos dos estados consiste en poner en contacto el cuerpo de masa m con infinitos y sucesivos focos a temperaturas que aumentan o disminuyen infinitesimalmente entre T_i y T_f.

Si $T_i < T_f$, entonces: $T_i < T_1 < T_2 < ... < T_f$, siendo T_1, T_2, etc. las temperaturas de los focos 1, 2, etc. Si $T_i > T_f$, entonces: $T_i > T_1 > T_2 > ... > T_f$. El cambio de la entropía de este proceso es:

$$\Delta S = \int_{T_i}^{T_f} \frac{\delta Q}{T} = \int_{T_i}^{T_f} \frac{mc_e dT}{T} = \boxed{mc_e ln\left(\frac{T_f}{T_i}\right)} . \tag{7.54}$$

El cambio de la entropía debido a un cambio de la temperatura puede ser mayor o menor que cero. Si $T_i < T_f$, entonces $\Delta S > 0$. Si $T_i > T_f$, entonces $\Delta S < 0$.

d) El cambio de estado de un cuerpo de masa m.

Se trata de un proceso irreversible. La fusión, la ebullición, la congelación y la condensación, entre otras transformaciones, son cambios de estado. La temperatura permanece constante durante el cambio de estado. Un proceso reversible entre el estado inicial y el final de un cambio de estado consiste en un proceso isotermo entre esos dos estados. El cambio de la entropía de este proceso es:

$$\Delta S = \int_i^f \frac{\delta Q}{T} = \frac{1}{T} \int_i^f \delta Q = \boxed{\frac{mL_{f,v}}{T}}. \tag{7.55}$$

El cambio de la entropía debido a un cambio de estado puede ser mayor o menor que cero. Si se trata de una fusión o de una ebullición, entonces $L_{f,v} > 0$ y $\Delta S > 0$. Si se trata de una congelación o de una condensación, entonces $L_{f,v} < 0$ y $\Delta S < 0$.

7.9. Los enunciados del Segundo Principio.

a) El calor pasa espontáneamente de los focos de mayor temperatura a los de menor temperatura.

b) Es imposible construir una máquina que produzca trabajo absorbiendo calor de un solo foco.

c) Todo motor termodinámico requiere dos focos de calor a distinta temperatura.

d) Es imposible construir una máquina térmica de rendimiento la unidad.

e) Es imposible construir una máquina frigorífica que extraiga calor del foco frío y lo ceda todo al foco caliente, sin utilizar un trabajo.

f) La máquina o móvil perpetuo de segunda especie. No existe una máquina que produzca trabajo perpetuamente utilizando un solo foco de calor.

7.10. Las formas matemáticas del Segundo Principio.

La forma integral y la forma diferencial del Segundo Principio son, respectivamente:

$$\boxed{\Delta S \geq \int_i^f \frac{\delta Q}{T}} \quad \boxed{dS \geq \frac{\delta Q}{T}}. \tag{7.56}$$

La entropía de un sistema aislado se mantiene en un proceso reversible y aumenta en un proceso irreversible o espontáneo. La forma integral y la forma diferencial de este enunciado son, respectivamente:

$$\boxed{\Delta S \geq 0} \quad \boxed{dS \geq 0}. \tag{7.57}$$

7.11. Cuestiones y Problemas.

7.1 Una máquina de Carnot opera entre las temperaturas T_c y T_f. Se desea aumentar su rendimiento aumentando la temperatura caliente T_c en ΔT o disminuyendo la temperatura

fría T_f en la misma cantidad. Calcule cuál es la mejor opción.
Solución: La mejor opción es enfriar el foco frío.

7.2 Un mol de un gas ideal cuyo calor molar a volumen constante es C_v=5 cal/(mol K) describe un ciclo de Carnot cuyo rendimiento es 0.5. Sabiendo que la expansión adiabática realiza un trabajo de 854 kp m, halle:

a) Las temperaturas de los focos.
Solución: 400 y 800 K.

b) La relación numérica entre los volúmenes ocupados por el gas al comenzar y finalizar la expansión adiabática.
Solución: $V_{comienzo}/V_{final} = \dfrac{1}{4\sqrt{2}}$.

7.3 Un mol de un gas ideal se expansiona isotérmicamente a 27 °C desde un volumen inicial de 2 litros hasta un volumen final de 8 litros. Calcule el cambio de energía interna y de entropía.
Solución: 2.76 cal/K.

7.4 Calcule el incremento de la entropía de un gramo de H_2O cuando se calienta desde -18 °C hasta 150 °C, a presión constante e igual a la atmosférica.
Solución: 2.15 cal/K.

7.5 Dos gases ideales diferentes ocupan recipientes distintos y están a la misma presión y temperatura. Suponiendo constante la temperatura, calcule el cambio de entropía del sistema cuando se ponen en comunicación ambos recipientes. n_1=1 mol y n_2=3 moles.
Solución: 18.71 J/K.

7.6 Un kg de aire se encuentra inicialmente a 15 °C y 1 atm y describe el siguiente ciclo: a) Compresión adiabática hasta 30 atm, b) un calentamiento a presión constante suministrando 300 kcal, c) una expansión adiabática hasta llegar al volumen inicial y d) una transformación isócora hasta llegar a las condiciones iniciales. c_P=0.25 cal/(g °C), γ=1.4, densidad del aire = 1.293 g/L en condiciones normales (0 °C y una atmósfera):

a) Dibuje el ciclo en un diagrama PV.
Solución: No se incluye la gráfica.

b) Calcule P, V y T al final de cada una de las transformaciones.
Solución:
$P_1 = 1$ atm, $V_1 = 0.816$ m^3 y $T_1 = 288.15$ K
$P_2 = 30$ atm, $V_2 = 0.0719$ m^3 y $T_2 = 761.69$ K
$P_3 = 30$ atm, $V_3 = 0.185$ m^3 y $T_3 = 1961.69$ K

c) Calcule el rendimiento del ciclo.
Solución: 0.5

7.7 Dos mil moles de un gas ideal evolucionan según un ciclo de Carnot entre 180 °C y 40 °C. La cantidad de calor absorbido de la fuente caliente es de 4 MJ y la presión máxima alcanzada en el ciclo es de 10^6 N/m². Suponiendo que $C_P=7R/2$ calcule:

a) El volumen del gas al iniciarse y al finalizar la expansión isotérmica.
Solución: 7.5350 y 12.8120 m³.

b) El trabajo realizado por el gas durante la expansión.
Solución: 9.82 10^6 J.

c) El trabajo realizado sobre el gas durante la compresión.
Solución: - 8.5840 10^6 J.

7.8 Un motor térmico funciona según un ciclo de Carnot entre dos focos a temperaturas de 200 °C y 50 °C. El dibujo de este ciclo en un diagrama PV encierra un área cuyo valor es 30 kcal.

a) Calcule el calor que el motor toma del foco caliente y el que cede al foco frío en cada ciclo.
Solución: $Q_c = 94.63$ kcal y $Q_f = 64.63$ kcal.

b) Calcule la entropía en cada una de las etapas del ciclo.
Solución: 200, 0, -200 y 0 cal/K.

7.9 Calcule el cambio de entropía que tiene lugar cuando 100 g de mercurio en estado sólido a la temperatura de fusión, 234 K, son calentados a presión constante hasta 373 K.
Solución: 11.9 J/K.

7.10 Calcule el cambio de entropía del sistema formado por 1 kg de agua a 298.15 K y 2 kg de hielo a la temperatura de fusión, 273.15 K, al ponerlos en contacto en un recinto adiabático.
Solución: +16.52 J/K.

7.11 Se calientan 0.001 m³ de agua desde 293 K hasta 373 K, siguiendo tres posibles caminos:

a) Situándolos en contacto con un foco térmico a 373 K.
Solución: $\Delta S_{agua} = 1010.0420$ J/K, ΔS_{foco} = -897.3730 J/K y $\Delta S_{universo}$ = 112.6690 J/K.

b) Colocándolos primero en contacto con un foco térmico a 323 K, hasta que alcanza esta temperatura y luego en contacto con un foco a 373 K.
Solución: ΔS_{agua} = 1010.0420 J/K, ΔS_{foco1} = -388.6070 J/K, ΔS_{foco2} = -560.8580 J/K y $\Delta S_{universo}$ = 60.5770 J/K.

c) Por medio de infinitos focos entre el agua a 293 K y un foco a 373 K.
Solución: ΔS_{agua} = 1010.0420 J/K, ΔS_{focos} = -1010.0420 J/K y $\Delta S_{universo}$ = 0 J/K.

Calcule el cambio de entropía del agua, de cada uno de los focos y del universo en cada uno de los tres caminos.

7.12 Un mol de un gas ideal monoatómico sigue un ciclo reversible representado en la figura 7.4. Las transformaciones están regidas por las ecuaciones: *P = 124 – 24V* y *PV = 20*, donde P y V se miden en N/m² y m³. Calcule:

a) El trabajo desarrollado en un ciclo.
Solución: 231.6430 J.

b) El cambio de energía interna y de entropía en el proceso de B a A.
Solución: 0 J y -28.2840 J/K.

c) El rendimiento del ciclo.
Solución: 0.773.

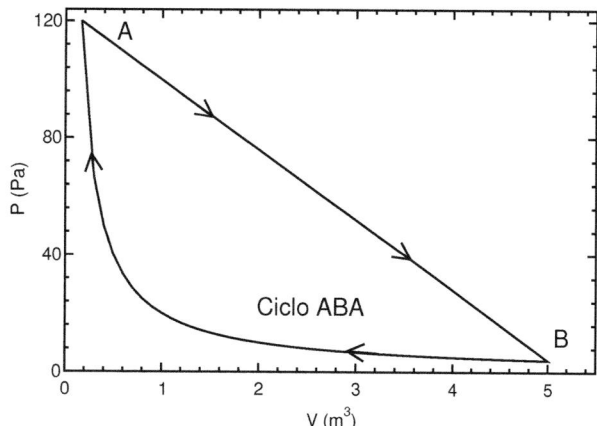

Figura 7.4: El ciclo reversible compuesto por dos transformaciones.

7.13 Medio mol de un gas ideal diatómico ocupa 2 L a 6 atm (estado 1) y sigue el siguiente ciclo reversible: Mediante un proceso isóbaro evoluciona hasta que su volumen es el doble (estado 2). Después, manteniendo el volumen constante, se reduce su presión hasta que esta es igual a la mitad (estado 3). Finalmente, mediante un proceso cuya representación en el diagrama PV es una línea recta pasa de nuevo al estado 1.

a) Dibuje el ciclo en el diagrama PV.

Solución: No se incluye la gráfica.

Calcule:

b) El valor de las variables termodinámicas P, V y T en los estados 2 y 3.
Solución:
$P_2 = 6$ atm, $V_2 = 4$ L, $T_2 = 584.81$ K.
$P_3 = 3$ atm, $V_3 = 4$ L, $T_3 = 292.4050$ K.

c) El intercambio de calor y de trabajo en cada proceso, con su signo, indicando el sentido físico del signo.
Solución:
$Q_{12} = 4254.6$ J, $W_{12} = 1215.6$ J
$Q_{23} = -3039$ J, $W_{23} = 0$ J
$Q_{31} = -911.7$ J, $W_{31} = -911.7$ J

d) El rendimiento del ciclo.
Solución: 0.0710

e) El cambio total de la entropía en cada proceso.
Solución: $\Delta S_{12} = 10.0860$ J/K, $\Delta S_{23} = -7.2040$ J/K y $\Delta S_{31} = -2.8820$ J/K.

7.14 Un mol de un gas ideal, cuyo calor molar a volumen constante es $C_v = 3$ cal/(mol K), y que inicialmente está a la presión atmosférica, describe el siguiente ciclo reversible: partiendo del estado inicial, experimenta una compresión adiabática hasta que su temperatura se duplica; a continuación se calienta a presión constante y seguidamente sufre un enfriamiento a volumen constante hasta que alcanza el estado inicial.

a) Dibuje el ciclo en el diagrama PV.
Solución: No se incluye la gráfica.

b) Calcule el rendimiento del ciclo.
Solución: 0.2360

c) Calcule el cambio de entropía en cada una de las dos transformaciones, isobárica e isócora. Compare las dos variaciones y explique la consecuencia de esa comparación.
Solución: $\Delta S_{12} = 0$ cal/K, $\Delta S_{23} = 7.5 \ln(2)$ cal/K y $\Delta S_{31} = -7.5 \ln(2)$ cal/K.

7.15 Un mol de un gas ideal monoatómico, $\gamma = 5/3$, sigue el ciclo reversible de la figura 7.5. $P_3 = 0.25$ atm. Calcule:

a) T_1, T_2 y T_3.
Solución: 6.1, 24.4 y 6.1 K.

b) Q, W, ΔU y ΔS en cada proceso del ciclo.

Solución:

$W_{12} = 151.95$ J, $Q_{12} = 382.8360$ J, $\Delta U_{12} = 230.8860$ J y $\Delta S_{12} = 29$ J/K.

$W_{23} = 0$ J, $Q_{23} = $ -229.7 J, $\Delta U_{23} = $ -229.7 J y $\Delta S_{23} = $ -17.4 J/K.

$W_{31} = $ -70.31 J, $Q_{31} = $ -70.31 J, $\Delta U_{31} = 0$ J y $\Delta S_{31} = $ -11.5260 J/K.

c) El rendimiento del ciclo.

Solución: 0.2130

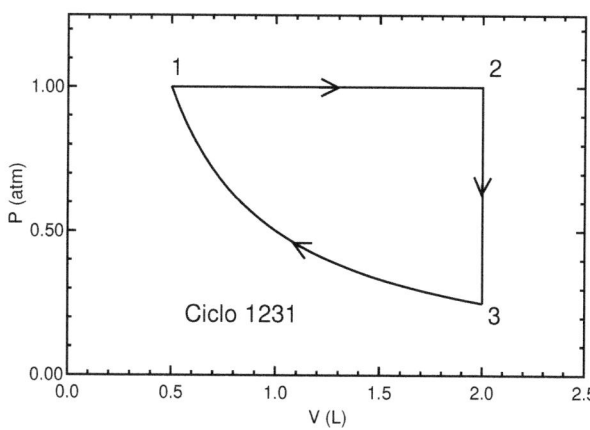

Figura 7.5: El ciclo reversible compuesto por tres transformaciones.

7.16 Un mol de un gas ideal recorre primero el ciclo ABCD y después el ABED. Las coordenadas (P,T,V) de los puntos A, B, C, D y E, presión en atm, temperatura en K y volumen en L son: A=(4,400, 8.2), B=(4,800,16.4), C=(1,800,65.6), D=(1,50,8.2) y E=(1,530,43.6). C_P=5 cal/(mol K).

a) Dibuje los ciclos y los puntos en un diagrama PV.

Solución: No se incluye la gráfica.

b) Si sabemos que de las transformaciones BC y BE una es adiabática y la otra es isoterma, explique cuál es la adiabática y cuál es la isoterma.

Solución: BE es adiabática y BC es isoterma.

c) Calcule cuál de los dos ciclos tiene mayor rendimiento.

Solución: Los rendimientos de los dos ciclos son 0.3060 y 0.2410.

7.17 El ciclo de Otto tiene cuatro fases: Compresión adiabática de A a B, calentamiento a volumen constante de B a C, expansión adiabática de C a D y enfriamiento a volumen constante de D a A.

a) Dibuje el ciclo en el diagrama PV.

b) Demuestre que el rendimiento del ciclo de Otto es:

$$\eta_{Otto} = 1 + \frac{T_A - T_D}{T_C - T_B}$$

c) Partiendo del resultado del punto b), demuestre que el rendimiento del ciclo de Otto también es:

$$\eta_{Otto} = 1 - \frac{T_A}{T_B}$$

d) Partiendo del resultado del punto c), demuestre que el rendimiento del ciclo de Otto también es:

$$\eta_{Otto} = 1 - \frac{1}{r^{\gamma-1}},$$

donde $r = V_A/V_B$ y $\gamma = C_P/C_V$.

Solución: No se incluye la gráfica ni las demostraciones.

7.18 El ciclo de Diésel tiene cuatro fases: Compresión adiabática de A a B, calentamiento a presión constante de B a C, expansión adiabática de C a D y enfriamiento a volumen constante de D a A.

a) Dibuje el ciclo en el diagrama PV.

b) Demuestre que el rendimiento del ciclo de Diésel es:

$$\eta_{\text{Diésel}} = 1 + \frac{1}{\gamma}\frac{T_A - T_D}{T_C - T_B},$$

donde $\gamma = C_P/C_V$.

c) Partiendo del resultado del punto b), demuestre que el rendimiento del ciclo de Diésel también es:

$$\eta_{\text{Diésel}} = 1 + f(\gamma, V_B, V_C, P_A, P_D)\frac{T_A}{T_B},$$

donde f es una función de $\gamma = C_P/C_V$, V_B, V_C, P_A y P_D.

d) Partiendo del resultado del punto c), demuestre que el rendimiento del ciclo de Diésel también es:

$$\eta_{\text{Diésel}} = 1 - \frac{1}{r^{\gamma-1}}\left(\frac{\alpha^\gamma - 1}{\gamma(\alpha - 1)}\right),$$

donde $r = V_A/V_B$ y $\alpha = V_C/V_B$.

Solución: No se incluye la gráfica ni las demostraciones.

7.19 Una máquina frigorífica funciona según un ciclo de Carnot entre dos focos a temperaturas de 200 °C y 50 °C. El dibujo de este ciclo en un diagrama PV encierra un área cuyo valor es 30 kcal. Calcule:

7.11. CUESTIONES Y PROBLEMAS.

a) El trabajo realizado por o sobre la máquina frigorífica.
Solución: -30 kcal.

b) La eficiencia de la máquina frigorífica.
Solución: 2.154333.

c) El calor que la máquina frigorífica cede al foco caliente y el que toma del foco frío.
Solución: $Q_f = +64.63$ kcal y $Q_c = -94.63$ kcal.

d) La entropía en cada una de las etapas del ciclo.
Solución: -0.2, 0, +0.2 y 0 kcal/K.

7.20 Un objeto a 200 K emite calor por radiación. Dicha radiación alcanza a un objeto a 300 K y lo calienta. Por tanto, el calor ha pasado, mediante el proceso de radiación, de un objeto frío a un objeto caliente sin trabajo, contradiciendo el Segundo Principio de la Termodinámica. Explique qué es lo que falla o no está presente en estos razonamientos.
Solución: El balance neto de emisiones y recepciones de calor es que el objeto de 300 K cede calor al objeto de 200 K.

7.21 Un mol de un gas ideal, cuyo calor molar a volumen constante es $C_v = 3$ cal/(mol K), y que inicialmente está a una presión de 3 atm y a 290 K, describe el siguiente ciclo de procesos reversibles: Partiendo del estado inicial, se calienta a volumen constante hasta que su presión se duplica; a continuación se comprime a presión constante hasta que su volumen es la mitad del volumen inicial; finalmente, experimenta una expansión isoterma hasta llegar al estado inicial. Dibuje el ciclo en un diagrama PV. Calcule el cambio de la entropía de cada proceso en cal/K.
Solución: + 2.0794, -3.4657 y +1.3863 cal/K.

7.22 Colocamos una jarra que contiene un litro de agua a 90 °C en una habitación a 25 °C. El agua se enfría hasta alcanzar la temperatura de la habitación. Calcule el cambio de entropía del agua y el cambio de entropía de la habitación en unidades del SI. La habitación es un foco térmico y, por tanto, su temperatura no cambia.
Solución: $\Delta S_{agua} = $ -825.17 J/K y $\Delta S_{hab} = $ + 912.16 J/K.

7.23 Un gas ideal está inicialmente a 12.3 litros, 2 atm de presión y 300 K (Estado A). Este gas evoluciona siguiendo un ciclo formado por tres procesos reversibles. Entre los estados A y B el gas evoluciona de manera que la presión depende linealmente del volumen (P=aV+b). Estado B: 6.15 litros y 5 atm. Entre los estados B y C evoluciona a presión constante hasta un volumen de 12.3 litros. Finalmente, entre los estados C y A evoluciona a volumen constante. Calcule el cambio de la energía interna, el calor y el trabajo en cada uno de los procesos y el rendimiento del ciclo. $C_v = 3$ cal/(mol K), y 1 atm L = 101.3 J = 24.3120 calorías.
Solución:
$W_{AB} = $ -523.3158 cal, $Q_{AB} = $ -298.3158 cal y $\Delta U_{AB} = $ 225 cal

$W_{BC} = 747.5940$ cal, $Q_{BC} = 1875$ cal y $\Delta U_{BC} = 1127.4$ cal
$W_{CA} = 0$ cal, $Q_{CA} = $ -1350 cal y $\Delta U_{CA} = $ -1350 cal
El rendimiento es 0.1196

7.24 Un recipiente de 10 L está formado por dos secciones, separadas por una barrera. La sección de la izquierda contiene oxígeno, O_2, a 300 K y 0.1 MPa, y tiene un volumen de 4 L. La sección de la derecha contiene nitrógeno, N_2, a 300 K y 0.1 MPa, y tiene un volumen de 6 L. Calcule el cambio de entropía del sistema en J/K, al retirar la barrera y dejar que los dos gases se mezclen. Los dos gases se comportan como gases ideales. La temperatura permanece constante durante todo el proceso. No se debe usar el valor de la constante R de los gases ideales, ni los valores de C_p ni de C_v del oxígeno y del nitrógeno, para resolver este problema.
Solución: +2.24 J/K.

7.25 El ciclo de Otto tiene cuatro fases o procesos reversibles: Compresión adiabática de A a B, calentamiento a volumen constante de B a C, expansión adiabática de C a D y enfriamiento a volumen constante de D a A. Un ciclo de Otto de un gas ideal diatómico ($\gamma = 7/5$) tiene las siguientes características: La temperatura, el volumen y la presión del gas en el estado A son 300 K, 4 litros y 100 kPa, respectivamente. La relación entre los volúmenes de A y B es $V_B = V_A/8$. El calentamiento a volumen constante (B a C) debido a la combustión de la gasolina, supone una absorción de calor por parte del gas de 3700 J.

a) Dibuje el ciclo en un diagrama P-V y calcule la presión, temperatura y volumen en los puntos B, C y D.
Solución:
No se incluye la gráfica.
$P_B = 1837917.4$ Pa, $V_B = 0.0005$ m^3 y $T_B = 689.22$ K.
$P_C = 4797913.2$ Pa, $V_C = 0.0005$ m^3 y $T_C = 1799.22$ K.
$P_D = 261051.63$ Pa, $V_D = 0.004$ m^3 y $T_D = 783.15599$ K.

Calcule:

b) El calor absorbido y el calor cedido del ciclo en julios.
Solución: 3700 y -1610.52 J.

c) El trabajo realizado por el ciclo en julios.
Solución: +2089.4784 J.

d) El rendimiento del ciclo de dos maneras: d1) usando los calores obtenidos anteriormente y d2) usando el trabajo y el calor absorbido.
Solución: 0.5647

e) La entropía de cada uno de los procesos.
Solución: $\Delta S_{AB} = 0$ J/K, $\Delta S_{BC} = +3.1985$ J/K, $\Delta S_{CD} = 0$ J/K y $\Delta S_{DA} = $ -3.1985 J/K.

7.26 El ciclo de Diésel tiene cuatro fases o procesos reversibles: Compresión adiabática de

A a B, calentamiento a presión constante de B a C, expansión adiabática de C a D y enfriamiento a volumen constante de D a A.

Un ciclo de Diésel de un gas tiene las siguientes características: La temperatura, el volumen y la presión del gas en el estado A son 300 K, 2 litros y 0.1 MPa, respectivamente. Las relaciones entre los volúmenes son $V_B = V_A/20$ y $V_C = 2V_B$. El cociente $\gamma = C_P/C_V$ del gas es 1.4. Calcule:

a) El número de moles, y la presión y la temperatura en los puntos B, C y D.
Solución: 0.802 moles.
$P_B = 6628908$ Pa y $T_B = 994.3362$ K.
$P_C = 6628908$ Pa y $T_C = 1988.6726$ K.
$P_D = 263900$ Pa y $T_D = 791.7$ K.

b) El trabajo y el calor de cada proceso en julios.
Solución:
$W_{AB} = $ -1157.2270 J y $Q_{AB} = 0$ J.
$W_{BC} = $ +662.8908 J y $Q_{BC} = $ +2320.1175 J.
$W_{CD} = $ +1994.9540 J y $Q_{CD} = 0$ J.
$W_{DA} = 0$ J y $Q_{DA} = $ -819.5 J.

c) El rendimiento del ciclo de dos maneras: sin usar el trabajo del ciclo y usando el trabajo del ciclo.
Solución: 0.6470

7.27 El ciclo de Brayton tiene cuatro fases o procesos reversibles: Compresión adiabática de A a B, calentamiento a presión constante de B a C, expansión adiabática de C a D y enfriamiento a presión constante de D a A. Calcule el rendimiento del ciclo de Brayton de un gas ideal en función de $r = P_B/P_A$ y $\gamma = C_P/C_V$.
Solución:

$$\eta = 1 - \frac{1}{r^{(\gamma-1)/\gamma}} \,. \tag{7.58}$$

7.28 El ciclo de Diésel tiene cuatro fases o procesos reversibles: Compresión adiabática de A a B, calentamiento a presión constante de B a C, expansión adiabática de C a D y enfriamiento a volumen constante de D a A.

Un ciclo de Diésel de un gas ideal tiene las siguientes características: La temperatura, el volumen y la presión del gas en el estado A son 300 K, 24.9435 litros y 0.1 MPa, respectivamente. Las relaciones entre los volúmenes son $V_B = V_A/10$ y $V_C = 2V_B$. El cociente $\gamma = C_P/C_V$ del gas es 1.4. Calcule:

a) El cambio de la energía interna de cada proceso en unidades del SI.
Solución: +9428.02, +15663.89, -14871.11 y -10220.8 J.

b) El cambio de la entropía de cada proceso en unidades del SI.

Solución: 0, +20.17, 0 y -20.17 J/K.

7.29 El ciclo de Brayton tiene cuatro fases o procesos reversibles: Compresión adiabática de A a B, calentamiento a presión constante de B a C, expansión adiabática de C a D y enfriamiento a presión constante de D a A. Calcule el rendimiento del ciclo de Brayton de un gas ideal de dos maneras diferentes, sabiendo que $T_A = 300$ K y $T_B = 365.7$ K.
Solución: 0.1797

7.30 Un mol de un gas ideal diatómico ocupa 3 L a 6 atm (estado 1) y sigue el siguiente ciclo reversible: mediante un proceso isóbaro evoluciona hasta que su volumen es el doble (estado 2). Después, manteniendo el volumen constante, se reduce su presión hasta la mitad (estado 3). Finalmente, mediante un proceso cuya representación en el diagrama PV es una línea recta, pasa de nuevo al estado 1.

    a) Dibuje el ciclo en el diagrama PV.
Solución: No se incluye la gráfica.

    b) Calcule el valor de las variables termodinámicas P, V y T en los estados 2 y 3 en unidades del SI.
Solución:
$P_2 = 607800$ Pa, $V_2 = 0.006$ m^3 y $T_2 = 439.0244$ K.
$P_3 = 303900$ Pa, $V_3 = 0.006$ m^3 y $T_3 = 219.5122$ K.

    c) Calcule el intercambio de calor y de trabajo en cada proceso en unidades del SI, con su signo, indicando el sentido físico del signo.
Solución:
$Q_{12} = +6387.97$ J > 0, porque es un calor adsorbido por el gas.
$W_{12} = +1823.4$ J > 0, porque es un trabajo realizado por el gas.
$Q_{23} = -4562.84$ J < 0, porque es un calor cedido por el gas.
$W_{23} = 0$ J, porque es un proceso a volumen constante.
$Q_{31} = -1367.55$ J < 0, porque es un calor cedido por el gas.
$W_{31} = -1367.55$ J < 0, porque es un trabajo realizado sobre el gas.

    d) Calcule el cambio de energía interna y de entropía en cada proceso y durante todo el ciclo, en unidades del SI.
Solución:
+4562.84, -4562.84 y 0 J. El cambio de energía interna del ciclo es cero.
+20.17, -14.41 y -5.76 J/K. El cambio de entropía del ciclo es cero.

    e) Calcule el rendimiento.
Solución: 0.0716

Capítulo 8

La electrostática

8.1. La carga eléctrica.

Las palabras electricidad, electrón y eléctrica provienen del griego, ἤλεκτρον, électron, que significa "ámbar". La palabra electrostática tiene su origen en dos palabras del griego: La mencionada électron y ᾿στατός, statós, que significa "estar parado en equilibrio".

La electrostática estudia los fenómenos producidos por cargas eléctricas en reposo. La carga eléctrica es una propiedad física intrínseca de la materia, como la masa o el espín. La carga eléctrica se manifiesta mediante fuerzas de atracción y repulsión entre las cargas eléctricas. Una carga eléctrica genera un campo de fuerzas eléctricas a su alrededor y, a su vez, es influida por los campo de fuerzas eléctricas.

Existen dos tipos de cargas eléctricas. Charles François du Fay fue el primero que identificó la existencia de dos tipos de cargas eléctricas. Publicó sus investigaciones en 1733. Llamó carga vítrea y carga resinosa a los dos tipos de cargas. Al frotar el vidrio con un paño de seda se produce un tipo de carga (carga positiva) que es diferente de la carga que se produce al frotar la resina o el ámbar (carga negativa).

Hacia 1747 Benjamín Franklin llamó cargas positivas y negativas a los dos tipos de cargas y son los nombres que desde entonces se usan. Una carga eléctrica puede tener valores positivos o negativos. Dos cargas del mismo signo se repelen (dos positivas o dos negativas) y dos cargas de distinto signo se atraen (positiva-negativa).

Hacia 1777 Coulomb enunció la ley de la fuerza entre cargas, basándose en experimentos propios y ajenos y en los conceptos de cargas positivas y negativas.

Los nombres de los dos tipos de carga eléctrica son un ejemplo de cómo los conceptos de física se "traducen" en conceptos matemáticos. Los nombres iniciales de carga vítrea y resinosa no se pueden "traducir" al lenguaje de las matemáticas, pero los nombres que les puso Franklin sí se pueden "traducir" al lenguaje de las matemáticas. Desde cierto punto de vista, deducir o enunciar la ley de Coulomb, es sencillo después de nombrar las cargas como positivas y negativas.

La carga eléctrica se simboliza por q o Q. En el Sistema Internacional se mide en culombios, (C). Un C se define como la carga que fluye cada segundo por un conductor, tal que la intensidad de corriente es un amperio (1 A).

En cualquier proceso físico la carga total de un sistema aislado se conserva (ley de conservación de la carga): La suma de todas las cargas positivas y negativas no cambia con el tiempo. Benjamín Franklin fue el descubridor de la ley de conservación de la carga eléctrica.

Por razones históricas, el convenio es que la carga del protón es positiva, $+e$, y la del electrón es negativa, $-e$. El valor absoluto de la carga eléctrica del protón y del electrón es el mismo: $|e|=e = 1.602 \quad 10^{-19}$ C.

8.2. Las distribuciones de carga eléctrica.

a) Sobre la notación matemática.

Indicaremos con $\vec{r}'$ (r con prima) la posición de una carga eléctrica y con $\vec{r}$ (r sin prima) la posición donde se mide un campo o una fuerza eléctrica producida por una o varias cargas o una distribución continua de carga eléctrica. **Es muy importante no confundir estos dos vectores de posición.**

b) La distribución de cargas puntuales.

Una carga puntual está localizada en un punto y no tiene ni volumen ni superficie. Hemos dibujado una distribución de tres cargas puntuales en la figura 8.1. Cada carga tiene su vector de posición. La carga i tiene un vector de posición $\vec{r}'_i$, $i = 1$-3.

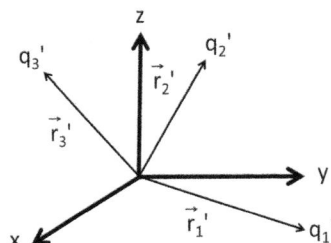

Figura 8.1: Una distribución de tres cargas eléctricas puntuales.

c) La distribución continua de carga.

Una distribución continua de carga consiste en un conjunto infinito de cargas tan cercanas unas a otras que forman un continuo (Ver la figura 8.2. En lugar de usar los vectores de posición de las cargas, se usa la densidad de carga eléctrica de la distribución de carga eléctrica.

Si las cargas están distribuidas en un volumen (dimensión 3), entonces se usa la densidad volumétrica de carga eléctrica. Si están distribuidas en una superficie (dimensión 2), entonces se usa la densidad superficial de carga eléctrica. Si están distribuidas a lo largo de una línea (recta o curva; dimensión 1), entonces se usa la densidad lineal de carga eléctrica.

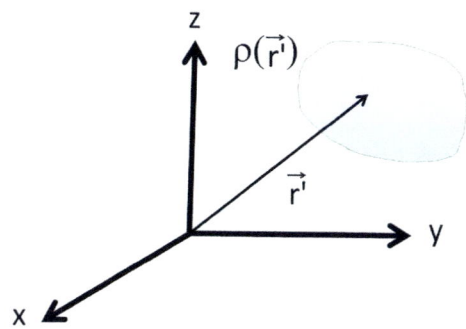

Figura 8.2: Carga continua.

Las densidades de carga lineal, superficial y volumétrica son, respectivamente:

$$\lambda = \frac{dq}{d\ell} \qquad \sigma = \frac{dq}{dS} \qquad \rho = \frac{dq}{dV} \,. \tag{8.1}$$

La densidad de carga eléctrica puede ser constante o depender de la posición en el espacio, es decir, puede depender de x, y, z, r, etc.

8.3. La fuerza de Coulomb entre dos cargas puntuales.

Charles-Augustin de Coulomb demostró experimentalmente la ley de la fuerza entre las cargas eléctricas en 1784, usando una balanza de torsión.

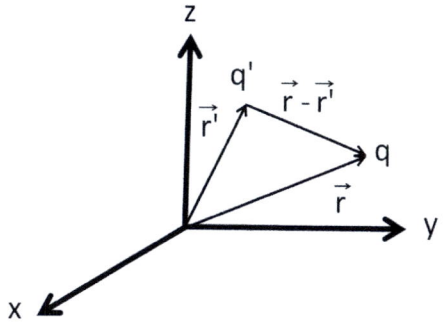

Figura 8.3: Dos cargas puntuales q y q' interaccionando.

La fuerza electrostática de la carga q' sobre la carga q o ley de Coulomb de la fuerza es (Ver la figura 8.3):

$$\vec{F}_{q' \to q} = \frac{qq'}{4\pi\epsilon_0 |\vec{r} - \vec{r}'|^2} \vec{u}_{\vec{r}-\vec{r}'} \,, \tag{8.2}$$

donde $\vec{u}_{\vec{r}-\vec{r}'} = \dfrac{\vec{r} - \vec{r}'}{|\vec{r} - \vec{r}'|}$. La permitividad eléctrica del vacío es $\epsilon_0 = 8.854 \ 10^{-12} \dfrac{C^2}{Nm^2}$.

La fuerza electrostática de la carga q' sobre la carga q es igual a la fuerza de la carga q sobre la carga q', cambiada de signo:

$$\vec{F}_{q' \to q} = -\vec{F}_{q \to q'} \,. \tag{8.3}$$

La fuerza es proporcional al producto de las cargas e inversamente proporcional al cuadrado de la distancia entre las cargas. La dirección de la fuerza es la dirección del vector $(\vec{r} - \vec{r}\,')$. El sentido de la fuerza depende del signo del producto $qq'(\vec{r} - \vec{r}\,')$.

8.4. La fuerza de Coulomb entre una distribución de cargas puntuales y una carga puntual.

La fuerza electrostática de Coulomb sobre una carga puntual q es la suma de las fuerzas individuales de cada carga de la distribución sobre la carga puntual q (Ver la figura 8.4):

$$\vec{F}_{\text{sobre } q} = \sum_{i=1}^{N} \vec{F}_{q_i' \to q}$$

$$\vec{F}_{q_i' \to q} = \frac{qq_i'}{4\pi\epsilon_0 |\vec{r} - \vec{r}_i'|^2} \vec{u}_{\vec{r}-\vec{r}_i'}$$

(8.4)

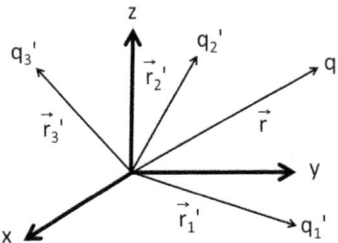

Figura 8.4: Tres cargas puntuales interaccionando con la carga q.

Esa fuerza es lo que se conoce como principio de superposición de las fuerzas. Otros enunciados del principio de superposición:

a) El campo eléctrico producido por un conjunto de cargas en el punto $\vec{r}$ es la suma de los campos producidos por cada carga.

b) El potencial eléctrico producido por un conjunto de cargas en el punto $\vec{r}$ es la suma de los potenciales producidos por cada carga.

Este principio se aplica a campos de fuerza. Por tanto, también se aplica a campos gravitatorios y a campos magnéticos.

8.5. La fuerza de Coulomb entre una distribución continua de carga y una carga puntual.

Cuando la distancia entre las cargas puntuales tiende a ser cero, el conjunto o distribución de cargas puntuales se convierte en una distribución de carga continua.

8.5. LA FUERZA DE COULOMB ENTRE UNA DISTRIBUCIÓN CONTINUA DE CARGA Y UNA CARGA PUNTUAL.

La suma sobre las cargas puntuales que crean el campo, q_i', tiende a ser una integral con respecto a la variable q' cuando la distribución es continua:

$$\sum_i q_i' \Rightarrow \int dq' \, . \tag{8.5}$$

Una integral es una suma infinita de sumandos infinitésimos, y por tanto, la integral $\int dq'$ es la aplicación del principio de superposición al caso de una distribución continua de carga.

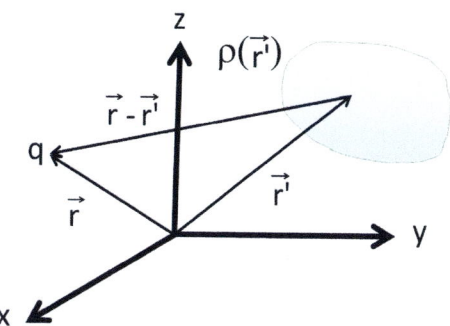

Figura 8.5: Una distribución continua de carga interaccionando con una carga puntual q.

La fuerza sobre una carga q debida a una distribución de carga continua viene dada por (Ver la figura 8.5):

$$\vec{F}_q = \frac{q}{4\pi\epsilon_0} \int \frac{dq'(\vec{r} - \vec{r}')}{|\vec{r} - \vec{r}'|^3} \, , \tag{8.6}$$

donde dq' puede tener distintas expresiones según se trate de una distribución en tres, dos o una dimensión, respectivamente: $dq' = \rho dV'$, $dq' = \sigma dS'$, $dq' = \lambda d\ell'$. Las dimensiones de ρ, σ y λ son Q/L^3, Q/L^2 y Q/L, respectivamente.

Si la distribución está en un volumen (distribución en tres dimensiones), entonces se usa la densidad volumétrica de carga:

$$\vec{F}_{\rho \to q} = \frac{q}{4\pi\epsilon_0} \int_V \frac{\rho(\vec{r}')(\vec{r} - \vec{r}')dV'}{|\vec{r} - \vec{r}'|^3} \, . \tag{8.7}$$

Varios ejemplos de densidades volumétricas. La densidad $\rho = \rho_0$ es una densidad constante, que no depende de x,y,z. La dimensión de ρ_0 es Q/L^3. La densidad $\rho = a\cos\theta$ depende del ángulo esférico θ. La dimensión de a es Q/L^3.

Si la distribución está sobre una superficie (distribución en dos dimensiones), entonces se usa la densidad superficial de carga:

$$\vec{F}_{\sigma \to q} = \frac{q}{4\pi\epsilon_0} \int_S \frac{\sigma(\vec{r}')(\vec{r} - \vec{r}')dS'}{|\vec{r} - \vec{r}'|^3} \, . \tag{8.8}$$

Varios ejemplos de densidades superficiales. La densidad $\sigma = \sigma_0$ es una densidad constante, que no depende de x,y,z. La dimensión de σ_0 es Q/L^2. La densidad $\sigma = a\cos\varphi$ depende del ángulo polar φ. La dimensión de a es Q/L^2. La densidad $\sigma = b\rho cos\varphi$ depende de la coordenada ρ y del ángulo polar φ. La dimensión de b es Q/L^3.

Si la distribución está sobre una curva o línea (distribución en una dimensión), entonces se usa la densidad lineal de carga:

$$\vec{F}_{\lambda \to q} = \frac{q}{4\pi\epsilon_0} \int_\ell \frac{\lambda(\vec{r}')(\vec{r} - \vec{r}')d\ell'}{|\vec{r} - \vec{r}'|^3} \ . \tag{8.9}$$

Un ejemplo de densidad lineal. $\lambda = \lambda_0$ es una densidad lineal constante. La dimensión de λ_0 es Q/L. Otro ejemplo. $\lambda = ax$ es una densidad que depende de x. La dimensión de a es Q/L^2.

8.6. El campo eléctrico.

La fuerza producida por un campo eléctrico $\vec{E}$ sobre una carga q situada en el punto $\vec{r}$ es:

$$\boxed{\vec{F}_q(\vec{r}) = q\vec{E}(\vec{r})} \ , \tag{8.10}$$

donde $\vec{E}$ es el campo eléctrico creado por otra carga o por una distribución de carga. El campo eléctrico es el efecto que tiene la presencia de cargas eléctricas sobre el espacio. La unidad de campo eléctrico en el SI es N/C = V/m (newton/culombio = voltio/metro). La dimensión del campo eléctrico es [E]=[F]/[q]=MLT^{-2}Q^{-1}.

El campo eléctrico en el punto $\vec{r}$ debido a una carga q' situada en $\vec{r}'$ es:

$$\vec{E}(\vec{r}) = \frac{1}{4\pi\epsilon_0} \frac{q'(\vec{r} - \vec{r}')}{|\vec{r} - \vec{r}'|^3} \ . \tag{8.11}$$

Un ejemplo de aplicación de la ecuación 8.11. Tenemos una carga $q' = +e$ en el punto $\vec{r}' = (1, 3, 5)$. Queremos calcular el campo eléctrico en el punto $\vec{r} = (0, 1, -2)$ debido a la carga q'. Tendremos que $\vec{r} - \vec{r}' = (0, 1, -2) - (1, 3, 5) = (-1, -2, -7)$ y $|\vec{r} - \vec{r}'| = |(-1, -2, -7)| = \sqrt{54}$. El campo eléctrico en (0,1,-2) debido a q' será:

$$\vec{E}(\vec{r}) = \frac{e(-\vec{u}_x - 2\vec{u}_y - 7\vec{u}_z)}{4\pi\epsilon_0 54^{3/2}} \ . \tag{8.12}$$

El campo eléctrico en el punto $\vec{r}$ debido a una distribución o conjunto de cargas puntuales q_i' situadas en $\vec{r}_i'$ es:

$$\vec{E}(\vec{r}) = \frac{1}{4\pi\epsilon_0} \sum_{i=1}^{N} \frac{q_i'(\vec{r} - \vec{r}_i')}{|\vec{r} - \vec{r}_i'|^3} \ . \tag{8.13}$$

El campo debido a una distribución de cargas, ecuación 8.13, es el principio de super-posición: El campo debido a la distribución es la suma de los campos debidos a cada carga q_i', la ecuación 8.11 con q_i' en lugar de q'.

Si la distribución de cargas es continua, entonces tenemos una densidad de carga eléctri-ca que dependerá de la posición en el espacio, $\vec{r}'$. Esa densidad puede ser lineal, superficial o volumétrica. El campo eléctrico en el punto $\vec{r}$ debido a una densidad de carga eléctrica, ya sea lineal, superficial o volumétrica, ecuaciones 8.15, 8.17 o 8.19, respectivamente, es una aplicación del principio de superposición. El campo eléctrico es la suma infinita de los campos eléctricos debidos a las cargas infinitésimas dq' en $\vec{r}$. Esa suma es la integral sobre la región A, donde se encuentra la densidad de carga, con respecto a las variables de las que depende la densidad:

$$\vec{E}(\vec{r}) = \frac{1}{4\pi\epsilon_0} \int_A \frac{dq'(\vec{r} - \vec{r}')}{|\vec{r} - \vec{r}'|^3} = \frac{1}{4\pi\epsilon_0} \int_A \frac{d(\vec{r}')(\vec{r} - \vec{r}')}{|\vec{r} - \vec{r}'|^3} dA' \ . \tag{8.14}$$

La carga infinitesimal dq' es igual a $d(\vec{r} - \vec{r}')dA'$, donde $d(\vec{r} - \vec{r}')$ es la densidad y dA' es el diferencial. Si la densidad es lineal, entonces $d(\vec{r} - \vec{r}') = \lambda(\vec{r} - \vec{r}')$, $dA' = d\ell'$ y la región A será una línea (recta, curva, etc.). Si la densidad es superficial, entonces $d(\vec{r} - \vec{r}') = \sigma(\vec{r} - \vec{r}')$, $dA' = dS'$ y la región A será una superficie (cuadrado, círculo, etc.). Si la densidad es volumétrica, entonces $d(\vec{r} - \vec{r}') = \rho(\vec{r} - \vec{r}')$, $dA' = dV'$ y la región A será un volumen. Vamos a aplicar la ecuación 8.14 a los tres tipos de densidades de carga eléctrica.

El campo eléctrico en el punto $\vec{r}$ debido a una densidad lineal de carga $\lambda(\vec{r}')$ es:

$$\vec{E}(\vec{r}) = \frac{1}{4\pi\epsilon_0} \int_\ell \frac{\lambda(\vec{r}')(\vec{r} - \vec{r}')}{|\vec{r} - \vec{r}'|^3} d\ell' \ . \tag{8.15}$$

Un ejemplo de campo debido a una densidad lineal. Tenemos una densidad lineal $\lambda(\vec{r}')$ igual a $\lambda_0 z'/L$, si $0 \leq z' \leq L$, y cero en cualquier otro caso. Dicha densidad está a lo largo de la recta que va desde $(0,0,0)$ hasta $(0,0,L)$. Para calcular el campo eléctrico en $\vec{r} = (0, 0, 2L)$, tenemos que calcular antes $\vec{r} - \vec{r}'$, $|\vec{r} - \vec{r}'|$ y $d\ell'$, y determinar los límites de integración.

El vector $\vec{r} - \vec{r}'$ es igual a $(0, 0, 2L) - (0, 0, z') = (0, 0, 2L - z') = (2L - z')\vec{u}_z$ y su módulo es $|\vec{r} - \vec{r}'| = |2L - z'|$. La densidad varía a lo largo del eje Z. Por tanto, $d\ell' = dz'$. La densidad es diferente de cero entre $z' = 0$ y $z' = L$. Por lo tanto, la integral de la ecuación 8.15 será entre $z' = 0$ y $z' = L$. El campo eléctrico en $\vec{r} = (0, 0, 2L)$ será:

$$\vec{E}(\vec{r}) = \frac{\lambda_0}{4\pi\epsilon_0 L} \int_0^L \frac{z'(2L - z')\vec{u}_z}{|2L - z'|^3} dz' \ . \tag{8.16}$$

El campo eléctrico en el punto $\vec{r}$ debido a una densidad superficial de carga $\sigma(\vec{r}')$ es:

$$\vec{E}(\vec{r}) = \frac{1}{4\pi\epsilon_0} \int_S \frac{\sigma(\vec{r}')(\vec{r} - \vec{r}')}{|\vec{r} - \vec{r}'|^3} dS' \ . \tag{8.17}$$

Sobre el cuadrado determinado por $z' = 0$, $0 \leq x' \leq L$ y $0 \leq y' \leq L$, existe una densidad superficial $\sigma(\vec{r}')$ igual a $\sigma_0 x'y'/L^2$. Para calcular el campo eléctrico en $\vec{r} = (2L, 0, 0)$, tenemos que calcular antes $\vec{r} - \vec{r}'$, $|\vec{r} - \vec{r}'|$ y $d\ell'$, y determinar los límites de integración.

El vector $\vec{r} - \vec{r}'$ es igual a $(2L, 0, 0) - (x', y', 0) = (2L - x', -y', 0)$ y su módulo es $|\vec{r} - \vec{r}'| = \sqrt{(2L - x')^2 + y'^2}$. La densidad varía dentro del cuadrado, que está en el plano XY. Por lo tanto, $dS' = dx'dy'$ y la integral de la ecuación 8.17 será entre $x' = 0$ y $x' = L$ y entre $y' = 0$ e $y' = L$. El campo eléctrico en $\vec{r} = (2L, 0, 0)$ será:

$$\vec{E}(\vec{r}) = \frac{\sigma_0}{4\pi\epsilon_0 L^2} \int_0^L dx' \int_0^L dy' x'y' \frac{(2L - x')\vec{u}_x - y'\vec{u}_y}{((2L - x')^2 + y'^2)^3} \ . \tag{8.18}$$

El campo eléctrico en el punto $\vec{r}$ debido a una densidad volumétrica de carga $\rho(\vec{r}')$ es:

$$\vec{E}(\vec{r}) = \frac{1}{4\pi\epsilon_0} \int_V \frac{\rho(\vec{r}')(\vec{r} - \vec{r}')}{|\vec{r} - \vec{r}'|^3} dV' . \tag{8.19}$$

Un ejemplo. Tenemos una densidad de carga igual a $\rho(\vec{r}') = \rho_0 r'^2/R^2$, si $r' \leq R$, y $\rho(\vec{r}') = 0$ si $r' > R$, donde ρ_0 es una densidad constante, r' es la distancia al centro de coordenadas y R es una distancia constante.

Queremos calcular el campo en $\vec{r} = (0,0,0)$. Tendremos que $\vec{r} - \vec{r}' = (0,0,0) - (x', y', z') = (-x', -y', -z') = -r'\vec{u}_r$ y $|\vec{r} - \vec{r}'| = \sqrt{x'^2 + y'^2 + z'^2} = r'$. Sustituyendo esas magnitudes en la ecuación 8.19, obtenemos el campo eléctrico en $\vec{r} = (0,0,0)$:

$$\vec{E}(\vec{r}) = \frac{1}{4\pi\epsilon_0} \int_{V_R} \frac{\rho_0 r'^2 (-r'\vec{u}_r)}{R^2 r'^3} dV' = \frac{-\rho_0 \vec{u}_r}{4\pi\epsilon_0 R^2} \int_{V_R} dV' , \tag{8.20}$$

donde $\int_{V_R}$ significa que el integrando debe ser integrado dentro del volumen de una esfera de radio R. Desarrollamos e integramos la integral:

$$\vec{E}(\vec{r}) = \frac{-\rho_0 \vec{u}_r}{4\pi\epsilon_0 R^2} \int_{V_R} dV' = \frac{-\rho_0 \vec{u}_r}{4\pi\epsilon_0 R^2} \int_0^R r'^2 dr' \int_0^\pi sen\theta' d\theta' \int_0^{2\pi} d\varphi' =$$
$$\frac{-\rho_0 \vec{u}_r}{4\pi\epsilon_0 R^2} \int_0^R r'^2 dr' 4\pi = \frac{-\rho_0 \vec{u}_r}{\epsilon_0 R^2} \int_0^R r'^2 dr' = \frac{-\rho_0 R \vec{u}_r}{3\epsilon_0} . \tag{8.21}$$

8.7. La energía potencial y el potencial electrostático.

La fuerza de Coulomb es conservativa. Esto significa que la fuerza es menos el gradiente de una energía potencial V:

$$\boxed{dV = -\vec{F} \cdot d\vec{r}} \Leftrightarrow \boxed{\vec{F} = -\vec{\nabla} V} . \tag{8.22}$$

Teniendo en cuenta que $\vec{F}_q(\vec{r}) = q\vec{E}(\vec{r})$, obtenemos la definición del potencial electrostático Φ:

$$\left.\begin{array}{l} \vec{F}(\vec{r}) = q\vec{E}(\vec{r}) \\ \vec{F}(\vec{r}) = -\vec{\nabla} V(\vec{r}) \end{array}\right\} \Rightarrow \boxed{V = q\Phi(\vec{r})} \quad y \quad \boxed{\vec{E}(\vec{r}) = -\vec{\nabla}\Phi(\vec{r})} \tag{8.23}$$

La energía potencial V es el producto de la carga q situada en el punto $\vec{r}$ y el potencial electrostático Φ en ese punto: $V = q\Phi(\vec{r})$. El campo eléctrico es menos el gradiente del potencial electrostático:

$$\vec{E}(\vec{r}) = -\vec{\nabla}\Phi(\vec{r}) . \tag{8.24}$$

La dimensión del potencial electrostático es $[\Phi] = [V]/[q] = [\text{Energía}]/[\text{carga eléctrica}] = ML^2T^{-2}Q^{-1}$.

8.7. LA ENERGÍA POTENCIAL Y EL POTENCIAL ELECTROSTÁTICO.

El cambio de la energía potencial entre los puntos A y B es:

$$\Delta V_{A\to B} = V_B - V_A = \int_A^B dV = \int_A^B \vec{\nabla} V \cdot d\vec{r} = -\int_A^B \vec{F} \cdot d\vec{r} \;. \qquad (8.25)$$

La diferencia de potencial electrostático Φ entre A y B viene dada por:

$$\Delta\Phi_{A\to B} = \Phi_B - \Phi_A = \int_A^B d\Phi = \int_A^B \vec{\nabla}\Phi \cdot d\vec{r} = -\int_A^B \vec{E} \cdot d\vec{r} \;. \qquad (8.26)$$

Se elige $\Phi(\vec{r}) \to 0$ cuando $\vec{r} \to \infty$.

El potencial electrostático $\Phi(\vec{r})$ creado en el punto $\vec{r}$ por la carga q' situada en $\vec{r}'$ es:

$$\Phi(\vec{r}) = \frac{1}{4\pi\epsilon_0} \frac{q'}{|\vec{r} - \vec{r}'|} \;. \qquad (8.27)$$

La ecuación 8.27 se deduce de la ley de Coulomb para dos cargas puntuales y de la ecuación 8.24.

Continuamos con el ejemplo de la sección anterior: Una carga q' = +e en el punto $\vec{r}' = (1,3,5)$. Calculamos el potencial en el punto $\vec{r} = (0,1,-2)$ debido a la carga q'. Tendremos que $\vec{r} - \vec{r}' = (0,1,-2) - (1,3,5) = (-1,-2,-7)$ y $|\vec{r} - \vec{r}'| = |(-1,-2,-7)| = \sqrt{54}$. El potencial en (0,1,-2) debido a q' será:

$$\Phi(\vec{r}) = \frac{e}{4\pi\epsilon_0 \sqrt{54}} \;. \qquad (8.28)$$

El potencial electrostático en el punto $\vec{r}$ debido a una distribución de cargas puntuales q_i' situadas en $\vec{r}_i'$ es:

$$\Phi(\vec{r}) = \frac{1}{4\pi\epsilon_0} \sum_{i=1}^{N} \frac{q_i'}{|\vec{r} - \vec{r}_i'|} \;. \qquad (8.29)$$

El potencial debido a una distribución de cargas puntuales, ecuación 8.29, es el principio de superposición aplicado al potencial eléctrico: El potencial debido a la distribución es la suma de los potenciales correspondientes a cada carga q_i', la ecuación 8.27 con q_i' en lugar de q'.

Según el principio de superposición el potencial debido a una distribución continua de carga es la suma infinita de los potenciales debidos a las cargas infinitesimales $dq' = d(\vec{r}')dA'$. La suma es la integral sobre la región A, donde se encuentra la densidad de carga $d(\vec{r}')$, con respecto a las variables de las que depende la densidad:

$$\Phi(\vec{r}) = \frac{1}{4\pi\epsilon_0} \int_A \frac{dq'}{|\vec{r} - \vec{r}'|} = \frac{1}{4\pi\epsilon_0} \int_A \frac{d(\vec{r}')dA'}{|\vec{r} - \vec{r}'|} \;. \qquad (8.30)$$

En el caso de una densidad lineal, $dq' = \lambda(\vec{r}')d\ell'$ y la región A será una línea (recta, curva, recta quebrada, etc.). En el caso de una densidad superficial, $dq' = \sigma(\vec{r}')dS'$ y la región A será una superficie (cuadrado, círculo, rectángulo, etc.). Finalmente, si la densidad es volumétrica, entonces $dq' = \rho(\vec{r}')dV'$ y la región A será un volumen (cubo, esfera, cilindro, etc.). Vamos a aplicar la ecuación 8.30 a los tres tipos de densidades de carga eléctrica.

El potencial electrostático en el punto $\vec{r}$ debido a una densidad lineal de carga $\lambda(\vec{r}')$ es:

$$\Phi(\vec{r}) = \frac{1}{4\pi\epsilon_0} \int_\ell \frac{\lambda(\vec{r}')d\ell'}{|\vec{r} - \vec{r}'|} \; . \tag{8.31}$$

Un ejemplo de potencial debido a una densidad lineal. Tenemos una densidad lineal $\lambda(\vec{r}')$ igual a $\lambda_0 z'/L$, si $0 \leq z' \leq L$, y cero en cualquier otro caso. Dicha densidad está a lo largo de la recta que va desde (0,0,0) hasta (0,0,L). Calculamos el potencial eléctrico en $\vec{r} = (0, 0, 2L)$.

El vector $\vec{r} - \vec{r}'$ es igual a $(0, 0, 2L) - (0, 0, z') = (0, 0, 2L - z') = (2L - z')\vec{u}_z$ y su módulo es $|\vec{r} - \vec{r}'| = |2L - z'|$. El diferencial de longitud $d\ell'$ es dz'. La integral de la ecuación 8.31 será entre $z' = 0$ y $z' = L$. El potencial eléctrico en $\vec{r} = (0, 0, 2L)$ será:

$$\Phi(\vec{r}) = \frac{\lambda_0}{4\pi\epsilon_0 L} \int_0^L \frac{z'dz'}{|2L - z'|} \; . \tag{8.32}$$

El potencial electrostático en el punto $\vec{r}$ debido a una densidad superficial de carga $\sigma(\vec{r}')$ es:

$$\Phi(\vec{r}) = \frac{1}{4\pi\epsilon_0} \int_S \frac{\sigma(\vec{r}')dS'}{|\vec{r} - \vec{r}'|} \; . \tag{8.33}$$

Aplicamos la ecuación 8.33 al ejemplo que explicamos en la sección anterior: Un cuadrado determinado por $z' = 0$, $0 \leq x' \leq L$ y $0 \leq y' \leq L$, en el que existe una densidad superficial $\sigma(\vec{r}')$ igual a $\sigma_0 x'y'/L^2$. Calculamos el potencial eléctrico en $\vec{r} = (2L, 0, 0)$.

El vector $\vec{r} - \vec{r}'$ es igual a $(2L, 0, 0) - (x', y', 0) = (2L - x', -y', 0)$ y su módulo es $|\vec{r} - \vec{r}'| = \sqrt{(2L - x')^2 + y'^2}$. El diferencial de superficie dS' es igual a $dx'dy'$ y la integral de la ecuación 8.33 será entre $x' = 0$ y $x' = L$ y entre $y' = 0$ e $y' = L$. El potencial eléctrico en $\vec{r} = (2L, 0, 0)$ será:

$$\Phi(\vec{r}) = \frac{\sigma_0}{4\pi\epsilon_0 L^2} \int_0^L dx' \int_0^L dy' \frac{x'y'}{\sqrt{(2L - x')^2 + y'^2}} \; . \tag{8.34}$$

El potencial electrostático en el punto $\vec{r}$ debido a una densidad volumétrica de carga $\rho(\vec{r}')$ es:

$$\Phi(\vec{r}) = \frac{1}{4\pi\epsilon_0} \int_V \frac{\rho(\vec{r}')dV'}{|\vec{r} - \vec{r}'|} \; . \tag{8.35}$$

Aplicamos la ecuación 8.35 al ejemplo de la sección anterior. Tenemos que $\vec{r} - \vec{r}' = (0, 0, 0) - (x', y', z') = (-x', -y', -z') = -r'\vec{u}_r$ y $|\vec{r} - \vec{r}'| = \sqrt{x'^2 + y'^2 + z'^2} = r'$. El potencial eléctrico en $\vec{r} = (0, 0, 0)$ será:

$$\Phi(\vec{r}) = \frac{\rho_0}{4\pi\epsilon_0 R^2} \int_V r'dV' = \frac{\rho_0}{4\pi\epsilon_0 R^2} \int_0^R r'^3 dr' \int_0^\pi sen\theta' d\theta' \int_0^{2\pi} d\varphi' =$$
$$\frac{\rho_0}{4\pi\epsilon_0 R^2} \frac{R^4}{4} 4\pi = \frac{\rho_0 R^2}{4\epsilon_0} \; . \tag{8.36}$$

Teniendo en cuenta las ecuaciones 8.27, 8.33 y 8.35, la dimensión del potencial eléctrico también es $[\Phi] = Q/([\epsilon_0]L)$.

8.8. Las líneas del campo eléctrico.

El campo eléctrico puede representarse en el espacio mediante las líneas del campo eléctrico, las cuales indican la dirección y sentido del campo. Por definición, el campo eléctrico $\vec{E}$ es tangente a las líneas del campo en cualquier punto.

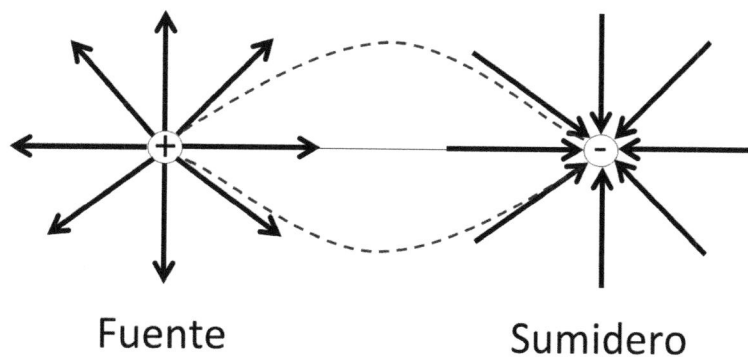

Figura 8.6: Las líneas del campo eléctrico saliendo de una carga positiva y entrando en una carga negativa.

Las líneas del campo eléctrico son líneas abiertas: Salen de un punto (las cargas positivas) y entran en otro punto (las cargas negativas). Además de dirección y sentido, las líneas del campo tienen una densidad superficial. Esta densidad es el número de líneas del campo por unidad de área. Cuanto mayor es la densidad de líneas, mayor es la intensidad del campo eléctrico. La densidad de líneas es más elevada cerca de una carga eléctrica que lejos de una carga, como se puede apreciar en la figura 8.6.

8.9. El flujo del campo eléctrico.

La ley de Gauss relaciona el flujo del campo eléctrico con la carga eléctrica. Definiremos y explicaremos primero el flujo de un campo eléctrico. El flujo Φ del campo eléctrico $\vec{E}$ que atraviesa una superficie S se define como:

$$\boxed{\Phi = \int_S \vec{E} \cdot d\vec{S}} \, , \tag{8.37}$$

donde $\int_S$ es una integral de superficie sobre la superficie S y $\vec{dS}$ es el vector diferencial de superficie, que es perpendicular a la superficie S en cada punto de dicha superficie. Si la superficie es cerrada, entonces el vector $\vec{dS}$, además de ser perpendicular, apunta al exterior de la superficie en cada punto.

El vector $\vec{dS}$ tiene que ser perpendicular a la superficie en cada punto de la superficie. En el caso de una superficie abierta, este vector no está bien definido, porque en cada punto hay dos posibles orientaciones de este vector que son perpendiculares a la superficie. En el caso de una superficie cerrada, el vector $\vec{dS}$ está bien definido. El ángulo que forman el campo eléctrico y $\vec{dS}$ no tiene que ser el mismo en todos los puntos de la superficie S.

El valor del flujo eléctrico no está restringido. Puede ser negativo, nulo o positivo. El flujo eléctrico Φ se mide en N·m^2/C en el SI. En el caso más simple $\Phi = \vec{E} \cdot \vec{A}$, donde $\vec{A}$ es el vector área correspondiente a un recinto cerrado en dos dimensiones, y perpendicular a la superficie de dicho recinto, el cual está siendo cruzado por un campo eléctrico homogéneo $\vec{E}$.

8.10. La ley de Gauss.

El ley o teorema de Gauss establece que el flujo eléctrico que atraviesa una superficie cerrada S es igual a la carga neta contenida o encerrada dentro de dicha superficie, $Q_{encerrada}$, dividida por ϵ_0:

$$\oint_S \vec{E} \cdot \vec{dS} = \frac{Q_{encerrada}}{\epsilon_0} \tag{8.38}$$

La integral $\oint_S$ es la integral de superficie sobre la superficie cerrada S. En el caso de una superficie cerrada, $\vec{dS}$ apunta hacia el exterior de la superficie en todos los puntos de la superficie. Esta integral puede ser negativa, nula o positiva, dependiendo del valor de $Q_{encerrada}$.

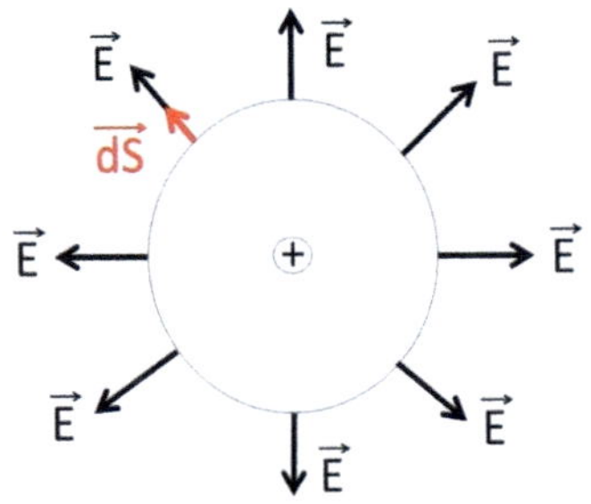

Figura 8.7: La ley de Gauss aplicada a una esfera que contiene una carga positiva.

El ejemplo más sencillo de aplicación de la ley de Gauss es la superficie de una esfera centrada en una carga eléctrica positiva. Ese ejemplo está dibujado en la figura 8.7. El vector campo eléctrico es perpendicular a la superficie en cada punto de la superficie y tiene el mismo módulo en cada punto de la superficie. Por último, el producto escalar $\vec{E} \cdot \vec{dS}$ tiene el mismo valor en cada punto de la superficie.

a) La ley de Gauss y la carga neta contenida en la superficie cerrada S.
La carga neta contenida o encerrada dentro de la superficie cerrada S puede ser negativa, positiva o cero. Si dentro de una superficie S hay tres cargas, con cargas -3e, +e y +e, entonces la carga neta contenida será -e y al aplicar la ley o teorema de Gauss se usará $Q_{encerrada}=$ -e.

Si la carga neta contenida en una superficie cerrada S es cero, entonces el flujo eléctrico a través de esa superficie será cero, pero el campo eléctrico en esa superficie no es necesariamente cero en todos los puntos de esa superficie. Por ejemplo: Tenemos dos cargas, una positiva +e y otra negativa -e, dentro de una esfera. El flujo eléctrico será cero, pero el campo eléctrico no es cero en todos los puntos de la superficie.

b) La ley de Gauss y la forma y tamaño de la superficie cerrada S.

El teorema de Gauss no está restringido a determinado tipo de superficie cerrada. La superficie cerrada S puede tener cualquier forma. Puede ser la superficie de una esfera, la de un cilindro cerrado, la de un cubo o cualquier superficie cerrada.

Si varias superficies cerradas de formas diferentes, S_1, S_2, S_3, etc., contienen la misma carga neta, $Q_{encerrada}$, entonces, según el teorema de Gauss, el flujo eléctrico a través de ellas será el mismo. Si una esfera, un cilindro cerrado y un cubo contienen la misma carga neta, entonces el flujo eléctrico a través de sus correspondientes superficies será el mismo. El campo eléctrico no es igual en esas tres superficies.

Si varias superficies cerradas de la misma forma, pero diferente tamaño, contienen la misma carga neta, $Q_{encerrada}$, entonces, según el teorema de Gauss, el flujo eléctrico a través de ellas será el mismo. Por ejemplo, si tres esferas de diferentes radios contienen la misma carga neta, entonces el flujo eléctrico a través de sus correspondientes superficies será el mismo. El campo eléctrico no es igual en esas tres superficies.

c) Las características que debe tener la superficie cerrada S para que la ley de Gauss sea útil o fácil de usar.

La ley de Gauss se cumple siempre, pero es útil o fácil de usar cuando se aplica a una superficie cerrada que tiene las siguientes características:

1) El módulo del campo eléctrico $|\vec{E}|$ tiene el mismo valor en todos los puntos de la superficie.

2) El campo eléctrico $\vec{E}$ tiene la misma orientación en todos los puntos de la superficie: El ángulo que forma el campo y la perpendicular a la superficie es el mismo en todos los puntos de la superficie. Esto significa que el campo forma el mismo ángulo α con respecto a $d\vec{S}$ en todos los puntos de la superficie S. Por ejemplo: El campo es paralelo a la superficie S en todos los puntos o perpendicular a la superficie en todos los puntos.

También es útil aplicar la ley de Gauss a una superficie cerrada que está formada por varias superficies abiertas que tienen las características indicadas arriba. Por ejemplo: Las seis superficies de un cubo podrían tener las citadas características.

El cálculo de la integral de superficie en las superficies que tienen las dos características indicadas arriba es mucho más sencillo.

8.11. Un campo eléctrico sin sentido físico.

Cuando se calcula un campo eléctrico es importante considerar si el campo eléctrico obtenido tiene sentido físico o no. Vamos a explicar un ejemplo. Calculamos el campo eléctrico de un plano infinito situado en $z = 0$ y con densidad de carga eléctrica positiva, $\sigma > 0$, y obtenemos que el campo en cualquier punto z es:

$$\vec{E} = \frac{\sigma}{2\epsilon_0}\vec{u}_z .\tag{8.39}$$

Este campo apunta en la dirección positiva del eje Z, para cualquier valor de z. Según este campo, una carga positiva situada en $z < 0$ sufriría una fuerza que la movería hacia el plano infinito situado en $z = 0$. Esto significaría una atracción entre una carga positiva y un plano cargado positivamente, lo cual es inconsistente con los experimentos y con la ley de Coulomb. Por tanto, se trata de un campo eléctrico sin sentido físico. El campo eléctrico correcto es:

$$\vec{E} = \frac{\sigma}{2\epsilon_0}\frac{z}{|z|}\vec{u}_z .\tag{8.40}$$

Es frecuente cometer el error de igualar $\dfrac{z}{|z|}$ o $\dfrac{z}{\sqrt{z^2}}$ a la unidad. Ese error convierte el campo eléctrico correcto, ecuación 8.40, en el campo eléctrico incorrecto y sin sentido físico, ecuación 8.39.

8.12. Cuestiones y Problemas.

8.1 Tres cargas puntuales, cada una de magnitud 3 nC, están en los vértices de un cuadrado de lado 5 cm. Las dos cargas en los vértices opuestos son positivas y la otra es negativa. Calcule:

a) El campo eléctrico en el vértice vacío.
Solución: $6.97 \; 10^3 \; (\vec{u}_x + \vec{u}_y)$ N/C.

b) El potencial eléctrico en el vértice vacío.
Solución: 697.2 V.

c) La fuerza que actúa sobre una carga de 3 nC que se coloca en el vértice vacío.
Solución: $2.09 \; 10^{-5} \; (\vec{u}_x + \vec{u}_y)$ N.

8.2 La Tierra tiene un campo eléctrico cerca de su superficie que es aproximadamente 150 N/C y que está dirigido hacia abajo.

a) Compare la fuerza eléctrica ascendente ejercida sobre un electrón con la fuerza gravitatoria dirigida hacia abajo.
Solución: $F_e/F_g \approx 2.79 \; 10^{12}$.

b) Calcule la carga que debería suministrarse a una moneda de 3 gramos para que el campo eléctrico equilibrase su peso cerca de la superficie de la Tierra.

Solución: -1.96 10^{-4} C.

8.3 Una carga puntual de 5 μC está localizada en $x = -3$ cm y una segunda carga puntual de -8 μC está localizada en $x = 4$ cm. Calcule dónde debe situarse una tercera carga de 6 μC para que el campo eléctrico en $x = 0$ sea nulo.
Solución: x = +2.38 cm.

8.4 Tenemos un hilo de longitud $2a$ situado a lo largo del eje z, centrado en $z = 0$ y de densidad lineal de carga constante, $\lambda = \lambda_0$. Calcule:

a) La carga total del sistema.
Solución: λ_0 2 a.

b) El campo eléctrico sobre el eje Y.
Solución:

$$\vec{E}(\vec{r}) = \frac{\lambda_0 a \vec{u}_y}{2\pi\epsilon_0 y \sqrt{y^2 + a^2}} \ . \tag{8.41}$$

c) El potencial eléctrico sobre el eje Y.
Solución:

$$\Phi(\vec{r}) = \frac{\lambda_0}{4\pi\epsilon_0} ln\left(\frac{a + \sqrt{y^2 + a^2}}{-a + \sqrt{y^2 + a^2}}\right) \ . \tag{8.42}$$

d) A partir del resultado del apartado b), calcule el campo eléctrico sobre el eje Y en el caso de un hilo infinito.
Solución:

$$\vec{E}(\vec{r}) = \frac{\lambda_0 \vec{u}_y}{2\pi\epsilon_0 y} \ . \tag{8.43}$$

8.5 A lo largo de una circunferencia situada en el plano XY y centrada en el origen se distribuye una densidad lineal de carga λ. Calcule el campo y potencial eléctrico sobre el eje Z y la carga total de las siguientes densidades lineales $\lambda(\varphi)$:

a) λ_0, constante.
Solución:

$$Q = 2\pi R \lambda_0 \qquad \vec{E}(\vec{r}) = \frac{\lambda_0 R z \vec{u}_z}{2\epsilon_0 (R^2 + z^2)^{3/2}} \qquad \Phi(\vec{r}) = \frac{\lambda_0 R}{2\epsilon_0 \sqrt{R^2 + z^2}} \ . \tag{8.44}$$

b) λ_0 senφ.
Solución:

$$Q = 0 \qquad \vec{E}(\vec{r}) = -\frac{\lambda_0 R^2 \vec{u}_y}{4\epsilon_0 (R^2 + z^2)^{3/2}} \qquad \Phi(\vec{r}) = 0 \ . \tag{8.45}$$

8.6 Sobre una semicircunferencia de radio R situada en el plano XY, con centro en el origen y orientada hacia la parte positiva del eje X se distribuye una densidad lineal de carga

221

$\lambda(\varphi) = \lambda_0 \cos\varphi$:

a) Calcule la carga total distribuida sobre la semicircunferencia.
Solución: $2R\lambda_0$.

b) Calcule el campo en el punto O, el centro de la circunferencia.
Solución:

$$\vec{E}(\vec{r}) = -\frac{\lambda_0 \vec{u}_x}{8\epsilon_0 R} \ . \tag{8.46}$$

c) Calcule en qué punto del eje X debe situarse una carga puntual, cuya carga sea igual a la carga total del apartado a), para que el campo en O sea el mismo que el obtenido en el apartado b).
Solución: $2R/\sqrt{\pi}$.

d) Calcule el potencial en el punto O.
Solución:

$$\Phi(\vec{r}) = \frac{\lambda_0}{2\pi\epsilon_0} \ . \tag{8.47}$$

e) Calcule en qué punto del eje X debe situarse una carga puntual, cuya carga sea igual a la carga total del apartado a), para que el potencial en O sea el mismo que el obtenido en el apartado d).
Solución: $\pm R$.

8.7 Un arco de circunferencia de radio R y ángulo α posee una carga de densidad lineal uniforme $\lambda = \lambda_0$. Calcule el campo eléctrico en el centro de la circunferencia.
Solución:

$$\vec{E}(\vec{r}) = -\frac{\lambda_0}{4\pi\epsilon_0 R}(sen\alpha\vec{u}_x - (cos\alpha - 1)\vec{u}_y) \ . \tag{8.48}$$

8.8 Sobre la superficie de un círculo de radio R situado en el plano $z = 0$ y centrado en $x = y = 0$ se distribuye una densidad superficial de carga uniforme $\sigma = \sigma_0$. Calcule:

a) La carga total del sistema
Solución: $\sigma_0 \pi R^2$.

b) El campo eléctrico sobre el eje Z
Solución:

$$\vec{E}(\vec{r}) = \frac{\sigma_0}{2\epsilon_0}\left(\frac{z}{|z|} - \frac{z}{\sqrt{R^2 + z^2}}\right)\vec{u}_z \ . \tag{8.49}$$

c) El potencial eléctrico sobre el eje Z
Solución:

$$\Phi(\vec{r}) = \frac{\sigma_0}{2\epsilon_0}(\sqrt{R^2 + z^2} - |z|) \ . \tag{8.50}$$

d) A partir del resultado del apartado b), calcule el campo eléctrico en el caso de un plano infinito.

Solución:

$$\vec{E}(\vec{r}) = \frac{\sigma_0}{2\epsilon_0} \frac{z}{|z|} \vec{u}_z \ . \tag{8.51}$$

8.9 Un anillo plano de radios interior y exterior a y b, respectivamente, está centrado en el origen de coordenadas y situado en el plano XY. El anillo tiene una densidad superficial de carga $\sigma(\varphi) = \sigma_0 cos\varphi$. Calcule:

a) La carga total del sistema.
Solución: $Q = 0$.

b) El campo eléctrico sobre el eje Z.
Solución:

$$\vec{E}(\vec{r}) = -\frac{\sigma_0}{4\epsilon_0} \left(\frac{a}{\sqrt{a^2 + z^2}} - \frac{b}{\sqrt{b^2 + z^2}} + ln\left(\frac{b + \sqrt{b^2 + z^2}}{a + \sqrt{a^2 + z^2}} \right) \right) \vec{u}_x \ . \tag{8.52}$$

c) El potencial eléctrico sobre el eje Z.
Solución: $\Phi(\vec{r}) = 0$.

8.10 Sea una esfera de radio R centrada en el origen de coordenadas. La superficie del hemisferio con $z > 0$ tiene una densidad superficial de carga uniforme, $\sigma = \sigma_0$. El otro hemisferio no tiene carga. Calcule el campo eléctrico en el centro de la esfera.
Solución:

$$\vec{E}(\vec{r}) = -\frac{\sigma_0}{4\epsilon_0} \vec{u}_z \ . \tag{8.53}$$

8.11 Sobre la superficie de un cilindro de altura $2a$ y radio R se distribuye una densidad superficial de carga constante, $\sigma = \sigma_0$. El eje principal del cilindro está en el eje Z. El cilindro está abierto por los extremos. Calcule:

a) La carga total del sistema.
Solución: $4\pi a\sigma_0 R$.

b) El campo eléctrico sobre el eje Z.
Solución:

$$\vec{E}(\vec{r}) = -\frac{\sigma_0 R}{2\epsilon_0} \left(\frac{1}{\sqrt{R^2 + (z-a)^2}} - \frac{1}{\sqrt{R^2 + (z+a)^2}} \right) \vec{u}_z \ . \tag{8.54}$$

c) El potencial eléctrico sobre el eje Z.
Solución:

$$\Phi(\vec{r}) = -\frac{\sigma_0 R}{2\epsilon_0} ln\left(\frac{z - a + \sqrt{R^2 + (z-a)^2}}{z + a + \sqrt{R^2 + (z+a)^2}} \right) \ . \tag{8.55}$$

8.12 Calcule el potencial eléctrico en el centro de una esfera de radio R debido a una densidad volumétrica de carga $\rho(r)$:

a) ρ_0, constante.

Solución:

$$\Phi(\vec{r}) = \frac{\rho_0 R^2}{2\epsilon_0} \; . \tag{8.56}$$

b) $\rho_0 r/a$.

Solución:

$$\Phi(\vec{r}) = \frac{\rho_0 R^3}{3a\epsilon_0} \; . \tag{8.57}$$

8.13 Sobre el plano XY tenemos dos distribuciones de carga. Una densidad superficial de carga uniforme $-\sigma$ sobre un círculo de radio R centrado en $(0,0)$ y otra de signo contrario σ sobre el resto del plano. Aplicando el principio de superposición, calcule el campo sobre el eje Z.

Solución:

$$\vec{E}(\vec{r}) = \frac{\sigma_0}{\epsilon_0} \left(-\frac{z}{2|z|} + \frac{z}{\sqrt{R^2 + z^2}} \right) \vec{u}_z \; . \tag{8.58}$$

Los siguientes problemas se deben resolver mediante el teorema de Gauss.

8.14 Demuestre la ley de Coulomb entre dos cargas puntuales a partir del teorema de Gauss.
Solución: No se incluye la demostración.

8.15 Calcule el campo eléctrico creado por un hilo infinito de densidad lineal de carga constante, $\lambda = \lambda_0$.

Solución:

$$\vec{E}(\vec{r}) = \frac{\lambda_0}{2\pi\epsilon_0 \rho} \vec{u}_\rho \; . \tag{8.59}$$

8.16 Calcule el campo eléctrico creado por un plano infinito de densidad superficial de carga constante, $\sigma = \sigma_0$.

Solución:

$$\vec{E}(\vec{r}) = \frac{\sigma_0}{2\epsilon_0} \frac{z}{|z|} \vec{u}_z \; . \tag{8.60}$$

8.17 Calcule el campo eléctrico y el potencial eléctrico en todo el espacio creado por una esfera de radio R y densidad volumétrica de carga constante, $\rho = \rho_0$.

Solución:

$$\vec{E}(\vec{r}) = \begin{cases} \dfrac{\rho_0 r}{3\epsilon_0} \vec{u}_r & r < R \\[3mm] \dfrac{\rho_0 R^3}{3\epsilon_0 r^2} \vec{u}_r & r > R \; . \end{cases} \tag{8.61}$$

$$\Phi(\vec{r}) = \begin{cases} \dfrac{-\rho_0 r^2}{6\epsilon_0} + \dfrac{\rho_0 R^2}{2\epsilon_0} & r \leq R \\[4mm] \dfrac{\rho_0 R^3}{3\epsilon_0 r} & r \geq R \,. \end{cases} \qquad (8.62)$$

8.18 Calcule el campo eléctrico y el potencial eléctrico en todo el espacio creado por una esfera de radio R y densidad superficial de carga constante, $\sigma = \sigma_0$.
Solución:

$$\vec{E}(\vec{r}) = \begin{cases} 0\vec{u}_r & r < R \\[4mm] \dfrac{\sigma_0 R^2}{\epsilon_0 r^2}\vec{u}_r & r > R \,. \end{cases} \qquad (8.63)$$

$$\Phi(\vec{r}) = \begin{cases} \dfrac{\sigma_0 R}{\epsilon_0} & r \leq R \\[4mm] \dfrac{\sigma_0 R^2}{\epsilon_0 r} & r \geq R \,. \end{cases} \qquad (8.64)$$

8.19 Calcule mediante el teorema de Gauss el campo eléctrico y el potencial eléctrico dentro y fuera de una esfera de radio R y densidad volumétrica de carga $\rho(r) = \rho_0 r^2/R^2$.
Solución:

$$\vec{E}(\vec{r}) = \begin{cases} \dfrac{\rho_0 r^3}{5\epsilon_0 R^2}\vec{u}_r & r < R \\[4mm] \dfrac{\rho_0 R^3}{5\epsilon_0 r^2}\vec{u}_r & r > R \end{cases} \qquad (8.65)$$

$$\Phi(\vec{r}) = \begin{cases} \dfrac{-\rho_0 r^4}{20\epsilon_0 R^2} + \dfrac{\rho_0 R^2}{4\epsilon_0} & r \leq R \\[4mm] \dfrac{\rho_0 R^3}{5\epsilon_0 r} & r \geq R \end{cases} \qquad (8.66)$$

8.20 Dada la densidad volumétrica de carga $\rho(r) = \rho_0(3/4 - r/a)$ para $0 \leq r \leq a$ y $\rho(r) = 0$ para $r > a$, calcule el campo y el potencial eléctrico en todo el espacio.
Solución:

$$\vec{E}(\vec{r}) = \begin{cases} \dfrac{\rho_0}{4\epsilon_0}\left(r - \dfrac{r^2}{a}\right)\vec{u}_r & r < a \\[4mm] 0\vec{u}_r & r > a \end{cases} \qquad (8.67)$$

$$\Phi(\vec{r}) = \begin{cases} \dfrac{-\rho_0 r^2}{8\epsilon_0} + \dfrac{\rho_0 r^3}{12\epsilon_0 a} & r \leq a \\[3mm] \dfrac{-\rho_0 a^2}{24\epsilon_0} & r \geq a \end{cases} \tag{8.68}$$

8.21 Dada la densidad volumétrica de carga $\rho(r) = \rho_0\sqrt{r/a}$ para $a/2 \leq r \leq a$ y $\rho(r) = 0$ para $r > a$ y $r < a/2$, calcule el campo y el potencial eléctrico en todo el espacio.
Solución:

$$\vec{E}(\vec{r}) = \begin{cases} \vec{0} & r < a/2 \\[3mm] \dfrac{2\rho_0}{7\epsilon_0\sqrt{a}r^2}\left(r^{7/2} - \left(\dfrac{a}{2}\right)^{7/2}\right)\vec{u}_r & a/2 < r < a \\[3mm] \dfrac{2\rho_0 a^3}{7\epsilon_0\sqrt{a}r^2}(1 - \dfrac{1}{8\sqrt{2}})\vec{u}_r & a < r \end{cases} \tag{8.69}$$

$$\Phi(\vec{r}) = \begin{cases} \dfrac{2\rho_0 a^2}{5\epsilon_0}(1 - \dfrac{1}{4\sqrt{2}}) & r \leq ra/2 \\[3mm] -\dfrac{2\rho_0}{7\epsilon_0\sqrt{a}}(\dfrac{2}{5}r^{5/2} + \dfrac{1}{r}\left(\dfrac{a}{2}\right)^{7/2}) + \dfrac{2|\rho_0 a^2}{5\epsilon_0} & a/2 \leq r \leq a \\[3mm] \dfrac{2\rho_0 a^3}{7\epsilon_0 r}(1 - \dfrac{1}{8\sqrt{2}})\vec{u}_r & a \leq r \end{cases} \tag{8.70}$$

8.22 Dada la densidad volumétrica de carga $\rho(z) = \rho_0(1 - |z|/a)$ para $0 \leq |z| \leq a$ y $\rho(z) = 0$ para $|z| > a$:

a) Calcule el campo eléctrico en todo el espacio.
Solución:

$$\vec{E}(\vec{r}) = \begin{cases} \dfrac{\rho_0}{\epsilon_0}\left(z - \dfrac{z^2}{2a}\right)\dfrac{z}{|z|}\vec{u}_z & |z| < a \\[3mm] \dfrac{\rho_0 a}{2\epsilon_0}\dfrac{z}{|z|}\vec{u}_z & a < |z| \end{cases} \tag{8.71}$$

b) Calcule la densidad superficial de carga en un plano infinito situado en $z = 0$ que crearía el mismo campo que la densidad volumétrica en la región $|z| > a$.
Solución: $\sigma_0 = \rho_0 a$.

8.23 Dentro de una esfera de radio R se distribuye una densidad volumétrica de carga $\rho(r) = \rho_0 r/a$, con $\rho_0 > 0$. Calcule:

a) La carga total de la esfera.
Solución: $\pi\rho_0 R^4/a$.

b) El campo eléctrico dentro y fuera de la esfera.
Solución:

$$\vec{E}(\vec{r}) = \begin{cases} \dfrac{\rho_0 r^2}{4a\epsilon_0}\vec{u}_r & r < R \\[4mm] \dfrac{\rho_0 R^4}{4a\epsilon_0 r^2}\vec{u}_r & r > R \end{cases} \tag{8.72}$$

c) El potencial eléctrico dentro y fuera de la esfera.
Solución:

$$\Phi(\vec{r}) = \begin{cases} -\dfrac{\rho_0 r^3}{12a\epsilon_0} + \dfrac{\rho_0 R^3}{3a\epsilon_0} & r \leq R \\[4mm] \dfrac{\rho_0 R^4}{4a\epsilon_0 r} & r \geq R \end{cases} \tag{8.73}$$

Colocamos una partícula de carga $q_0 > 0$ y masa m en reposo sobre la superficie de la esfera. Calcule:

d) La fuerza que actúa sobre la partícula y su energía potencial electrostática.
Solución:

$$\vec{F}(\vec{r}) = \frac{q_0\rho_0 R^2}{4a\epsilon_0}\vec{u}_r \qquad V = \frac{q_0\rho_0 R^3}{4a\epsilon_0} \ . \tag{8.74}$$

e) La energía cinética de la partícula cuando llega a $r = 2R$ y su velocidad.
Solución:

$$v_f = \sqrt{\frac{q_0\rho_0 R^3}{m4a\epsilon_0}} \ . \tag{8.75}$$

8.24 Tenemos una densidad volumétrica de carga $\rho(r) = \rho_0 a/r$ para $a/2 \leq r \leq a$ y $\rho(r) = 0$ para $r > a$ y $r < a/2$. r es la distancia al origen de coordenadas.

a) Calcule el campo eléctrico en cada región del espacio.
Solución:

$$\vec{E}(\vec{r}) = \begin{cases} \vec{0} & r < a/2 \\[4mm] \dfrac{\rho_0 a}{2\epsilon_0}\left(1 - \dfrac{a^2}{4r^2}\right)\vec{u}_r & a/2 < r < a \\[4mm] \dfrac{3\rho_0 a^3}{8\epsilon_0 r^2}\vec{u}_r & a < r \end{cases} \tag{8.76}$$

b) Colocamos un electrón en $r = 2a/3$. Calcule la fuerza que actúa sobre él. Calcule la fuerza si lo colocamos en $r = a/3$.

Solución:

$$\vec{F}(\vec{r}) = -\frac{e\rho_0 a}{2\epsilon_0}\frac{7}{16}\vec{u}_r \qquad \vec{F}(\vec{r}) = \vec{0} \, . \tag{8.77}$$

8.25 Calcule el campo eléctrico debido a un cilindro de radio a y longitud infinita situado a lo largo del eje Z y de densidad volumétrica de carga $\rho(r) = \rho_0 sen(\pi r/a)$ para $r \leq a$ y $\rho(r) = 0$ para $r > a$.

Solución:

$$\vec{E}(\vec{r}) = \begin{cases} \dfrac{\rho_0 a}{\pi\epsilon_0\rho}\left(\dfrac{a}{\pi}sen(\dfrac{\pi\rho}{a}) - \rho cos(\dfrac{\pi\rho}{a})\right)\vec{u}_r & \rho < a \\[3mm] \dfrac{\rho_0 a^2}{\pi\epsilon_0\rho}\vec{u}_r & a < \rho \end{cases} \tag{8.78}$$

8.26 Un condensador plano-paralelo está formado por dos placas paralelas, de superficie S, separadas entre sí una distancia d, de forma que $d \ll S$ (placas idealmente infinitas). Las placas reciben una carga Q_0 y $-Q_0$, respectivamente. Calcule el campo eléctrico entre las placas y la diferencia de potencial eléctrico entre estas.

Solución:

$$\vec{E}(\vec{r}) = \frac{Q_0}{S\epsilon_0}\vec{u}_z \qquad \Phi(\vec{r}) = -\frac{Q_0 z}{S\epsilon_0} \, . \tag{8.79}$$

8.27 Un condensador cilíndrico está formado por dos superficies cilíndricas concéntricas de radios a y b y altura L, de forma que $a < b \ll L$ (L idealmente infinito). Si entre estas placas se aplica una diferencia de potencial ΔV, calcule el valor de la carga Q y $-Q$ que se acumula en cada una de las placas. Tenga en cuenta que la carga total se mantiene constante e igual a 0.

Solución:

$$Q = \frac{2\pi\epsilon_0 L\Delta\Phi}{ln(b/a)} \, . \tag{8.80}$$

8.28 Sobre dos planos paralelos e infinitos, separados por una distancia d, hay unas densidades superficiales de carga $\sigma_1 = 2C/m^2$ y $\sigma_2 = 4C/m^2$, respectivamente. Calcule el campo eléctrico entre los planos y a la derecha y la izquierda de los mismos.

Solución:

$$\vec{E}(\vec{r}) = \begin{cases} -\dfrac{3}{\epsilon_0}\dfrac{C}{m^2}\vec{u}_z & z < 0 \\[3mm] -\dfrac{1}{\epsilon_0}\dfrac{C}{m^2}\vec{u}_z & 0 < z < d \\[3mm] +\dfrac{3}{\epsilon_0}\dfrac{C}{m^2}\vec{u}_z & z > d \end{cases} \tag{8.81}$$

8.29 Dada la densidad volumétrica de carga $\rho(z) = \rho_0(1 - z^2/a^2)$ para $|z| \leq a$ y $\rho(z) = 0$ para $|z| > a$.

a) Calcule el campo eléctrico en todo el espacio.
Solución:

$$\vec{E}(\vec{r}) = \begin{cases} \dfrac{\rho_0 z}{\epsilon_0} \left(1 - \dfrac{z^2}{3a^2}\right) \dfrac{z}{|z|} \vec{u}_z & |z| < a \\[3mm] \dfrac{2\rho_0 a}{3\epsilon_0} \dfrac{z}{|z|} \vec{u}_z & |z| > a \end{cases} \tag{8.82}$$

b) Se sustituye esta densidad volumétrica ρ por una densidad superficial de carga σ_0 constante en todo el plano $z = 0$. Calcule el valor de σ_0 para que el campo eléctrico en $z > a$ sea el mismo que el campo eléctrico generado por la densidad volumétrica $\rho(z)$.
Solución: $\sigma_0 = \dfrac{4\rho_0 a}{3}$.

8.30 La superficie de una esfera de radio R solo tiene densidad superficial de carga eléctrica en la región $x \geq 0$, $y \geq 0$ y $z \geq 0$. En esa zona la densidad superficial de carga eléctrica viene dada por $\sigma(\theta, \varphi) = \sigma_0 \, \text{sen}\, \theta \cos \varphi$. Calcule el campo eléctrico en el centro de la esfera.
Solución:

$$\vec{E}(\vec{r}) = -\frac{\sigma_0}{12\pi\epsilon_0} \left(\frac{\pi}{2}\vec{u}_x + \vec{u}_y + \vec{u}_z\right) . \tag{8.83}$$

8.31 Una esfera de radio R tiene una densidad volumétrica de carga eléctrica $\rho(r) = \rho_0$ si $r \leq a$ y $\rho(r) = \rho_0 e^{-(r-a)/r_0}$ si $a \leq r \leq R$. Calcule el campo eléctrico en cualquier punto del espacio, mediante el teorema de Gauss.
Solución:

$$\vec{E}(\vec{r}) = \begin{cases} \dfrac{\rho_0 r}{3\epsilon_0}\vec{u}_r & r < a \\[3mm] \dfrac{\rho_0}{\epsilon_0 r^2}\left(\dfrac{a^3}{3} + r_0^3 e^{a/r_0}(I(r/r_0) - I(a/r_0))\right)\vec{u}_r & a < r < R \\[3mm] \dfrac{\rho_0}{\epsilon_0 r^2}\left(\dfrac{a^3}{3} + r_0^3 e^{a/r_0}(I(R/r_0) - I(a/r_0))\right)\vec{u}_r & r > R \end{cases} \tag{8.84}$$

8.32 Una esfera de radio R tiene una densidad volumétrica de carga eléctrica $\rho = \rho_0 \left(1 + r/R\right) \text{sen}\, \theta$ en la zona con $z \geq 0$ y $\rho = 0$ en la zona con $z < 0$. Calcule el potencial eléctrico en el centro de la esfera.
Solución: $\Phi(\vec{r}) = \dfrac{5\pi\rho_0 R^2}{48\epsilon_0}$.

8.33 Sobre una semicircunferencia de radio R situada en el plano XY, con centro en el origen y orientada hacia la parte positiva del eje Y se distribuye una densidad lineal de carga $\lambda(\varphi) = \lambda_0 \, \text{sen}\varphi$:

a) Calcule la carga total distribuida sobre la semicircunferencia.
Solución: $2\lambda_0 R$.

b) Calcule el campo eléctrico en el punto O, el centro de la circunferencia.

Solución: $\vec{E}(\vec{r}) = -\dfrac{\lambda_0}{8\epsilon_0 R}\vec{u}_y$.

8.34 Un rectángulo de lados $2a$ y $2b$ está en el plano XY, en concreto en el plano $z = 0$, y centrado en el origen de coordenadas. El plano del rectángulo es perpendicular al eje Z. Los lados de longitud $2a$ son paralelos al eje X y los lados de longitud $2b$ son paralelos al eje Y. A lo largo del perímetro existe una densidad lineal de carga eléctrica constante e igual a λ_0. Calcule el campo eléctrico en el eje Z.

Solución:

$$\vec{E}(\vec{r}) = \frac{\lambda z}{\pi \epsilon_0 \sqrt{a^2 + b^2 + z^2}} \left(\frac{b}{a^2 + z^2} + \frac{a}{b^2 + z^2} \right) \vec{u}_z \,. \tag{8.85}$$

8.35 Calcule mediante el teorema de Gauss el campo eléctrico en todo el espacio creado por una placa infinita en el plano XY, de grosor $2a$ y centrada en $z = 0$ (Ver la figura 8.8) y con una densidad volumétrica de carga $\rho(z) = \rho_0(1 + \dfrac{z^2}{a^2})$ si $0 \le |z| \le a$ y $\rho(z) = 0$ si $|z| > a$.

Solución:

$$\vec{E}(\vec{r}) = \begin{cases} \dfrac{4\rho_0 a}{3\epsilon_0}\vec{u}_z & z > a \\[2ex] -\dfrac{4\rho_0 a}{3\epsilon_0}\vec{u}_z & z < -a \\[2ex] \dfrac{\rho_0}{\epsilon_0} z \left(1 + \dfrac{z^2}{3a^2}\right)\vec{u}_z & |z| < a \end{cases} \tag{8.86}$$

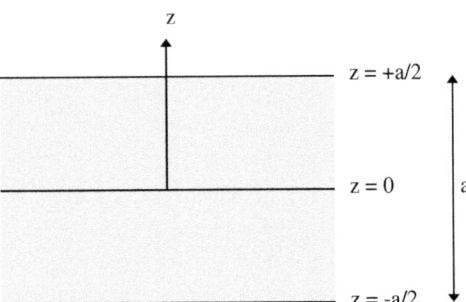

Figura 8.8: Sección transversal de una placa infinita en el plano XY, centrada en $z = 0$ y de espesor a.

8.36 Calcule mediante el teorema de Gauss el campo eléctrico en todo el espacio debido a una esfera de radio b y densidad volumétrica de carga $\rho(r) = -\rho_0 r^3/a^3$ si $r \le a$, $\rho(r) = -\rho_0$ si $a \le r \le b$ y $\rho(r) = 0$ si $r > b$. r es la distancia al centro de la esfera.

230

Solución:

$$\vec{E}(\vec{r}) = \begin{cases} -\dfrac{\rho_0 r^4}{6a^3 \epsilon_0}\vec{u}_r & r < a \\[4mm] -\dfrac{\rho_0}{\epsilon_0}\left(\dfrac{r}{3} - \dfrac{a^3}{6r^2}\right)\vec{u}_r & a < r < b \\[4mm] -\dfrac{\rho_0}{\epsilon_0 r^2}\left(\dfrac{b^3}{3} - \dfrac{a^3}{6}\right)\vec{u}_r & b < r \end{cases} \tag{8.87}$$

8.37 Calcule el campo y el potencial eléctricos en todo el espacio creados por el conjunto formado por un hilo infinito en el eje Z con densidad lineal de carga $\lambda = \lambda_0$, en el interior de un cilindro infinito centrado en el eje Z de radio R y con densidad superficial de carga $\sigma = \sigma_0$.

Solución:

$$\vec{E}(\vec{r}) = \begin{cases} \dfrac{\lambda_0}{2\pi\epsilon_0\rho}\vec{u}_\rho & \rho < R \\[4mm] \dfrac{\lambda_0 + 2\pi R\sigma_0}{2\pi\epsilon_0\rho}\vec{u}_\rho & \rho > R \end{cases} \tag{8.88}$$

$$\Phi(\vec{r}) = \begin{cases} -\dfrac{\lambda_0}{2\pi\epsilon_0}ln(\rho/\rho_u) - \dfrac{R\sigma_0}{\epsilon_0}ln(R/\rho_u) & \rho \leq R \\[4mm] -\dfrac{\lambda_0}{2\pi\epsilon_0}ln(\rho/\rho_u) - \dfrac{R\sigma_0}{\epsilon_0}ln(\rho/\rho_u) & \rho \geq R \end{cases} \tag{8.89}$$

Las coordenadas ρ y ρ_u tienen valores numéricos en algún sistema de coordenadas. En ese sistema, $\rho_u = 1$.

8.38 Calcule mediante el teorema de Gauss el campo y el potencial eléctrico en todo el espacio debido a un cilindro de longitud infinita, de radio b y cuya densidad volumétrica de carga eléctrica, d_V, viene dada por:

$$d_V = \begin{cases} -D\rho/a & \rho \leq a \\ -D & a \leq \rho \leq b \\ 0 & b < \rho \end{cases}$$

donde ρ es la distancia radial al eje del cilindro, y D y a son constantes. $D > 0$ y $a > 0$. $\vec{\nabla}\Phi = \dfrac{\partial\Phi}{\partial\rho}\vec{u}_\rho$ en cilíndricas, para este problema.

Solución:

$$\vec{E}(\vec{r}) = \begin{cases} -\dfrac{D\rho^2}{3a\epsilon_0}\vec{u}_\rho & \rho < a \\[3mm] \left(\dfrac{Da^2}{6\rho\epsilon_0} - \dfrac{D\rho}{2\epsilon_0}\right)\vec{u}_\rho & a < \rho < b \\[3mm] -\dfrac{D}{\rho\epsilon_0}\left(\dfrac{b^2}{2} - \dfrac{a^2}{6}\right)\vec{u}_\rho & \rho > b \end{cases} \tag{8.90}$$

$$\Phi(\vec{r}) = \begin{cases} \dfrac{D\rho^3}{9a\epsilon_0} & \rho \leq a \\[3mm] \dfrac{D\rho^2}{4\epsilon_0} - \dfrac{Da^2}{6\epsilon_0}ln(\rho/\rho_u) + C_1 & a \leq \rho \leq b \\[3mm] \dfrac{D}{\epsilon_0}\left(\dfrac{b^2}{2} - \dfrac{a^2}{6}\right)ln(\rho/\rho_u) + C_2 & b \leq \rho \end{cases} \tag{8.91}$$

$$C_1 = \frac{Da^2}{6\epsilon_0}\left(ln(a/\rho_u) - 5/6\right) \qquad C_2 = \frac{Db^2}{4\epsilon_0} - \frac{Db^2}{2\epsilon_0}ln(b/\rho_u) + \frac{Da^2}{6\epsilon_0}ln(a/\rho_u) - \frac{5Da^2}{36\epsilon_0} \,. \tag{8.92}$$

Las coordenadas ρ, a, b y ρ_u tienen valores numéricos en algún sistema de coordenadas. En ese sistema, $\rho_u = 1$.

Capítulo 9

El magnetismo

9.1. Los imanes y el magnetismo.

La palabra magnetismo proviene del griego, μαγνήτες λίθος, magnétes lítos, que significa "piedra de Magnesia". Magnesia es una región de Grecia en la que abundaban las piedras que atraen al hierro.

La palabra castellana imán proviene del francés, "aimant", que a su vez proviene del griego, ἀδάμας, adámas, que significa "diamante" y también "piedra que no hay que calentar".

Los imanes se conocen desde hace más de 2000 años. Se observaba que ciertos minerales (imanes) atraían o repelían a objetos de hierro. Un imán es un mineral o un objeto que atrae o repele a materiales ferromagnéticos y a otros imanes.

Se llama materiales ferromagnéticos a los materiales que son fuertemente atraídos por un imán y que se convierten en imanes al aplicar un campo magnético sobre ellos. El hierro, el cobalto, el níquel y sus aleaciones y algunas aleaciones de metales de tierras raras son materiales ferromagnéticos.

Un imán crea a su alrededor un campo de fuerzas que se llama campo magnético, que es el responsable de atraer o repeler a materiales ferromagnéticos y a otros imanes.

Un imán está formado por un polo norte y un polo sur. Los polos del mismo tipo (norte-norte o sur-sur) de dos imanes se repelen y los de tipo contrario se atraen (norte-sur). No existen polos magnéticos aislados, también llamados monopolos magnéticos: Si partimos un imán, cada trozo es un nuevo imán con polos norte y sur. Un imán es un dipolo magnético (dos polos). Una carga eléctrica también se llama monopolo eléctrico.

Los imanes pueden ser naturales o artificiales y temporales o permanentes. Los minerales magnéticos y otros materiales son imanes naturales. Ejemplos de imanes naturales son un imán de magnetita y un imán de neodimio.

Los imanes artificiales pueden ser de dos tipos:
a) Materiales ferromagnéticos que han sido magnetizados o convertidos en imanes por

frotamiento con magnetita.

b) Electroimanes. El campo magnético se crea mediante corrientes eléctricas que circulan por un material. El campo cesa cuando cesa la corriente.

Los imanes conservan su campo magnético mientras su temperatura sea inferior a una temperatura que se conoce como temperatura de Curie. Si se calienta un imán por encima de su temperatura de Curie, entonces desaparece el campo magnético del imán. Es probable que los griegos supieran que un imán pierde su campo magnético al calentarlo y que por ese motivo llamaran "piedra que no hay que calentar" a un imán.

Cuando se coloca un imán en una zona donde hay un campo magnético, el imán se ve sometido a una fuerza que lo mueve y orienta en la dirección y sentido del campo magnético. Se dice que el imán se alinea con el campo magnético.

9.2. Los tipos de materiales magnéticos.

Según el comportamiento de los materiales en presencia de un campo magnético, los materiales se clasifican en tres tipos principales:

a) Los materiales diamagnéticos.

En ausencia de un campo magnético, el material no es un imán. Al aplicar un campo magnético, el material adquiere una imanación débil, temporal y en el sentido opuesto al campo. Al retirar el campo, el material vuelve a su estado anterior.

b) Los materiales paramagnéticos.

En ausencia de un campo magnético, el material no es un imán. Al aplicar un campo magnético, el material adquiere una imanación paralela al campo, la cual desaparece al retirar el campo. Son imanes mientras está presente un campo magnético.

c) Los materiales ferromagnéticos.

En ausencia de un campo magnético, el material puede ser o no un imán. Si antes de aplicar un campo magnético el material no era un imán, entonces al aplicar el campo, el material se convierte en un imán de manera permanente y paralelo al campo. Al retirar el campo, el material sigue siendo un imán. Se dice que el material ha sido magnetizado por el campo.

9.3. El origen del campo magnético.

Entre 1820 y 1831 se realizaron experimentos que demostraron que existía una relación entre el magnetismo y la electricidad. Hans Christian Oersted descubrió en abril de 1820 que cuando circulaba corriente eléctrica por un hilo conductor, la aguja de una brújula, colocada cerca del hilo, se movía. Michael Faraday observó el efecto contrario hacia 1831: Al aproximar o alejar un imán de un hilo conductor, se producía una corriente eléctrica en el hilo.

La explicación de estos experimentos es que cualquier carga eléctrica en movimiento produce un campo magnético a su alrededor. A su vez, cualquier carga eléctrica en movimiento es afectada por un campo magnético. Una carga en reposo no produce un campo magnético a su alrededor ni es afectada por un campo magnético.

La explicación del experimento de Oersted es que cuando las cargas eléctricas se mueven por el hilo, producen un campo magnético a su alrededor que interacciona con el campo magnético de la aguja de la brújula.

La explicación del origen del magnetismo de los imanes se encuentra en la Física Cuántica y está más allá del nivel de esta asignatura.

El campo magnético es el campo de fuerzas producido por corrientes eléctricas o por imanes.

9.4.   La corriente eléctrica.

Una corriente eléctrica es un flujo continuo de cargas eléctricas en movimiento. Por tanto, una corriente eléctrica es una distribución continua de cargas eléctricas en movimiento.

La intensidad de corriente eléctrica, I, es el flujo de cargas eléctricas que, por unidad de tiempo, atraviesan un área transversal a la dirección del flujo:

$$I = \frac{dq}{dt} \ . \tag{9.1}$$

La dimensión de la intensidad de corriente eléctrica es: $[I] = QT^{-1}$. La unidad de intensidad de corriente eléctrica en el SI es el amperio. Su símbolo es A. 1 A = C/s (1 amperio = 1 culombio/segundo).

Se toma como sentido de la corriente el sentido del movimiento o flujo de cargas positivas. El movimiento de los electrones en un sentido equivale al movimiento de cargas positivas en sentido opuesto.

Se llama espira a un hilo conductor plano y cerrado. Un hilo con forma de rectángulo cerrado y un hilo con forma de circunferencia cerrada son espiras. Esta es la definición de espira que vamos a emplear en este capítulo sobre el magnetismo.

9.5.   El campo magnético.

El campo magnético es un vector y se representa mediante $\vec{B}$. La dimensión del campo magnético $\vec{B}$ se deduce de la fuerza de Lorentz, que se explicará en las siguientes secciones, y es $[B] = [F]/(Q[v]) = MLT^{-2}/(QLT^{-1}) = MT^{-1}Q^{-1}$. La unidad del campo magnético en el SI es el tesla. Su símbolo es T. 1 T = $NA^{-1}m^{-1}$ 1 tesla = 1 newton/(amperio metro). Otra unidad del campo magnético es el gauss. No es una unidad del SI. Un tesla son 10000 gauss.

El campo magnético promedio en el núcleo de la Tierra se estima que vale unos 25 gauss. El campo magnético en la superficie de la Tierra tiene un valor entre 0.25 y 0.65 gauss. Este campo es muy débil comparado con otros campos magnéticos. Por ejemplo, un pequeño imán de los que se colocan en la nevera crea un campo de unos 100 gauss.

El campo magnético en las manchas solares es de unos 1500 gauss. El campo magnético cerca de la superficie de la Tierra producido por el Sol (por el llamado viento solar) es muy débil: Unos 0.00006 gauss.

El campo magnético en la superficie de las estrellas de neutrones está entre 10^4 y 10^{11} teslas. 1 tesla son 10000 gauss. Por tanto, el campo en la superficie de las estrellas de neutrones está entre 10^8 y 10^{15} gauss.

9.6. La fuerza de Lorentz sobre una carga eléctrica.

Hendrik Lorentz describió esta fuerza con la notación actual en 1892. La fuerza de Lorentz es la fuerza que actúa sobre una carga eléctrica que se está moviendo en presencia de un campo magnético. Su forma matemática es:

$$\boxed{\vec{F} = q\vec{v} \times \vec{B}} . \qquad (9.2)$$

De la forma matemática de la fuerza de Lorentz, podemos deducir lo siguiente:

a) Si la carga no se mueve, es decir, no tiene velocidad, entonces la fuerza de Lorentz sobre la carga será cero.

b) Si la velocidad es paralela o antiparalela al campo magnético, entonces $\vec{v} \times \vec{B}$ será cero y la fuerza de Lorentz también será cero.

c) Si la carga se mueve y la velocidad forma un ángulo con el campo magnético diferente de cero y diferente de 180 grados, entonces la fuerza de Lorentz sobre esa carga no será cero.

d) La fuerza de Lorentz no cambia el módulo de la velocidad, solo cambia su dirección y sentido, haciendo que la carga se mueva en un movimiento circular uniforme.

La fuerza de Lorentz es una fuerza no conservativa y no cumple la tercera ley de la Dinámica.

El principio de superposición también se aplica a la fuerza de Lorentz: La fuerza sobre una carga q en movimiento debido a un conjunto de cargas en movimiento, es la suma de las fuerzas de Lorentz sobre la carga q debidas a cada una de las cargas.

9.7. La fuerza de Lorentz sobre un hilo de corriente eléctrica.

En un hilo de corriente I tenemos cargas eléctricas moviéndose en la dirección y sentido de la corriente. La fuerza sobre un elemento de carga eléctrica dq que se mueve con velocidad $\vec{v}$, en presencia de un campo magnético es $d\vec{F} = dq\vec{v} \times \vec{B}$. Por otra parte, el elemento de carga dq es igual a Idt y su velocidad es igual a $d\vec{\ell}/dt$. Esto implica:

$$\left.\begin{array}{l} d\vec{F} = dq\vec{v} \times \vec{B} \\[2mm] dq = Idt \\[2mm] \vec{v} = \dfrac{d\vec{\ell}}{dt} \end{array}\right\} \Rightarrow \quad d\vec{F} = Idt\frac{d\vec{\ell}}{dt} \times \vec{B} = Id\vec{\ell} \times \vec{B} . \qquad (9.3)$$

El diferencial $d\vec{\ell}$ es un diferencial de longitud a lo largo del hilo, con la misma dirección y sentido que la corriente eléctrica I. Se llama diferencial de corriente al diferencial $Id\vec{\ell}$.

Integrando el diferencial $d\vec{F}$ sobre la longitud del hilo de corriente, se calcula la fuerza de Lorentz sobre todo el hilo. Esta integración es una aplicación del principio de superposición a una distribución continua de cargas en movimiento: La fuerza es la suma infinita de los infinitésimos $d\vec{F}$.

9.8. La ley de Biot-Savart: El campo magnético creado por una carga puntual.

Según la ley de Biot-Savart, el campo magnético en el punto $\vec{r}$, creado por una carga q' situada en el punto $\vec{r}'$ y que se mueve con velocidad $\vec{v}'$ (Ver la figura 9.1), viene dado en unidades del SI por:

$$\boxed{\vec{B}(\vec{r}) = \frac{\mu_0}{4\pi} \frac{q'\vec{v}' \times (\vec{r} - \vec{r}')}{|\vec{r} - \vec{r}'|^3}} , \qquad (9.4)$$

donde $\mu_0 = 4\pi 10^{-7}$ NA^{-2} es la permeabilidad magnética del vacío.

La dimensión del campo magnético, según la ecuación 9.4, es $[B] = [\mu_0]Q[v]/L^2$. Teniendo en cuenta que $[v] = L/T$ y que $[I] = Q/T$, la dimensión del campo magnético también se puede escribir como $[B] = [\mu_0]Q[v]/L^2 = [\mu_0]QL/(TL^2) = [\mu_0][I]/L$.

El principio de superposición también se aplica al campo magnético. El campo magnético en un punto $\vec{r}$ creado por un conjunto de cargas en movimiento, es la suma de los campos magnéticos creados por cada carga.

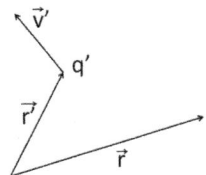

Figura 9.1: La ley de Biot-Savart en el caso de una carga puntual.

Un ejemplo. Tenemos una carga $q' = +e$ en el punto $\vec{r}' = (0, 0, 0)$ y se mueve con velocidad $\vec{v}' = (v, 0, 0)$ y queremos calcular el campo magnético en el punto $\vec{r} = (0, a, 0)$. El vector $\vec{r} - \vec{r}'$ es igual a $(0, a, 0) - (0, 0, 0) = a\vec{u}_y$ y su módulo es $|\vec{r} - \vec{r}'| = a$. El producto vectorial $\vec{v}' \times (\vec{r} - \vec{r}')$ es igual a $v\vec{u}_x \times a\vec{u}_y = va\vec{u}_z$. Introducimos estas magnitudes en la ecuación 9.4 y obtenemos el campo magnético en $(0, a, 0)$:

$$\vec{B}(\vec{r}) = \frac{\mu_0}{4\pi} \frac{eva\vec{u}_z}{a^3} = \frac{\mu_0}{4\pi} \frac{ev\vec{u}_z}{a^2} \, . \tag{9.5}$$

9.9. La ley de Biot-Savart: El campo magnético creado por una corriente eléctrica.

Esta ley fue deducida de experimentos y enunciada por Biot y Savart hacia 1820. Biot y Savart hicieron experimentos acerca del campo magnético producido por un hilo recorrido por una corriente eléctrica de intensidad I y observaron lo siguiente:

a) El campo magnético es inversamente proporcional a r^2, donde r es la distancia entre el eje del hilo y el punto donde se mide el campo.

b) El campo magnético es proporcional al elemento de corriente Idl.

c) El campo magnético es proporcional al seno del ángulo que forman el eje del hilo y el vector $\vec{r}$ del punto donde se mide el campo.

d) El campo magnético es perpendicular al eje del hilo (de la corriente) y a $\vec{r}$.

e) El campo magnético es tangente a una circunferencia de radio r centrada en el eje del hilo.

Biot y Savart combinaron estas observaciones en la ley de Biot-Savart. Según dicha ley, el campo magnético creado por un elemento de corriente eléctrica $Id\vec{\ell}'$ en el punto $\vec{r}$ es, en unidades del SI (Ver la figura 9.2):

$$\boxed{d\vec{B}(\vec{r}) = \frac{\mu_0}{4\pi} \frac{Id\vec{\ell}' \times (\vec{r} - \vec{r}')}{|\vec{r} - \vec{r}'|^3}} \, . \tag{9.6}$$

La dimensión del campo magnético, según la ecuación 9.2, es $[B] = [dB] = [\mu_0][I]/L$.

9.9. LA LEY DE BIOT-SAVART: EL CAMPO MAGNÉTICO CREADO POR UNA CORRIENTE ELÉCTRICA.

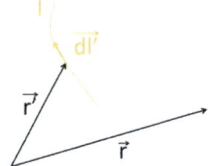

Figura 9.2: La ley de Biot-Savart en el caso de una corriente eléctrica.

Integrando $d\vec{B}$ sobre el hilo de la corriente eléctrica, se calcula el campo magnético creado por todo el hilo en el punto $\vec{r}$. Una integración es una suma infinita de sumandos infinitésimos, y por tanto, la integración anterior es la aplicación del principio de superposición al caso de una distribución continua de cargas en movimiento.

Un ejemplo de aplicación de la ley de Biot-Savart. Supongamos una corriente de intensidad I que circula por un hilo rectilíneo situado en el eje Z, entre $z = 0$ y $z = L$. El diferencial $d\vec{\ell}'$ es igual a $dz'\vec{u}_z$ y $\vec{r}' = z'\vec{u}_z$. Si queremos calcular el campo magnético en $\vec{r} = (0, a, 0)$, entonces $\vec{r} - \vec{r}' = (0, a, 0) - (0, 0, z') = a\vec{u}_y - z'\vec{u}_z$, $|\vec{r} - \vec{r}'| = \sqrt{a^2 + z'^2}$ y el producto vectorial $d\vec{\ell}' \times (\vec{r} - \vec{r}')$ es igual a $dz'\vec{u}_z \times (a\vec{u}_y - z'\vec{u}_z) = -dz'a\vec{u}_x$. El campo $d\vec{B}(\vec{r})$, según la ecuación 9.6 es:

$$d\vec{B}(\vec{r}) = \frac{\mu_0}{4\pi} \frac{-Iadz'\vec{u}_x}{\sqrt{a^2 + z'^2}^3} \; . \tag{9.7}$$

Integrando entre $z' = 0$ y $z' = L$ obtenemos el campo magnético en $\vec{r} = (0, a, 0)$, debido a todo el hilo:

$$\vec{B}(\vec{r}) = \int_{z'=0}^{z'=L} d\vec{B}(\vec{r}) = -\frac{Ia\mu_0\vec{u}_x}{4\pi} \int_0^L \frac{dz'}{\sqrt{a^2 + z'^2}^3} \; . \tag{9.8}$$

Otro ejemplo de aplicación de la ley de Biot-Savart. Supongamos una corriente de intensidad I que circula por una circunferencia de radio R, situada en el plano XY, con $z = 0$. El diferencial $d\vec{\ell}'$ es igual a $Rd\varphi'\vec{u}_\varphi$ y $\vec{r}' = R\vec{u}_\rho$. Si queremos calcular el campo magnético en $\vec{r} = \vec{0}$, entonces $\vec{r} - \vec{r}' = -R\vec{u}_\rho$ y $|\vec{r} - \vec{r}'| = R$.

El producto vectorial $d\vec{\ell}' \times (\vec{r} - \vec{r}')$ es igual a:

$$d\vec{\ell}' \times (\vec{r} - \vec{r}') = Rd\varphi'\vec{u}_\varphi \times (-R\vec{u}_\rho) = -R^2 d\varphi'\vec{u}_\varphi \times \vec{u}_\rho = R^2 d\varphi'\vec{u}_z \; . \tag{9.9}$$

El campo $d\vec{B}(\vec{r})$, según la ecuación 9.6 es:

$$d\vec{B}(\vec{r}) = \frac{\mu_0}{4\pi} \frac{IR^2 d\varphi'\vec{u}_z}{R^3} = \frac{\mu_0 I}{4\pi R} d\varphi'\vec{u}_z \; . \tag{9.10}$$

Integramos entre $\varphi' = 0$ y $\varphi' = 2\pi$ para obtener el campo magnético en $\vec{r} = \vec{0}$, debido a todo el hilo con forma de circunferencia:

$$\vec{B}(\vec{r}) = \int_{\varphi'=0}^{\varphi'=2\pi} d\vec{B}(\vec{r}) = \int_{\varphi'=0}^{\varphi'=2\pi} \frac{\mu_0 I}{4\pi R} d\varphi'\vec{u}_z = \frac{\mu_0 I}{2R}\vec{u}_z \; . \tag{9.11}$$

9.10. La ley de Ampère.

André-Marie Ampère conoció los resultados de Oersted en septiembre de 1820. Ese mismo año hizo experimentos de fuerzas magnéticas entre dos corrientes y encontró que dos hilos conductores paralelos se atraen si la corriente fluye en el mismo sentido en los dos hilos y se repelen si fluye en sentido contrario. De sus experimentos dedujo la ley matemática de fuerzas magnéticas entre corrientes que lleva su nombre y que publicó en 1827.

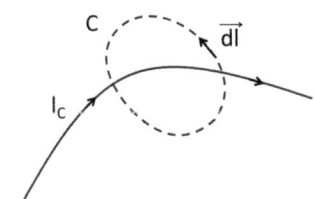

Figura 9.3: La ley de Ampère.

La ley de Ampère establece que la integral de línea del campo magnético sobre una curva cerrada arbitraria C es proporcional a la corriente neta I_C que atraviesa el área encerrada por la curva cerrada arbitraria C (Ver la figura 9.3). En unidades del SI, la ley de Ampère es:

$$\oint_C \vec{B} \cdot d\vec{\ell} = \mu_0 I_C \,. \tag{9.12}$$

El hilo de la corriente eléctrica I_C puede tener cualquier forma y longitud. I_C no tiene que ser una corriente rectilínea, ni infinitamente larga. Se trata solo de la corriente neta que atraviesa el área encerrada por la curva C.

La integral de la ley de Ampère, ecuación 9.12, es una integral de línea sobre la trayectoria o curva cerrada C. El símbolo O de la integral significa que se trata de una curva cerrada. La curva C es arbitraria: Puede tener cualquier forma y cualquier simetría o carecer de simetría. El único requisito es que debe ser una curva cerrada.

Un ejemplo de aplicación de la ley de Ampère. Calculamos el campo magnético creado por un hilo infinito con corriente I, usando coordenadas polares (Ver la figura 9.4).

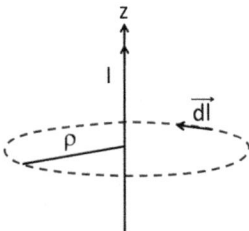

Figura 9.4: Un hilo infinito de corriente eléctrica situado a lo largo del eje $\mathbf{Z}$.

En coordenadas cilíndricas, se cumple $\vec{u}_z \times \vec{u}_\rho = \vec{u}_\varphi$. El vector $d\vec{\ell}$ de la figura 9.4 viene dado por $d\vec{\ell} = dl\vec{u}_\varphi$ y el vector campo magnético por $\vec{B} = B\vec{u}_\varphi$. Según la ley de Ampère, la integral cerrada de $\vec{B} \cdot d\vec{\ell}$ sobre la circunferencia C de la citada figura es:

$$\oint_C \vec{B} \cdot d\vec{\ell} = B2\pi\rho = \mu_0 I \ . \tag{9.13}$$

Usando la ecuación 9.13 y que el vector campo magnético es $\vec{B} = B\vec{u}_\varphi$, tenemos que el campo magnético viene dado por:

$$\boxed{\vec{B} = \frac{\mu_0 I}{2\pi\rho}\vec{u}_\varphi} \ . \tag{9.14}$$

9.11. Las fuerzas magnéticas entre corrientes paralelas.

El campo $\vec{B}_{1,2}$ es el campo producido por la corriente I_1 sobre el lugar donde está situada la corriente I_2 (Ver la figura 9.5).

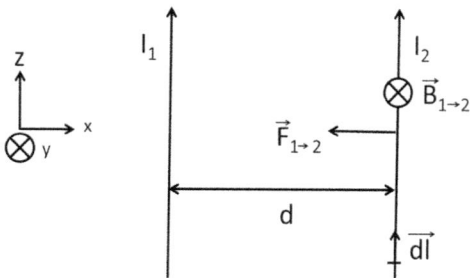

Figura 9.5: Las fuerzas entre corrientes eléctricas.

El símbolo $\otimes$ junto a un vector o un eje de coordenadas significa que ese vector o ese eje de coordenadas apunta hacia dentro y el símbolo $\odot$ significa que ese vector o ese eje de coordenadas apunta hacia fuera.

El vector fuerza sobre el hilo de corriente I_2 es:

$$\vec{F} = \int_\ell I_2 d\vec{\ell} \times \vec{B}_{1,2} \ . \tag{9.15}$$

Los vectores $d\vec{\ell}$ y $\vec{B}_{1,2}$ son, según la figura 9.5:

$$d\vec{\ell} = dl\vec{u}_z \quad \text{y} \quad \vec{B}_{1,2} = B_{1,2}\vec{u}_y \ . \tag{9.16}$$

Los vectores $d\vec{\ell}$ y $\vec{B}_{1,2}$ son perpendiculares entre sí: $d\vec{\ell} \perp \vec{B}_{1,2}$. El producto vectorial de estos dos vectores es:

$$d\vec{\ell} \times \vec{B}_{1,2} = dlB_{1,2}(\vec{u}_z \times \vec{u}_y) = -dlB_{1,2}\vec{u}_x \ . \tag{9.17}$$

El campo magnético debido al hilo 1 sobre el hilo 2 viene dado por la ecuación 9.14, escribiendo I_1, d y $\vec{u}_y$ en lugar de I, ρ y $\vec{u}_\varphi$:

$$\vec{B}_{1,2} = \frac{\mu_0 I_1}{2\pi d}\vec{u}_y \ . \tag{9.18}$$

El vector fuerza sobre el hilo 2 es:

$$\vec{F} = \ - \ \int_\ell I_2 d\ell B_{1,2}\vec{u}_x = -\frac{\mu_0 I_1 I_2}{2\pi d}\ell\vec{u}_x \ . \tag{9.19}$$

El signo negativo significa que la fuerza sobre el hilo 2 apunta hacia el hilo 1: La corriente I_1 atrae a la corriente I_2. Si hiciéramos el cálculo de la fuerza de I_2 sobre la corriente I_1, obtendríamos que la fuerza sobre I_1 apunta hacia $+\vec{u}_x$, es decir, la corriente I_2 atrae a la corriente I_1. Todo esto es coherente con lo que se observa en los experimentos: Las corrientes de igual sentido se atraen.

Según los experimentos, las corrientes de sentidos contrarios (por ejemplo, una hacia arriba y otra hacia abajo), se repelen.

El módulo de la fuerza por unidad de longitud, sobre el hilo 2 viene dado por:

$$\frac{F}{\ell} = \frac{\mu_0 I_1 I_2}{2\pi d} \ . \tag{9.20}$$

9.12.   Las líneas del campo magnético.

El que no existan polos magnéticos aislados implica que las líneas del campo magnético son cerradas: No tienen un origen, ni un final, ni principio ni fin. Por convenio, las líneas salen del polo Norte y entran por el polo Sur, formando líneas cerradas (Ver la figura 9.6). Las líneas salen del polo Norte, pero no tienen su origen en el polo Norte. Las líneas entran por el polo Sur, pero no tienen su final en el polo Sur.

Un ejemplo: Las limaduras de hierro esparcidas sobre un papel alrededor de un imán forman un conjunto de líneas cerradas que atraviesan el imán por un polo y salen por el otro.

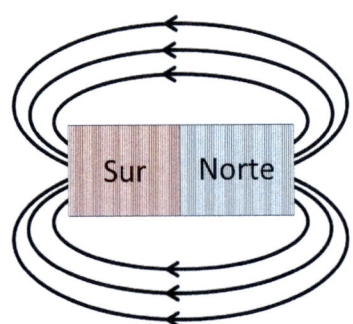

Figura 9.6: Las líneas del campo magnético de un imán.

9.13. Las principales diferencias entre el campo eléctrico y el magnético.

Hemos resumido las principales propiedades del campo eléctrico y del campo magnético. Comparando esas propiedades se deducen las principales diferencias entre el campo eléctrico y el magnético.

a) Las cinco principales propiedades del campo eléctrico.

1) Es conservativo: $\vec{\nabla} \times \vec{E} = \vec{0}$.

2) Creado por cualquier carga y afecta a cualquier carga.

3) Las líneas del campo son abiertas, con cargas positivas y negativas como fuentes y sumideros de las líneas del campo, respectivamente.

4) La fuerza es paralela al campo.

5) La fuerza, en general, cambia el módulo de la velocidad, $|\vec{v}|$. Por tanto, en general, la energía cinética de la carga cambia.

b) Las cinco principales propiedades del campo magnético.

1) No es conservativo: $\vec{\nabla} \times \vec{B} \neq \vec{0}$.

2) Creado por cargas en movimiento y afecta solo a cargas en movimiento.

3) Las líneas del campo son cerradas (no existen monopolos magnéticos).

4) La fuerza es perpendicular al campo y a la velocidad de la carga.

5) La fuerza no cambia el módulo de la velocidad, $|\vec{v}|$. Por tanto, tampoco cambia la energía cinética de la carga y el campo $\vec{B}$ no realiza ningún trabajo.

9.14. Cuestiones y Problemas.

9.1 Un ciclotrón que funciona con un campo magnético de 1.5 T y tiene un radio de 0.5 m se utiliza para acelerar protones. Calcule:

a) La frecuencia del ciclotrón.
Solución: 22.9 MHz.

b) La energía cinética máxima que adquiere un protón al salir del ciclotrón.
Solución: $4.32 \; 10^{-12}$ J.

9.2 Una partícula de carga q positiva y masa m se mueve inicialmente en el plano XY. Sobre la partícula actúa un campo magnético $\vec{B} = B_0 \vec{u}_z$. Describa el movimiento de la partícula. Explique qué ocurre si la carga es negativa. Explique qué ocurre si la velocidad inicial de la partícula tiene componente z.

Solución: Movimiento circular uniforme en el plano XY. Si la carga es negativa, entonces el movimiento también es circular uniforme, con el mismo radio y aceleración normal, pero centrado en otro punto y moviéndose en el sentido contrario. Si la velocidad tiene componente en z, entonces el movimiento será lineal uniforme en el eje Z y circular uniforme en el plano XY: Movimiento en hélice.

9.3 Un electrón, inicialmente en reposo, es acelerado por una diferencia de potencial $\Delta\Phi = 10$ kV y entra en una región del espacio en la que existe un campo magnético perpendicular a su trayectoria $\vec{B} = B_0\vec{u}_z$, con $B_0 = 1$ T. Calcule el radio de curvatura de su trayectoria.
Solución: 0.00034 m.

9.4 Una partícula de carga q es acelerada en un espectrómetro de masas por una diferencia de potencial $\Delta\Phi$. El campo magnético del espectrómetro tiene un módulo B_0 y la partícula sale a una distancia $2R$ de su entrada. Calcule la masa de la partícula en función de $|q|$, R, B_0 y $\Delta\Phi$.

Solución: $m = \dfrac{|q|R^2 B_0^2}{2\Delta\Phi}$.

9.5 Una partícula cuya relación carga-masa es 91 C/kg se mueve en el plano XY bajo la acción del campo magnético $\vec{B} = B_0\vec{u}_z$, con $B_0 = 7.3$ T. Calcule el tiempo que tarda la partícula en invertir el sentido de su vector $\vec{v}$.
Solución: 0.0047 s.

9.6 Dos electrones se mueven en el plano XY. En un instante de tiempo, el primero se encuentra en el origen de coordenadas con velocidad $\vec{v}_1 = v_1\vec{u}_x$, y el otro se encuentra en la posición $(x_0, 0)$ con velocidad $\vec{v}_2 = v_2\vec{u}_y$. Calcule la fuerza magnética que ejerce cada electrón sobre el otro.
Solución:
$$\vec{F}(\vec{r})_{12} = \vec{0} \qquad \vec{F}(\vec{r})_{21} = -\frac{\mu_0}{4\pi}\frac{e^2 v_1 v_2}{x_0^2}\vec{u}_y . \tag{9.21}$$

9.7 Dos electrones se mueven en el plano XY. En un instante de tiempo, ambos están en la misma línea horizontal, con la misma coordenada y. El electrón 1, a la izquierda, se mueve con velocidad $\vec{v}_1 = -v_1\vec{u}_y$ y el electrón 2 se mueve con velocidad $\vec{v}_2 = -v_2\vec{u}_x$. Calcule la fuerza magnética que ejerce cada electrón sobre el otro.
Solución:
$$\vec{F}(\vec{r})_{12} = +\frac{\mu_0}{4\pi}\frac{e^2 v_1 v_2}{d^2}\vec{u}_y \qquad \vec{F}(\vec{r})_{21} = \vec{0} . \tag{9.22}$$

9.8 Calcule el campo magnético creado sobre el eje Z por una espira circular de radio R, situada sobre el plano XY y centrada en el origen, por la que circula una corriente eléctrica I en sentido antihorario.
Solución: $\vec{B}(\vec{r}) = \dfrac{\mu_0 I R^2}{2(R^2 + z^2)^{3/2}}\vec{u}_z$.

9.9 Tenemos un hilo conductor de longitud infinita, situado en el eje Z y recorrido por una corriente I_1. Calcule:

a) El campo magnético creado por este hilo en un punto situado a una distancia d del mismo, de dos maneras: Utilizando la ley de Biot-Savart y la ley de Ampère.
Solución: $\vec{B}(\vec{r}) = \dfrac{\mu_0 I_1}{2\pi d}\vec{u}_\varphi$.

b) La fuerza por unidad de longitud que sentirá a esa distancia d un hilo paralelo de longitud infinita recorrido por una corriente I_2, que circula en el mismo sentido que la corriente en el otro hilo.

Solución: $\dfrac{\vec{F}(\vec{r})}{l} = -\dfrac{\mu_0 I_1 I_2}{2\pi d}\vec{u}_\rho$.

9.10 Un hilo infinito es recorrido por una corriente I, tal y como se muestra en la figura 9.7. Calcule el campo magnético en el origen de coordenadas.

Solución: $\vec{B}(\vec{r}) = -\dfrac{\mu_0 I}{4R}\vec{u}_z$.

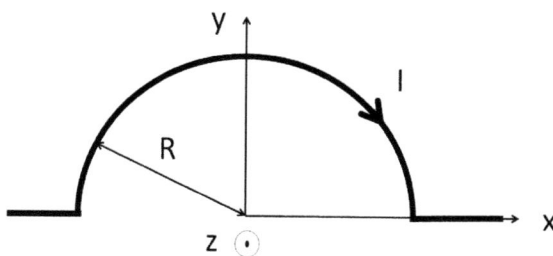

Figura 9.7: Un hilo infinito compuesto por dos rectas infinitas y una circunferencia.

9.11 La espira de la figura 9.8 es recorrida por una corriente I. Calcule el campo magnético en el origen de coordenadas.

Solución: $\vec{B}(\vec{r}) = \dfrac{\mu_0 I}{4}\left(\dfrac{1}{a} - \dfrac{1}{b}\right)\vec{u}_z$.

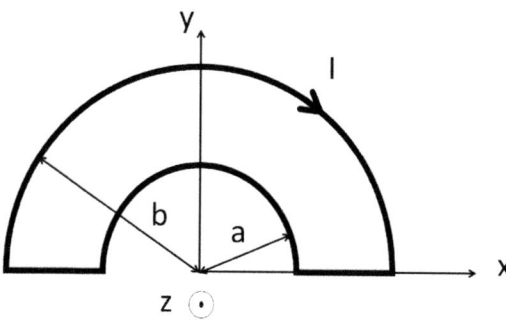

Figura 9.8: Una espira con forma de dos circunferencias cerradas por dos rectas. Las dos circunferencias están en la parte positiva del eje Y.

9.12 La espira de la figura 9.9 es recorrida por una corriente I. Calcule el campo magnético en el origen de coordenadas.

Solución: $\vec{B}(\vec{r}) = \dfrac{\mu_0 I}{4}\left(\dfrac{1}{a} + \dfrac{1}{b}\right)\vec{u}_z$.

9.13 Varias cuestiones sobre magnetismo:

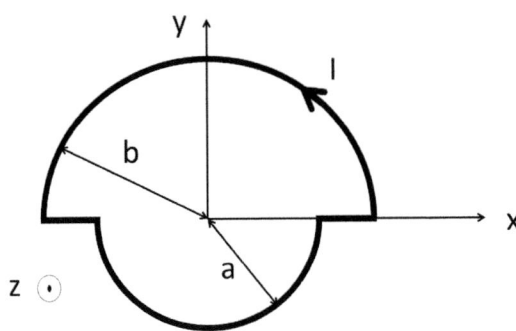

Figura 9.9: Una espira con forma de dos circunferencias cerradas por dos rectas. Una circunferencia está en la parte positiva del eje Y y la otra está en la parte negativa del eje Y.

a) Explique si es posible que una carga eléctrica en movimiento o un hilo por el que pasa una corriente eléctrica no sienta una fuerza magnética dentro de un campo magnético. Solución: Si la carga se mueve con una velocidad paralela o antiparalela al campo magnético, entonces la carga no sentirá una fuerza magnética. Si la corriente del hielo es paralela o antiparalela al campo magnético, entonces el hilo no sentirá una fuerza magnética.

b) Explique cuándo es máxima, en valor absoluto, la fuerza de Lorentz sobre una carga en movimiento.
Solución: Es máxima si el ángulo que forman la velocidad y el campo magnético es noventa grados ($\pi/2$ radianes).

c) Explique cuándo es nula la fuerza de Lorentz sobre una carga en movimiento y en presencia de un campo magnético.
Solución: Es nula si el ángulo que forman la velocidad y el campo magnético es cero grados.

9.14 Explique si son ciertos o falsos los siguientes enunciados sobre la fuerza de Lorentz:

a) Si la fuerza de Lorentz no es nula, entonces es perpendicular a la velocidad de la carga.
Solución: Cierto. $\vec{F} = q(\vec{v} \times \vec{B})$. Por definición del producto vectorial, la fuerza es perpendicular a $\vec{v}$.

b) Si la fuerza de Lorentz no es nula, entonces es perpendicular al campo magnético.
Solución: Cierto. $\vec{F} = q(\vec{v} \times \vec{B})$. Por definición del producto vectorial, la fuerza es perpendicular a $\vec{B}$.

c) Toda carga en movimiento sufre una fuerza magnética en presencia de un campo magnético.
Solución: Es cierto si la velocidad no es paralela ni antiparalela al campo magnético.

d) Si la fuerza de Lorentz no es nula, entonces es paralela a la trayectoria de la carga sobre la que actúa.

Solución: Falso. La fuerza de Lorentz es perpendicular a la velocidad. La velocidad es tangente a la trayectoria. Por tanto, la fuerza de Lorentz es perpendicular a la trayectoria.

9.15 Explique si son ciertos o falsos los siguientes enunciados sobre la ley de Ampère:

a) Solo se cumple para un hilo conductor rectilíneo e infinito.
Solución: Falso. Se cumple para cualquier tipo de hilo de corriente, finito o infinito, rectilíneo o curvo.

b) Solo se cumple para circunferencias.
Solución: Falso. Se cumple para cualquier tipo de camino cerrado.

c) Solo se cumple para curvas contenidas en un plano.
Solución: Falso. Se cumple para cualquier tipo de camino cerrado en 2d o en 3d.

d) Se cumple para cualquier tipo de curva cerrada, con o sin simetría.
Solución: Cierto.

e) Solo se cumple para campos magnéticos con simetría.
Solución: Falso. Se cumple para campos magnéticos con y sin simetría.

9.16 Explique si son ciertos o falsos los siguientes enunciados:

a) El campo magnético debido a un elemento de corriente es paralelo a él.
Solución: Falso. Según la ley de Biot-Savart, el campo $\vec{dB}$ es perpendicular al elemento de corriente $\vec{dl}$.

b) La energía cinética de una carga sobre la que actúa un campo magnético no cambia.
Solución: Cierto. La fuerza de Lorentz no cambia el módulo de la velocidad y, por tanto, no cambia la energía cinética.

c) Una carga en movimiento en presencia de un campo magnético, describe un movimiento circular uniforme solo si su velocidad es perpendicular al campo magnético.
Solución: Cierto.

9.17 Explique si cualquier partícula en movimiento genera un campo magnético o no.
Solución: Cualquier partícula no genera un campo magnético. Solo las partículas con carga eléctrica y en movimiento generan un campo magnético.

9.18 Colocamos un hilo conductor de cobre de 0.8 mm de diámetro en un campo magnético de 0.02 teslas producido por un imán. El campo magnético es paralelo al suelo y el eje principal del hilo es paralelo al suelo y perpendicular al campo magnético. Hacemos circular corriente eléctrica por el hilo. Calcule la intensidad mínima de la corriente para que el hilo flote. Esto se conoce como levitación magnética. Densidad del cobre = 8.96 g/cm^3.
Solución: 2.21 A.

9.19 Sobre campos magnéticos y eléctricos.

a) En una región del espacio hay un campo magnético $\vec{B} = (B, 0, 0)$ y un campo eléctrico $\vec{E} = (0, -E, 0)$. $B = 0.5$ teslas y $E > 0$. Esa región del espacio es atravesada por iones cuyas velocidades tienen la misma dirección y sentido, $(0, 0, 1)$, pero diferentes módulos de las velocidades, v. Los iones tienen la misma carga eléctrica, q. Solo los iones con velocidad v = 1000 m/s atraviesan esa región del espacio sin ser desviados. Calcule el valor de E en unidades del SI.

Solución: 500 N/C.

b) El campo magnético de un espectrómetro de masas tiene una intensidad de 1 tesla. Una partícula de carga q es acelerada en el espectrómetro de masas mediante una diferencia de potencial de 5000 voltios y sale a una distancia de 2.0436 cm de la entrada del espectrómetro. Calcule el valor del cociente $|q|/m$, donde q es la carga eléctrica de la partícula y m es su masa.

Solución: 95 778 538 C/kg.

9.20 Un electrón está en el punto $\vec{r}_1$=a(0,1,1) y se mueve con una velocidad $\vec{v}_1$=v_0(1,0,1). Un protón está en el punto $\vec{r}_2$ = a(1,1,0) y se mueve con una velocidad $\vec{v}_2$=v_0(0,1,1). Calcule la fuerza magnética que ejerce el electrón sobre el protón. El electrón tiene carga negativa, $q_1 = -e$, y el protón tiene carga eléctrica positiva, $q_2 = +e$.

Solución:

$$\vec{F}(\vec{r})_{12} = +\frac{\mu_0}{4\pi}\frac{e^2 v_0^2}{a^2\sqrt{2}}\vec{u}_x \ . \tag{9.23}$$

9.21 Una partícula con carga eléctrica q_1=+e está en el punto $\vec{r}_1$=a(0,1,0) y se mueve con una velocidad $\vec{v}_1$=v_0(0,1,1). Otra partícula con carga eléctrica q_2=+e está en el punto $\vec{r}_2$=a(2,1,0) y se mueve con una velocidad $\vec{v}_2$=v_0(-1,-1,0). Calcule la fuerza magnética que ejerce la partícula 1 sobre la partícula 2 y la fuerza magnética que ejerce la partícula 2 sobre la partícula 1.

Solución:

$$\vec{F}(\vec{r})_{12} = +\frac{\mu_0 e^2 v_0^2}{16\pi a^2}(\vec{u}_x - \vec{u}_y - \vec{u}_z) \qquad \vec{F}(\vec{r})_{21} = -\frac{\mu_0 e^2 v_0^2}{16\pi a^2}\vec{u}_x \ . \tag{9.24}$$

9.22 Un hilo conductor cuadrado de lado $2l$ está situado en el plano XY. El origen de coordenadas pasa por el centro del cuadrado. El eje Z es perpendicular al plano que contiene al cuadrado. La corriente eléctrica I circula por el cuadrado según el sentido de las agujas del reloj, visto desde la parte positiva del eje Z. Calcule el campo magnético en el eje Z debido al cuadrado.

Solución:

$$\vec{B}(\vec{r}) = -\frac{\mu_0 I l}{\pi}J(l, z)\vec{u}_z \qquad J(l, z) = \frac{2l}{(l^2 + z^2)\sqrt{2l^2 + z^2}} \ . \tag{9.25}$$

9.23 Una partícula con carga eléctrica $q_1=+e$ está en el punto $\vec{r}_1=a(0,0,0)$ y se mueve con una velocidad $\vec{v}_1=v_0(1,0,0)$. Otra partícula con carga eléctrica $q_2=+e$ está en el punto $\vec{r}_2=a(0,1,0)$ y se mueve con una velocidad $\vec{v}_2=v_0(0,1,1)/\sqrt{2}$. Calcule la fuerza magnética que ejerce la partícula 1 sobre la partícula 2 y la fuerza magnética que ejerce la partícula 2 sobre la partícula 1.
Solución:

$$\vec{F}(\vec{r})_{12} = +\frac{\mu_0}{4\pi}\frac{e^2 v_0^2}{a^2\sqrt{2}}\vec{u}_x \qquad \vec{F}(\vec{r})_{21} = \vec{0}. \qquad (9.26)$$

9.24 El hilo abierto de la figura 9.10 es recorrido por una corriente I. Calcule el campo magnético en el origen de coordenadas.
Solución: $\vec{B}(\vec{r}) = \dfrac{3\mu_0 I}{8R}\vec{u}_z$.

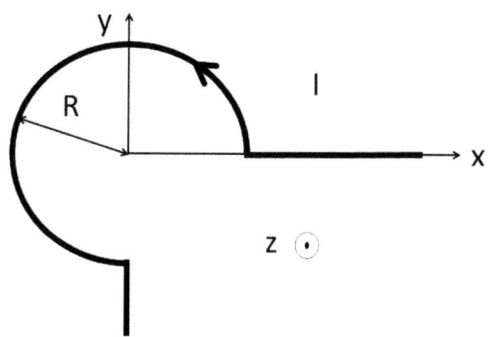

Figura 9.10: Un circuito.

9.25 Un hilo de longitud L está situado en la parte positiva del eje Z, comenzando en el origen, y circula por él una corriente en el sentido positivo del eje Z (Ver la figura 9.11). La intensidad de la corriente es I. Se sitúa un electrón en la posición $(0,a,0)$ con una velocidad $\vec{v} = v\vec{u}_y$.

a) Calcule la fuerza magnética ejercida por el hilo sobre la partícula. Solución:

$$\vec{F}(\vec{r}) = -\frac{\mu_0}{4\pi}\frac{evIL}{a\sqrt{a^2+L^2}}\vec{u}_z. \qquad (9.27)$$

b) Calcule la fuerza magnética ejercida por la partícula sobre el hilo.
Solución:

$$\vec{F}(\vec{r}) = -\frac{\mu_0}{4\pi}evI\left(\frac{1}{a} - \frac{1}{\sqrt{a^2+L^2}}\right)\vec{u}_y. \qquad (9.28)$$

9.26 Un protón, inicialmente en reposo, es acelerado por una diferencia de potencial $\Delta\Phi$ = 20 kV. Después de ser acelerado entra en una región del espacio donde existe un campo magnético perpendicular a su trayectoria. $\vec{B} = B_0\vec{u}_z$, con $B_0 = 1$ T. Suponemos que el protón se mueve en el sentido positivo del eje X. Ratio o cociente carga/masa del protón: 95779027 C/kg.

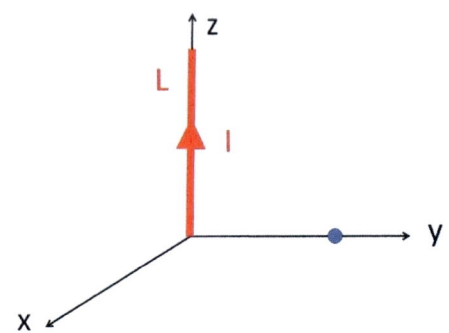

Figura 9.11: Un hilo de longitud L y una carga eléctrica.

a) Calcule el radio de curvatura de su trayectoria.
Solución: 0.0204359 m.

b) Si en esa misma región del espacio donde se encuentra $\vec{B}$, también hay un campo eléctrico $\vec{E} = (0, E, 0)$ perpendicular a $\vec{B}$ y a la velocidad del protón, del tal manera que el protón no sufre ninguna desviación, calcule el valor de E en unidades del SI.
Solución: 1 957 335.20 N/C.

Apéndice A

Algunas constantes físicas y matemáticas y algunos cambios de unidades necesarios para resolver algunos problemas de este libro

La aceleración de la gravedad en la superficie de la Tierra $g = 9.8$ m/s^2

La constante de gravitación universal $G = 6.67 \ 10^{-11}$ Nm^2/kg^2

El radio de la Tierra $= 6370$ km

La masa de la Tierra $= 5.9720 \ 10^{24}$ kg

La masa de la Luna $= 7.3490 \ 10^{22}$ kg

El periodo de la órbita de la Luna alrededor de la Tierra $= 27$ días, 7 horas, 43 minutos y 12 segundos ≈ 2361000 segundos

El radio promedio de la órbita de la Luna alrededor de la Tierra (medida de centro a centro) $= 384000$ km

La aceleración de la gravedad en la superficie de la Luna $= 1.63$ m/s^2

El periodo de la órbita de la Tierra alrededor del Sol $= 365.25$ días

El radio promedio de la órbita de la Tierra alrededor del Sol $= 150$ millones de km

Un día $= 86400$ segundos

El radio del Sol $= 696342$ km ≈ 700000 km

La masa del electrón $= 9.1 \ 10^{-31}$ kg

La carga del electrón $|e| = 1.6020 \ 10^{-19}$ C

La masa del protón $= 1.67 \ 10^{-27}$ kg

La permitividad eléctrica del vacío $\epsilon_0 = 8.8540 \ 10^{-12}$ C^2/Nm^2

La permeabilidad magnética del vacío $\mu_0 = 4\pi \ 10^{-7}$ NA^{-2}

La masa de una molécula de hidrógeno m$_{H_2} = 3.32 \ 10^{-27}$ kg

La masa de una molécula de oxígeno m$_{O_2} = 5.31 \ 10^{-26}$ kg

La densidad del agua $\rho = 1$ kg/L

El calor específico del agua c$_{agua} = 1$ cal/(g °C)

El calor específico del hielo c$_{hielo} = 0.5$ cal/(g °C)

El calor específico del vapor de agua c$_{vapor} = 0.47$ cal/(g °C)

El calor latente de fusión del hielo $L_f = 80$ cal/g

El calor latente de vaporización del agua $L_v = 540$ cal/g

La densidad del mercurio $\rho_{mer} = 13.59$ g/cm^3

El calor específico del mercurio c$_{mer} = 0.0335$ cal/(g °C)

El calor latente de fusión del mercurio $L_{fmer} = 3$ kcal/kg

La constante de Boltzmann k$_B = 1.3807 \ 10^{-23}$ J K^{-1}

El número de Avogadro N$_A = 6.0220 \ 10^{23}$

La constante de los gases ideales R $= 8.3145$ J mol^{-1} K^{-1} $= 0.082$ atm L mol^{-1} K^{-1} $\approx$ 2 cal mol^{-1} K^{-1}

1 J $= 0.24$ cal $\qquad\qquad$ 1 cal $= 4.18$ J

1 atm $= 101300$ Pa $\qquad\qquad$ 1 L $= 0.001$ m^3

1 uma $= 1$ unidad de masa atómica $= 1.66057 \ 10^{-27}$ kg

Apéndice B

Algunas integrales necesarias para resolver algunos problemas de este libro

$$\int x^n dx = \frac{x^{n+1}}{n+1} \qquad \text{n} \geq 0 \qquad\qquad \int \frac{dx}{x^n} = \frac{x^{-n+1}}{-n+1} \qquad \text{n} \geq 2$$

$$\int \frac{dx}{x} = ln(x) \text{ si } x > 0 \text{ en todo el intervalo de integración.}$$

$$\int \frac{dx}{x} = ln|x| \text{ si } x \neq 0 \text{ en todo el intervalo de integración.}$$

$$\int \frac{dx}{x-a} = ln(x-a) \text{ si } x - a > 0 \text{ en todo el intervalo de integración.}$$

$$\int \frac{dx}{x-a} = ln|x-a| \text{ si } x \neq a \text{ en todo el intervalo de integración.}$$

$$\int \frac{dx}{x^2 - a^2} = \frac{1}{2a} ln \left(\frac{x-a}{x+a} \right) \text{ si } x - a > 0 \text{ y } x + a > 0 \text{ en todo el intervalo de integración.}$$

$$\int \frac{dx}{x^2 + a^2} = \frac{1}{a} arctan \left(\frac{x}{a} \right)$$

$$\int \frac{x dx}{(x^2 + a^2)^{3/2}} = - \frac{1}{\sqrt{x^2 + a^2}}$$

$$\int \frac{dx}{\sqrt{x}} = 2\sqrt{x} \qquad\qquad \int \sqrt{x}\,dx = \frac{2x^{3/2}}{3}$$

$$\int \frac{dx}{(x^2+a^2)^{3/2}} = \frac{x}{a^2\sqrt{x^2+a^2}}$$

$$\int \frac{x\,dx}{(x^2+a^2)^{3/2}} = - \frac{1}{\sqrt{x^2+a^2}}$$

$$\int \frac{x^2\,dx}{(x^2+a^2)^{3/2}} = - \frac{x}{\sqrt{x^2+a^2}} + ln(x+\sqrt{x^2+a^2})$$

$$\int \frac{dx}{\sqrt{x^2+a^2}} = ln(x+\sqrt{x^2+a^2})$$

$$\int x^2 e^{-x}\,dx = - e^{-x}(x^2+2x+2)$$

$$\int \frac{dx}{\sqrt{\frac{1}{x}-\frac{1}{a}}} = a^{3/2}\left[arctan\left(\sqrt{\frac{\frac{x}{a}}{1-\frac{x}{a}}}\right) - \sqrt{\frac{x}{a}-\frac{x^2}{a^2}}\right]$$

$$\int \frac{dx}{\sqrt{1+ax}} = \frac{2}{a}\sqrt{1+ax}$$

$$\int_0^{2\pi} cosx\,dx = 0 \qquad\qquad \int_0^{2\pi} senx\,dx = 0$$

$$\int (cosx)^2\,dx = \frac{x}{2}+\frac{sen2x}{4} \qquad \int (senx)^2\,dx = \frac{x}{2}-\frac{sen2x}{4}$$

$$\int (senx)^3\,dx = \frac{cos3x}{12}-\frac{3cosx}{4} \qquad \int (senx)^2 cosx\,dx = \frac{(senx)^3}{3}$$

$$\int senx\,cosx\,dx = - \frac{cos2x}{4} \qquad \int x\,senax\,dx = \frac{senax}{a^2}-\frac{xcosax}{a}$$

Apéndice C

Bibliografía

Los libros sobre Física General de la Biblioteca de la Universidad de Valladolid tienen la etiqueta C/Bc 53.

1. Physics for Dummies. Steven Holzner

2. Physics Workbook for Dummies. Steven Holzner

3. Cuestiones y Problemas de Fundamentos de Física. Juan I. Mengual, María de la Paz Godino y Mohamed Khayet (Ed. Ariel) C/Bc 53 MEN cue

4. La Física en Problemas. Félix A. González (Ed. Tebar Flores) C/Bc 53 GON fis

5. Problemas de Física. J. Aguilar Peris y J. Casanova Colas C/Bc 53 AGU pro

6. Cuestiones de Física. J. Aguilar y F. Senent C/Bc 53 AGU cue

7. Física. Marcelo Alonso y Edward J. Finn C/Bc 53 ALO fis

8. Campos y Ondas. Marcelo Alonso y Edward J. Finn C/Bc 53 ALO fis

9. Física General. Joaquín Catalá C/Bc 53 CAT fis